Udo Tschimmel · Die Zehntausend-Dollar-Idee

Udo Tschimmel

Die Zehntausend-Dollar-Idee

Kunststoff-Geschichte
vom Zelluloid zum Superchip

ECON Verlag
Düsseldorf · Wien · New York

CIP-Titelaufnahme der Deutschen Bibliothek

Tschimmel, Udo:
Die Zehntausend-Dollar-Idee: Kunststoff-Geschichte vom
Zelluloid zum Superchip / Udo Tschimmel. – 2. Aufl. Düsseldorf;
Wien ; New York : ECON Verl., 1991
ISBN 3-430-19183-1

2. Auflage 1991

Lektorat: Dr. Anita Krätzer, München
Schutzumschlag: Lutz Kober, St. Goarshausen
Layout: Karin Büchner, Düsseldorf/München
Gesetzt aus der Today der Firma Scangraphic
Satz: Fotosatz Böhm GmbH, Köln
Druck und Bindearbeiten: Mainpresse Richterdruck, Würzburg
Printed in Germany
ISBN 3-430-19183-1

Inhaltsverzeichnis

7 Einleitung
9 Der Traum der Alchimisten
18 Ein Kunststoff explodiert
28 Die Zehntausend-Dollar-Idee
39 »Ich stehe voller Ehrfurcht vor dem Zellulosemolekül«
51 Kennzeichen B: Revolution mit Bakelit
64 Das Radiofieber
75 Staudingers Makromoleküle
86 Im Bauch des Riesen
94 Sturm auf Harrods
103 Buna, Styrol und die Schatten des Krieges
118 Otto Röhm: Durchblick mit Plexiglas
127 Die Väter des PVC
137 Der Tag des Polyethylens
147 Der Nylon-Aufstand
157 Der Wirtschaftswunderfaden
168 Otto Bayers Molekül-Baukasten
173 Teflon für die Bombe
178 Spuren auf dem Mond
187 Der Milliarden-Dollar-Wettlauf
204 Die Super-Werkstoffe
219 Nachwort
223 Daten aus der Kunststoff-Geschichte

Einleitung

Die Arbeiten für dieses Buch begannen mit einer Überraschung. Mein erster Gesprächspartner war ein bekannter Chemiker, der sich ausgezeichnet auf den Umgang mit Journalisten verstand. Als erstes kehrte er die bei Interviews übliche Rollenverteilung um und stellte *mir* eine Frage: »Wissen Sie eigentlich, was passieren würde, wenn auf einen Schlag alle Kunststoffe verschwinden würden?« Die Antwort blieb ich ihm schuldig. Erst auf der Bahnfahrt nach Hause hatte ich genügend Ruhe, um die Konsequenzen eines solchen Szenarios zu durchdenken. Die Bilder, die sich mir dann aufdrängten, waren Filmszenen eines Untergangs: Mit der augenblicklichen Auflösung aller Kunststoffe käme mein Zug zum Stehen, würden Autos und Flugzeuge zu nutzlosen Blechhaufen. Kraftwerke würden in Stichflammen verglühen, die gesamte Strom- und Wasserversorgung würde zusammenbrechen. Sogar Fahrräder wären ohne ihre Reifen aus Kunststoffen untauglich. Telefone, Radios, Fernseher und Computer würden auseinanderfallen, kurzum: Alles, was in den Industriestaaten mit Fortbewegung, Kommunikation und öffentlicher Versorgung zu tun hat, würde von einem Augenblick auf den anderen versagen.

Bei diesen Vorstellungen unterbrach ich den inneren Film. Die Frage des Chemikers hatte in mir eine unerwartete Reaktion ausgelöst, mir aber auch eine grundlegende Erkenntnis vermittelt: Kunststoffe sind das Rückgrat unserer technisierten Zivilisation. Das Eigenartige ist, daß diese tragende Funktion von uns kaum wahrgenommen wird. Die chemisch erzeugten Werkstoffe führen ein Schattendasein und werden deshalb meist ignoriert. Nur selten wird uns bewußt, daß viele Gegenstände, mit denen wir täglich umgehen, zumindest teilweise aus Kunststoffen bestehen. So kann es nicht verwundern, daß auch die Geschichte der Kunststoffe bislang vernachlässigt wurde – liegt doch die Vermutung nahe, daß sie ebenso unauffällig ist wie diese Materialien selbst. Diese Meinung ist sogar unter Chemikern weitverbreitet.

Zum Glück wurde ich von einem 93jährigen Wissenschaftler eines Besseren belehrt: Professor Herman Mark, der eigens für ein Interview aus New York anreiste. In einem Wiener Kaffeehaus erzählte er mir aus seinem turbulenten Leben – und führte mir vor, wie eng Abenteuer und Forschung miteinander verflochten sein können. Herman Mark hat die gesamte Entwicklung der modernen Kunststoff-Forschung miterlebt und oft sogar selbst den Funken geschlagen, aus dem neue Erkenntnisse entsprangen. Seine Begeisterung steckte mich an.

Manchmal, wenn ich mich in Archiven inmitten von Stapeln vergilbter Laborjournale und verschnörkelter Aufzeichnungen verloren glaubte, half mir die Erinnerung an den ungebrochenen Optimismus dieses großen alten Mannes der Kunststoff-Forschung. Oft gaben mir auch unerwartete Funde, die ich machte, neue Energie. Und ab und zu entdeckte ich verstaubte, vergessene oder verloren geglaubte Schriften, aus denen Forscher vergangener Zeiten zu mir sprachen. Männer wie Leo Hendrik Baekeland und Karl Ziegler, die zu Beginn meiner Recherchen für mich nicht viel mehr waren als Namen in einem Meer von anderen Namen, bekamen nach und nach Konturen. Die Worte ihrer Briefe und der Stil ihrer Veröffentlichungen verrieten mir immer mehr über ihre Persönlichkeit, ihre Motive, ihre Stimmungen.

Häufig stellten sich mir Schwierigkeiten in den Weg, wie in jener Forschungsbibliothek in einer großen Stadt an der amerikanischen Ostküste. Dort wollte ich das einzige noch existierende Exemplar einer 60 Jahre alten Schrift über Bakelit fotokopieren lassen. Das gesamte Werk zu vervielfältigen sei laut Gesetz verboten, erklärte mir die Bibliothekarin. Unter keinen Umständen könne sie mir weiterhelfen. Ich erzählte ihr von meinen Recherchen und der Reise, die ich nur zu diesem Zweck von Europa nach Amerika unternommen hatte, und wie wichtig der Beitrag über Bakelit für meine Arbeit sei. Am nächsten Morgen, nachdem sie sich vergewissert hatte, daß uns niemand beobachtete, steckte sie mir hastig einen verschlossenen Umschlag zu. Als ich ihn im Hotelzimmer öffnete, lag eine komplette Kopie der Bakelit-Schrift darin.

Meine Recherchen waren eine Reise in die Vergangenheit. Mir ist jetzt noch jenes überwältigende Staunen präsent, das mich überkam, als ich im Ruhrgebiet, in Essen, jene Tür öffnete, die zu einer der schönsten Sammlungen von historischen Kunststoffobjekten führt. Ihr Besitzer, der Architekt Hans Ulrich Kölsch, schien den Ausdruck auf meinem Gesicht zu genießen. In Glasvitrinen und auf Regalen, die bis an die hohe Zimmerdecke reichen, standen die synthetischen Schätze vergangener Epochen: hundertzwanzigjährige Medaillons aus hochvulkanisiertem Kautschuk, Ansichtskärtchen aus Zelluloid, Jahrgang 1900, Billardkugeln aus Bakelit, sieben Jahrzehnte alt. Daneben ein Raum voller Radios und Rechenmaschinen – Werkstücke einer Zeit, in der die Designer innovativ und unbekümmert die Eigenschaften der neuen plastischen Materialien erkundeten. In den Namen der historischen Kunststoffe, die der Sammler mir vorführte, schwang ein exotischer Wohlklang: Gutta Percha, Bois Durci, Ebonit, Parkesin, Galalith.

Bei meinem Erkundungszug durch die Geschichte der Kunststoffe geriet ich wiederholt in verborgene Bereiche. Dort fand ich die Wurzeln, aus denen unsere gegenwärtige Zivilisation mit all ihren Schönheiten und Problemen gewachsen ist. Heute weiß ich, daß Kunststoffe die Entwicklung der Gesellschaft maßgeblich mitbestimmt haben. Wenn ich mit führenden Forschern über die Zukunft sprach, wurde eines deutlich: Kunststoffe werden auch das Gesicht der kommenden Epochen prägen. Und die Vergangenheit hat bewiesen, daß wir uns dabei auf viele interessante Entwicklungen gefaßt machen müssen.

Udo Tschimmel
Köln, im Oktober 1989

DER TRAUM DER ALCHIMISTEN

Im Augsburger Hause der Fugger wurde um 1530 die erste überlieferte Rezeptur für einen Kunststoff niedergeschrieben.

Der Ritt nach Augsburg war beschwerlich und selbst für einen Mann mit einer bewaffneten Eskorte voller Gefahren. Als weitgereister Kaufmann des 16. Jahrhunderts war Bartholomäus Schobinger damit aber wohlvertraut. Wie sonst hätte er zu einem der reichsten Männer der Schweizer Eidgenossenschaft werden können, wenn nicht durch die richtige Mischung aus Geschäftssinn und Umsicht, Wagemut und List?

Augsburg, die Stadt am Lech, war weltberühmt. Wie eine Spinne im Netz saß sie in einem Knotenpunkt von Straßen und Handelsverbindungen, die sogar in andere Kontinente hineinreichten. Die Zentrale, von der aus dieses Netz gesponnen wurde, war Schobingers Ziel. Kaum war er in der freien Reichsstadt angelangt, lenkte er sein Pferd zum Weinmarkt, wo die Familie der Fugger ihr prächtiges Anwesen erbaut hatte. Hier herrschte Anton Fugger, von Karl V. so-

Die Anfänge der Chemie: Alchimisten mit einem Destillationsapparat; das Kühlrohr ist mit Wasser gefüllt.

eben zum Reichsgrafen ernannt. Bei der Fugger-Familie ging die Prominenz ein und aus. Das war auch Schobingers Welt.

Der Eidgenosse hatte sein Vermögen hauptsächlich mit Silber und Eisen verdient. Er besaß Bergwerke in Polen und sandte seine Agenten bis nach Spanien aus. Seine eigentliche Liebe galt den Naturwissenschaften – für einen Mann, der beruflich mit Metallen zu tun hatte, ein naheliegendes Interesse. Im Jahre 1531 hatte er sich mit seinem Landsmann Paracelsus angefreundet, dem berühmten Forscher und Arzt. Paracelsus, nach St. Gallen gerufen, um prominente Kranke zu heilen, wohnte dort in Schobingers Haus. Der Arzt war ein Revolutionär. Er hatte sich von der klassischen Alchimie und ihren goldgierigen Verfechtern losgesagt. Durch reine Auszüge aus Metallen und Pflanzen wollte er versuchen, Krankheiten zu heilen. Sein Wahlspruch war: »Machet nicht Gold, machet Arzneien!«

Die Reise des Metallhändlers nach Augsburg soll eigentlich den Geschäften dienen. Doch sein Besuch nimmt eine unerwartete Wendung. Im Hause der Fugger wird Schobinger ein interessanter Zeitgenosse vorgestellt: Wolfgang Seidel, Mönch in Tegernsee und Andechs. Seidel ist außerdem Prediger in München, Pater der Benediktiner und obendrein Verfasser von wissenschaftlichen Schriften. Schobinger und Seidel verstehen sich offenbar auf Anhieb, und bald geraten sie ins Fachsimpeln. Schließlich nimmt der Metallhändler den Pater beiseite und verrät ihm eine geheime Rezeptur. Wenn man den Anweisungen Folge leiste, so behauptet Schobinger, lasse sich eine »durchsichtige materi« herstellen, »gleich wie ein schons horn« – künstliches Rinderhorn.

Seidel muß begeistert gewesen sein. Denn was Schobinger ihm da verriet, war ein Geheimnis der Alchimie. Schon lange träumten die Alchimisten davon, im Laboratorium künstliche Materialien mit außergewöhnlichen Eigenschaften herzustellen. Täglich wurden sie mit den Unzulänglichkeiten der natürlichen Werkstoffe konfrontiert: Holz faulte, Leder wurde brüchig und Horn wölbte sich auf. Die künstlichen Werkstoffe hingegen sollten beständig sein. Sie sollten sich einfach und schnell herstellen lassen und sich ohne großen Widerstand den Messern und Feilen der Handwerker fügen. Außerdem mußte man sie in ungewöhnlichen Nuancen färben können. Dieser Traum verleitete die Alchimisten zu ausgefallenen Experimenten.

Allzuoft gesellte sich dann zu der Alchimie die Gaukelei. In den Laboratorien der Urchemiker standen Glaskolben, deren Inhalt heute jedem Zeitgenossen den Magen umdrehen würde: getrockneter Krötenlaich, pulverisierte Katzendärme, verdünntes Ochsenblut. Ungeachtet der magischen Rituale gab es unter den Geheimwissenschaftlern jedoch auch durchaus praktische Leute. Arabische Alchimisten destillierten Parfüms aus Blüten; ihre Kollegen in China mischten Honig und Schwefel zu Schießpulver und beherrschten die Herstellung von Papier aus Maulbeerbast und Bambusfasern. In Europa entdeckten Alchimisten die Kunst der Alkoholdestillation, und bald stellten sie das »aqua vitae«, das Lebenswasser, in den Dienst der Gesundheit. Außerdem experimentierten sie seit dem 13. Jahrhundert zunehmend mit Schwefel-, Salz- und Salpetersäure. Damit waren sie endlich in der Lage, Metalle und andere Stoffe aufzulösen und ihre Bestandteile zu untersuchen.

Aqua
ad
vite
Ein rore vol kalt wasser
Alem
Alembi

Schobinger war einer dieser praktischen Alchimisten, mit deren Rezepturen man heute noch interessante Versuche durchführen kann. Das Geheimnis, das der Eidgenosse dem Pater in Augsburg verriet, ist die erste überlieferte Anleitung für die Herstellung eines Kunststoffs – eines künstlich abgewandelten Materials, das aus langen Ketten von Atombausteinen besteht, aus Makromolekülen. Diese Riesenmoleküle sind die Erkennungsmarke für Kunststoffe.

»Machet nicht Gold, machet Arzneien!«, mahnte Paracelsus die Alchimisten.

Mit Schobingers Rezeptur beginnt also die Geschichte der Kunststoffe. Pater Seidel schreibt die Anleitung mit. Zu Hause ordnet er Schobingers Anweisungen in seine Sammlung von chemischen und medizinischen Verfahren ein. Diese Handschriften Seidels sind für die Metallurgen, Mediziner und Chemiker des 16. Jahrhunderts eine wertvolle Lektüre. Seidels Blätter haben die Zeit überdauert, und es ist der Forschungstätigkeit von Georg Schnitzlein zu verdanken, daß die Kunststoffrezeptur vor einigen Jahren ausfindig gemacht wurde.

Schon in der Überschrift preist Seidel die Vorteile, die Schobingers »durchsichtige materi« gegenüber natürlichem Horn hat: »ein materi ... die man mag formen, wie man will, die auch durchsichtig bleibt, man mag sie ferben.« Natürliches Rinderhorn war als Arbeitsmaterial ebenso begehrt wie teuer. Kunsthandwerker stellten daraus wertvolle Laternen her und leimten Hornteilchen als Intarsien auf Möbelstücke. Doch das mit Dampf geglättete Material wölbte sich oft wieder auf. Um so freudiger müssen die Kunstschaffenden des 16. Jahrhunderts einen fügsamen Ersatzstoff begrüßt haben, wie er von Seidel propagiert wurde.

»Nimm einen Ziegen- oder einen anderen Magerkäse«, schreibt der gelehrte Pater, »laß ihn einen ganzen Tag (in Wasser) sieden; ... dann muß er abkühlen, bis sich ein dicker Brei absetzt; das Weiße, das wie Milch aussieht und oben schwimmt, wird abgegossen; was aber am Boden bleibt, darüber gieße wieder heißes Wasser, das man sieden läßt. Man rührt um, damit sich das Weiße wieder abscheidet und wiederholt dies so oft, bis keine weiße Masse mehr abgeschieden wird. Am Boden bleibt ein Stoff übrig, der zäh und durchscheinend ist wie Horn und aussieht wie Quark.«

Wer dem Kunsthorn eine Gestalt geben will, der erfährt bei Seidel: »Dann lege den gereinigten Stoff in eine gut angewärmte Lauge und drücke ihn anschließend in eine Form. Nach dem Hineinpressen wird die Form mit dem Material in kaltes Wasser getaucht. Dort wird das Material hart wie Knochen und wunderbar durchscheinend.«

Die »durchsichtige materi« ließ sich trefflich polieren und kleben; mit farbigem Papier, das man hinterlegte, war jede gewünschte Nuancierung zu erzeugen. Pater Seidel erzählte zum Schluß der Rezeptur, was man alles mit dem Käsekunsthorn anstellen kann: »Wenn man es richtig gemacht hat, kann man damit Tischplatten, Trinkgeschirr und Medaillons gießen – also alles, was man will.«

Seidels folgende Beschreibung ist für Chemiker von höchstem Interesse. Dem Material, so schreibt der Benediktinerpater, muß man eine Gestalt geben, solange es noch warm ist. »Selbst wenn es bereits geformt ist, so kann man es dennoch verziehen, ohne daß es Schaden nimmt. Sobald es aber erkaltet ist, darf man es nicht mehr biegen oder drehen, da es sonst wie Glas zerspringt.« Schobingers Kunsthorn läßt sich also nicht mehr verformen, wenn es einmal abgekühlt ist. Dieses Verhalten ist typisch für eine Klasse von Kunststoffen, die heute *Duroplaste* genannt werden. Sie bestehen aus einem starren, engmaschigen Netz von Makromolekülen. Duroplaste bleiben hart, auch wenn sie erhitzt werden. Meist halten sie hohen Temperaturen stand; dann erst beginnen sie zu verkohlen.

Bartholomäus Schobinger und Wolfgang Seidel stehen am Beginn der Kunststoffgeschichte. Allerdings ist der wohlhabende Eidgenosse aller Wahrscheinlichkeit nach nicht der Erfinder des duroplastischen Kunsthorns. Einiges deutet vielmehr darauf hin, daß er bei dem Gespräch in Augsburg eine Rezeptur zitiert hat, die bereits lange bekannt war und in einigen Gegenden auch angewendet wurde. So dürfen der Pater und der Metallhändler den ersten Platz nur unter Vorbehalt einnehmen. Noch haben die Historiker nicht ernsthaft damit begonnen, die alten Schriften zu sichten und darin nach Rezepten für makromolekulare Stoffe zu suchen. Sollte sich ein Geschichtsforscher einmal diesem Thema widmen, so wird er vielleicht bereits bei den Römern Hinweise darauf finden, daß sie wußten, wie man künstliche Harze herstellt – eine Spielart der Kunststoffe.

Für die Alchimisten des späten Mittelalters hatte sich ein Traum erfüllt: Sie hatten aus Kasein einen Kunststoff hergestellt, mit dem man schwierige Materialprobleme lösen konnte. »Leider wissen wir bis heute nicht, wie zahlreich solche Rezepte in alten Kunstbüchern aufgeführt wurden, in welchem Ausmaß nach ihnen gearbeitet wurde und ob solche Kunstharzmassen tatsächlich an historischen Objekten in unseren kunst- und kulturhistorischen Museen auftauchen«, schreibt Dr. Otto Krätz vom Deutschen Museum in München. Auch Bartholomäus Schobinger hat zahlreiche alchimistische Schriften hinterlassen; ob sie weitere Anleitungen für Kunststoffe enthalten, ist allerdings nicht sicher, denn bisher hat kein Forscher die äußerst schwierig zu lesenden Manuskripte gründlich durchgesehen. Sicher aber ist zumindest, daß die Geschichte der Kaseinkunststoffe mit dem reichen Eidgenossen Schobinger und Pater Seidel aus Andechs keineswegs abgeschlossen ist.

Mehr als 300 Jahre gingen ins Land. 1889 veröffentlicht Otto Lilienthal, nach eigenem Bekunden »Ingenieur und Maschinenfabrikant in Berlin«, ein aufsehenerregendes Buch: *Der Vogelflug als Grundlage der Fliegekunst.* Gemeinsam mit seinem Bruder Gustav ist er zu der Überzeugung gelangt, daß sich Menschen nur

Stürzte sich mit einem Kunststoff in Schulden: Flugpionier Otto Lilienthal.

mit *beweglichen* Flügeln in die Luft erheben können. Erst als die beiden ab 1891 eigene Flugversuche wagen, revidieren sie ihre Meinung und plädieren fortan für starre Tragflächen.

Die Lilienthals sind im Kaiserreich jedoch nicht nur als Flugpioniere bekannt. Otto ist Ingenieur, Gustav leitet eine Kunstwerkstatt. An ihn, den Künstler, tritt ein bekannter Pädagoge mit der Bitte um Zusammenarbeit heran. Nach einigen Begegnungen kommt Gustav Lilienthal auf den Gedanken, die bei Kindern so beliebten Holzbauklötze durch Steinklötzchen zu ersetzen. In monatelanger Nachtarbeit gelingt es den beiden Lilienthals schließlich im Jahre 1877, kleine Bausteine herzustellen. Sie bestehen aus einer Mischung von Quarzsand, Kreide und Leinöl. Das eigentliche Geheimnis ist jedoch ein Kaseinharz, das vermutlich dem Rezept Schobingers nachempfunden wurde.

Bei dem langwierigen Unterfangen haben die Lilienthals ihr gesamtes Vermögen von 4000 Mark verbraucht und außerdem noch 800 Mark Schulden aufgetürmt. Da erfährt der Verleger und Unternehmer Adolf Richter von ihrer mißlichen Lage und kauft ihnen die Erfindung samt Patentrechten ab. Bald rollen die ersten Waggonladungen voll Sand auf Richters Werksgelände in Rudolstadt. Die Produktion der *Anker-Steinbaukästen* hat begonnen.

Innerhalb von nur wenigen Jahren werden hunderttausende Kinder und Erwachsene in aller Welt begeisterte Anhänger der Bauklötzchen. Richter stellt berühmte Architekten und Künstler ein. In seiner Entwurfsabteilung bauen sie Burgen und Häuser, skizzieren Kirchen und Stallungen. Mochte man auch oft über den stilistischen Geschmack streiten – die Bauwerke waren immer exakt geplant, die Klötzchen perfekt ausgeführt. Gotische Halbbögen, blaue Turmsteine, zierliche Säulen und starke Gewölbeblöcke verliehen den Anker-Kästen eine Attraktivität, die einen reißenden Absatz nach sich zog.

Die Steinchen, denen das halbsynthetische Kaseinharz ihre Stabilität und Beständigkeit verlieh, machten Richter zum reichen Mann. Die Lilienthals aber trieb das Kaseinprodukt an den Rand des Ruins. »Diese Steinbaukästen sind eine Erfindung, die vielen Kindern Genuß und Freude schenken. Uns haben sie aber nur Ärger und Verdruß und 15 000 Mark Verlust gebracht«, sagte Gustav Lilienthal.

Am 31. Dezember 1963 schließt das Anker-Werk – inzwischen VEB, Volkseigener Betrieb – endgültig seine Tore. Doch der Ruhm der Kunstklötzchen lebt weiter. Heute noch schwärmen die alten Herren von den Anker-Kästen. »Wehe, mein Vater stellte fest, daß auch nur ein Stein fehlte«, erzählt Rolf Freiherr von Wassenberg aus Köln. »Dann mußte die ganze Familie suchen.« Wassenberg – 1908 geboren – und seine fünf Geschwister teilten sich drei Anker-Kästen. »Alle spielten damit. Die Kästen wurden nach ein paar Jahren weitergegeben wie die Hosen mit den Flicken. Nur im Unterschied dazu waren die Steine unverwüstlich.«

Heute sind die Kästen begehrte Sammlerobjekte. In den Niederlanden haben sich verspielte Bauherren sogar zu einem »Club der Ankerfreunde« zusammengeschlossen, und Peter Zwijnenberg hat ein Buch über die Klötzchen geschrieben. Der phänomenale Erfolg, den die Baukästen der Gebrüder Lilienthal in aller Welt verbuchen konnten, hielt ein halbes Jahrhundert an. Ihr Geheimnis: der Kunststoff, der in jedem Käse steckt.

Mit Klötzchen aus Sand und Kasein-Kunststoff zum Erfolg: Anker-Steinbaukasten.

Vermutlich ohne es zu wissen, hatten sich die Flugpioniere mit ihrer Erfindung in die Tradition der Alchimisten eingereiht. Ihr Werkstoff ließ sich zu vielen miteinander kombinierbaren Formen gestalten; er war also eine »materi«, mit der man herstellen konnte »in summam, was man wil«, wie Pater Seidel es formulierte. Daß damit die Geschichte der Kaseinkunststoffe aber noch immer nicht zu Ende ist, läßt sich am Schluß des vierten Kapitels nachlesen.

Mit ihrem Traum, einen unendlich vielfältigen, leicht zu bearbeitenden und widerstandsfähigen Werkstoff zu finden, müssen die Alchimisten damals einen großen Teil der Bevölkerung begeistert haben. Anders läßt sich nicht erklären, daß es Betrügern immer wieder gelang, Leichtgläubigen horrende Summen aus der Tasche zu ziehen, oft mit kuriosen Rezepturen. Mit diesen Anweisungen voll schwierig zu beschaffender Tier-, Pflanzen- und Mineralbestandteile ließ sich angeblich der Stein der Weisen herstellen.

Doch mit dem Aufstieg der exakten Wissenschaften ging die Zeit von Magie und Betrug ihrem Ende zu. Dem Alchimisten folgte der Chemiker. Er war naturwissenschaftlich gebildet und spezialisierte sich auf die sich rasch entwikkelnden Industrien: Salpetersieden und Pulverherstellung, Bergbau und Hüttenwesen. Eine engagierte Wissenschaft – die von Paracelsus begründete Iatrochemie – widmete sich den großen Krankheiten der Zeit. Mediziner mit einem neuen Selbstverständnis versuchten, die durch den Welthandel eingeschleppte Syphilis, Cholera und Pest zu bekämpfen. Im Deutschland des 16. Jahrhunderts konnte man in den ersten nach dem damaligen Stand der Wissenschaft geleiteten Apotheken die Medikamente der Iatrochemiker erstehen.

Im Jahre 1661 zettelte der englische Privatgelehrte Robert Boyle einen Umsturz innerhalb der jungen chemischen Wissenschaft an. Zwar war er nicht der erste, der verkündete, die verschiedenen chemischen Stoffe seien aus einfachen Elementen zusammengesetzt. Dennoch hatte seine Schrift *The Sceptical Chemist* eine nachhaltige Wirkung auf seine Zeitgenossen. Seit Aristoteles hatten viele Chemiker geglaubt, Feuer, Wasser, Luft, Erde (und Äther) seien die grundlegenden Bestandteile aller Dinge. Doch Boyle widersprach dieser Theorie. Er führte den von den Griechen Leukipp und Demokrit formulierten Gedanken fort, die Welt bestehe aus unteilbaren Partikeln, den Atomen. Die chemischen Umwandlungen – bis dahin als Ausgleich von *Eigenschaften* verstanden – erklärte Boyle als Reaktionen zwischen unterschiedlichen *Atomverbänden.* Mit Boyle begann die theoretische Chemie den Vorsprung der praktischen Alchimie aufzuholen.

Diese geistigen Fortschritte schienen jedoch bald durch eine neue Theorie in Frage gestellt zu werden. Georg Ernst Stahl, Medizinprofessor in Halle und Leibarzt von Friedrich Wilhelm I., begeisterte seine Zeitgenossen mit dem *Phlogiston.* Damit bezeichnete er einen nicht näher definierten Stoff, dessen Eindringen oder Entweichen für wichtige chemische Reaktionen verantwortlich sein sollte. Obwohl es ein Phantom war, lieferte das Phlogiston Hinweise auf grundlegende chemische Umsetzungsprozesse; bei der Metallverhüttung erzielte der Medizinprofessor dadurch sogar praktische Fortschritte.

Wenn sich die Vorstellung von dem mysteriösen Stoff auch 75 Jahre lang in den Köpfen der Chemiker festsetzte – die Durchschlagskraft exakt nachweisbarer Erkenntnisse war letztendlich stärker. 1783 verbrannte die Gattin des französischen Chemikers Antoine Laurent Lavoisier die Bücher von Stahl. Damit bereitete sie der Herrschaft des Phlogistons ein symbolisches Ende.

Bei seinen Versuchen bestimmte Lavoisier so genau wie möglich die Gewichte der beteiligten Stoffe. Schließlich war er in der Lage, zwei grundlegende chemische Reaktionen exakt zu beschreiben: die Vereinigung von Elementen mit Sauerstoff (Oxidation) und seine Freigabe (Reduktion). Lavoisiers Erkenntnisse und sein Gebrauch von Begriffen wie »Element«, »Verbindung«, »Säure«, »Base«, »Salz« gaben der Chemie eine wissenschaftliche Grundlage.

1803 verkündete dann John Dalton eine neue Atomtheorie, die auf die Bedürfnisse der chemischen Wissenschaft abgestimmt war. 1828 kennzeichnete Jöns Jacob Berzelius die Elemente mit Kürzeln und fügte sie in ein Ordnungsschema ein. So kam der Wasserstoff zu seinem H, der Sauerstoff zu seinem O. Nun konnten auch komplizierte chemische Verbindungen schnell und übersichtlich dargestellt werden. 1869 schließlich formulierten Dimitri Mendelejew und Lothar Meyer das Periodensystem der Elemente. Die beiden kamen fast gleichzeitig und unabhängig voneinander zu denselben Ergebnissen – der eine in Rußland, der andere in Deutschland. Nach wie vor ist das Periodensystem die Grundlage für jede nähere Beschäftigung mit der Chemie.

Inzwischen hatte die industrielle Revolution mit ihrer Maschinenkraft tiefgreifende soziale und technische Umwälzungen gebracht. Den Anfang machten die englischen Textilunternehmen. Nicht lange nach 1700 wurden in den Hallen der

Stellte die junge Chemie auf eine wissenschaftliche Grundlage: Antoine Laurent Lavoisier mit Gattin.

Spinnereien die ersten Maschinen installiert, und um 1770 verzwirbelte die »Spinning Jenny« bereits 16 Fäden gleichzeitig. Die immer kompliziertere Mechanik begründete ein weiteres Gewerbe: die Herstellung von exakten Werkzeugmaschinen. Auf Drehbänken wurden nun Werkzeuge und Bauteile mit einer nie dagewesenen Präzision gefertigt.

Die Kohle löste das Holz ab und wurde zum wichtigsten Energieträger. An vielen Stellen wurde nach Erzen geschürft, um die Hüttenwerke und Maschinenfabriken zu beliefern. In der Umgebung dieser wachsenden Großindustrien konzentrierte sich die Arbeiterschaft. Um sie mit Nahrungsmitteln zu versorgen und die Ertragskraft der Böden zu steigern, war ein tiefgreifender Strukturwandel in der Landwirtschaft nötig. An den neugegründeten technischen Hochschulen forschten Chemiker und Biologen nach den Gesetzen des Pflanzenwachstums. Liebigs Veröffentlichung im Jahre 1840 – *Die organische Chemie in ihrer Anwendung auf Agricultur und Physiologie* – leitete schließlich eine bahnbrechende Entwicklung ein: die künstliche Düngung.

Das Karussell der Industrialisierung und Verstädterung, Technisierung und Wissenszunahme drehte sich immer schneller. Besonders gefordert waren die Chemiker. So verlangte die Textilindustrie nach immer wirkungsvolleren Wasch- und Bleichmitteln; außerdem benötigte sie künstlich herstellbare Farben, um von den teuren und knappen Naturfarben unabhängig zu werden. Als wären diese Anforderungen nicht genug für die rar gesäten Chemiker, drängten die Hüttenwerke auf eine Verbesserung der Metallerzeugung. Gleichzeitig riefen immer mehr Fabrikanten nach wirkungsvolleren Beleuchtungsquellen, um auch nachts produzieren zu können.

Bei diesem Ansturm auf die chemische Innovationskraft war es nicht verwunderlich, daß die Nachfolger der Alchimisten zu den meistgefragten Spezialisten zählten. Kein Tag verging, an dem nicht eine aufsehenerregende Entdeckung oder Erfindung gemacht wurde. Die Aufbruchstimmung dieser Jahrzehnte förderte auch jene Forschungen, durch die dann ganz neue Materialien entstanden – Materialien, die das Gesicht der Welt verändern sollten: Kunststoffe.

EIN KUNSTSTOFF EXPLODIERT

Schießbaumwolle sollte das rauchende Schwarzpulver ersetzen – und wurde zur Grundlage von Kunststoffen.

Die ersten Monate des Jahres 1846 waren ungewöhnlich warm. Die Bürger von Basel konnten es kaum glauben, saß ihnen doch die Erinnerung an den bitterkalten Winter des Vorjahres noch in den Knochen. Christian Friedrich Schönbein, der sich schon morgens in der Küche seines Hauses zu schaffen machte, war der vorzeitige Frühling nur recht.

Schönbein bereitete in diesen ersten Morgenstunden nicht etwa das Frühstück für seine Familie vor. Nein, Schönbein, Professor für Chemie an der Universität zu Basel, nutzte vielmehr die stillen Stunden für Experimente. Daß er die Küche zeitweise in ein Laboratorium verwandelte, dürfte ihm mehr als nur einen Ehekrach beschert haben. Ausgerechnet dort, an jenem folgenschweren

Tag, von dem hier zu berichten ist, passierte Schönbein ein Mißgeschick. Er verschüttete Schwefel- und Salpetersäure – ob auf den Labortisch oder auf den Fußboden, darüber streiten sich die Gelehrten. Auf jeden Fall griff er schnell nach der baumwollenen Schürze seiner Frau und wischte die ätzende Flüssigkeit damit auf.

Dann wusch er die Schürze aus und hängte sie zum Trocknen über den Ofen. Da passierte es: Das Baumwolltuch ging mit einem Zischen in Flammen auf und war verschwunden. Ein Magier hätte die Überraschung nicht besser inszenieren können. Doch wie es sich für einen Wissenschaftler geziemt, gesellte sich zu Schönbeins Erschrecken bald die Neugierde. Er tränkte Watte mit dem Säuregemisch und beobachtete aus sicherer Entfernung, wie sie nach dem Anzünden regelrecht verpuffte – sich unter enormer Hitzeentwicklung in Gase verwandelte, die sich explosionsartig ausdehnten.

Schönbein erkannte schnell die Bedeutung seiner Entdeckung und gab ihr einen Namen: Schießbaumwolle. Denn was er per Zufall hergestellt hatte, war dreimal explosiver als Schießpulver – ein Stoff also, nach dem die Generalstäbe begierig verlangen würden. Das bislang im Krieg benutzte Schwarzpulver entwickelte riesige Rauchschwaden, in denen man kaum noch Freund von Feind unterscheiden konnte; Schießbaumwolle aber explodierte fast rauchfrei.

Schönbeins Gemisch aus Salpeter- und Schwefelsäure hatte offenbar den Hauptbestandteil der Baumwolle verändert, die Zellulose. Was dabei genau passierte, konnte der Forscher allerdings nicht ermitteln. Zwar galt Schönbein als einer der bedeutendsten Chemiker seiner Zeit, doch lehnte er die wiederbelebte griechische Theorie von den Atomen als Humbug ab. So hätte er wohl nie akzeptiert, was heute in jedem Lexikon nachzulesen ist: Daß Zellulose aus riesigen Ketten von Atombausteinen besteht, aus Makromolekülen. Zellulose, so formulieren es die Chemiker des 20. Jahrhunderts, ist ein natürliches Polymer. Damit ist Zellulose nicht nur Vorbild, sondern auch Ausgangsmaterial für Kunststoffe.

Aus Zellulose ist das innere Gerüst, das Pflanzen aufrecht hält. Holz besteht zur Hälfte aus Zellulose, Baumwolle zu mehr als neun Zehnteln. Zellulose gibt Bäumen ihre Festigkeit und verleiht Jute ihre typische Faserstruktur. Zellulose ist ein Kohlenhydrat – ein Material, das neben Kohlenstoff (C) auch Sauerstoff (O) und

Wasserstoff (H) enthält. Wie Pflanzen es anstellen, mit Hilfe der Photosynthese Kohlenhydrate zu produzieren, ist eines der großen Geheimnisse der Natur, das erst seit jüngster Zeit enträtselt wird.

Als makromolekularer Stoff ist Zellulose jedenfalls ein idealer Kandidat für neue Materialien. Sie ist fast überall in großen Mengen verfügbar, läßt sich leicht verarbeiten und gibt sich im Labor ausgesprochen reaktionsfreudig. Professor Schönbein konnte das nur bestätigen. Die aggressive Mischung aus Salpeter- und Schwefelsäure bewirkt, daß der Zellulose Nitrogruppen hinzugefügt werden – chemische Bauelemente, die aus einem Stickstoff- und zwei Sauerstoffatomen bestehen. Die auf diese Weise von Schönbein nitrierte Zellulose löste aber erst einige spektakuläre Ereignisse aus, bevor sie zur Grundlage von industriellen Kunststoffen wurde.

Aus dem Zellulosegerüst der Pflanzen stellten die Chemiker synthetische Werkstoffe her.

Der erste große Knall erschütterte England. Schönbein hatte die Rezeptur für Schießbaumwolle an John Taylor verkauft. Taylor, der Schönbeins britische Patente betreute, begann Anfang 1847 mit der Produktion der brisanten Zellulose. Im Juli explodierte seine Fabrik, 20 Arbeiter kamen um. Auch in Deutschland, Frankreich und Rußland flogen die neuen Sprengstofflabors schneller in die Luft, als sie gebaut worden waren.

Selbst auf den Jahrmärkten machte die Geschichte von der Nitrozellulose die Runde. Bänkelsänger trugen die schaurige Moritat von dem Liebhaber vor, der von seiner Angebeteten betrogen wird. Sie ist Köchin. Er erfährt von ihrer Untreue und sinnt auf Rache. Schließlich schenkt er ihr einen Rock aus Baumwolle, den er zuvor in Schwefel- und Salpetersäure getaucht hat. Als sie sich in Ausübung ihres Berufs mit dem neuen Rock dem Herd nähert, ereilt sie die als gerecht empfundene Strafe: Sie wird das Opfer einer Rockverpuffung. Das Publikum jedenfalls klatschte.

Für die Vertreter der chemischen Zunft waren die Explosionsunglücke jedoch kein Grund, die Nitrozellulose zu meiden. Mindestens drei Forscher – Schönbein in Basel, Ménard in Paris und Maynard in Boston – entdeckten eine Möglichkeit, die Zellulose zu nitrieren, ohne daß sie sich dabei in einen Explosivstoff verwandelte. Von Schönbein wird berichtet, er habe Baumwollwatte in Alkohol und Äther gelegt. Nachdem das Lösungsmittel verflogen war, blieb eine durchsichtige, klebrige Masse übrig. Die benannte er nach dem griechischen Wort für Leim: *Kollodium.*

Bald darauf griff wieder der Zufall ins Geschehen ein. Beim Experimentieren schürfte sich der Professor an der rechten Hand. Er entsann sich des Kollodiums und strich ein wenig von der kühlenden Lösung auf die Wunde. Minuten später hatte die schwach nitrierte Zellulose ein festes, klares Häutchen über der Verletzung gebildet. Seine ersten Käufer fand der eigenartige, aber hochwirksame Wundverschluß in England, und bald darauf stand ein Fläschchen mit dem »Englischen Pflaster« auch auf dem Kontinent in vielen Hausapotheken.

England war auch der Schauplatz für die nächste Episode der Zellulosestory: Am 1. Mai 1862 strömten Zehntausende zu der Eröffnung der Londoner Weltausstellung. Auf dem riesigen Gelände südlich des Hyde Parks pfiffen und trommelten die Kapellen der drei berühmtesten Garderegimenter, der Coldstreams, Fusiliers und Grenadiers. Derweil nahm die Prominenz aus aller Welt auf der Tribüne Platz. Als die Gardemusikanten ihre Vorstellung beendet hatten, setzte ein Chor mit 2000 Stimmen ein, der von 400 Blas- und Saiteninstrumenten begleitet wurde. So wie die Musik eigens für diese Zeremonie von Giacomo Meyerbeer komponiert worden war, so hatte Englands damals bekanntester Dichter, Alfred Tennyson, einen Lobgesang für die Great International Exhibition entworfen:

»Tausend Stimmen, voll und süß,
erheben sich
In dieser ries'gen Halle, mit des
Erdenrund's Erfindungen gefüllt...«

Die ehrwürdige *Times* kommentierte diesen Tag mit ungewöhnlichem Enthusiasmus: »Aus allen vier Himmelsrichtungen sind Schönheit, Adel und vielfältige Talente sowie unvorstellbarer Reichtum zusammengekommen. Die strahlende Versammlung wurde mit einem Begeisterungssturm aus Harmonien und Worten empfangen, wie er von keinem anderen Ereignis in unserer Zeit hervorgerufen wurde.«

Mag dieser Lobgesang auch schwülstig anmuten – die Ergebnisse der Mammutschau übertreffen selbst moderne

Alexander Parkes: Kunststoff-Erfinder und Vater von zwanzig Kindern.

Superlative. Im Laufe der Monate drängten sich immerhin sechs Millionen Besucher durch die Tore, um die Produkte von 29 000 Ausstellern zu begutachten. Jeder Stand gehörte zu einer von 36 »Klassen«; so zählte zur Klasse IV nur derjenige, dessen Produkte aus »Tierischen und Pflanzlichen Materialien« bestanden. In der Sektion C der Klasse IV, die ausschließlich den pflanzlichen Substanzen vorbehalten war, hatte der Mann seinen Stand aufgebaut, der den ersten industriell nutzbaren Kunststoff aus Zellulose erfunden hatte: Alexander Parkes, Aussteller Nr. 1112.

Parkes Neuheit hieß Parkesin. Entgegen vielen Vermutungen muß zur Ehrenrettung des eigentlich bescheidenen Erfinders gesagt werden, daß nicht er selbst, sondern ein Franzose diesen Namen geprägt hat. An seinen Stand hatte Parkes einen Aushang geheftet, auf dem folgender Text stand:

»In dieser Vitrine werden einige Beispiele der vielfältigen Anwendungen gezeigt, für die sich (Parkesin) eignet: Medaillons, Tabletts, Schüsseln und Töpfe, Rohre, Knöpfe, Kämme, Messergriffe, durchbrochene und gitterförmige Strukturen, Einlegearbeiten, Buchbindearbeiten, Kartenbehälter, Kästen, Schreibstifte, Schreibstifthalter etc.... (Parkesin) kann so hergestellt werden, daß es hart ist wie Elfenbein, transparent oder undurchsichtig, flexibel nach Wunsch, und außerdem ist es wasserfest; es kann in den brillantesten Farben produziert werden, kann in festem, formbarem oder flüssigem Zustand verwendet werden, kann wie Metall in Formen unter Druck bearbeitet werden, kann gegossen werden oder als Überzug für eine Vielzahl von Materialien Verwendung finden...«

Das also waren die Möglichkeiten, die der erfahrene Metallurg, Werkstoffexperte und Erfinder Parkes für seinen Kunststoff sah. Für die meisten der in dem Aushang erwähnten Anwendungsmöglichkeiten hatte er kleine Exponate anfertigen lassen: reichverzierte Spangen, bunte Knöpfe, feingesägte Kämme. Auf den ersten Blick sah Parkes' Miniaturausstellung nicht eben nach einem Vorzeichen für das kommende Zeitalter neuer, synthetischer Werkstoffe aus. Dennoch scheinen einige Wissenschaftler die Bedeutung des neuen Materials erahnt zu haben, wurde doch dem Parkesinerfinder eine Medaille für sein »hervorragendes Produkt« verliehen.

Wie aber konnte die Jury der Weltausstellung vorhersehen, daß Parkes schon bald darauf mit Reklamationen überschüttet werden würde, daß verärgerte Kunden ihm die aufgewölbten und bis zur Unkenntlichkeit verzogenen Werkstücke aus Parkesin zurücksenden würden? Und wie konnten die Preisverleiher wissen, daß Parkes' anfänglich blühendes Unternehmen schnell welken und dann in Vergessenheit geraten sollte? Für all dies war im Mai des Jahres 1862, im Rausch der Great International Exhibition, kein Anzeichen zu entdecken.

Alexander Parkes war aber beileibe kein Scharlatan, der leichtgläubigen Interessenten mit einer obskuren Rezeptur den Säckel leeren wollte. Bei Metallurgen und Chemikern bürgte sein Name vielmehr für Qualität. Parkes hatte ein Verfahren zur Abtrennung von Silber erfunden und die Kaltvulkanisation von Kautschuk entwickelt. Kurz vor dem Neujahrstag 1814 in Birmingham geboren, fiel Parkes bereits als Kind durch seine technische Begabung auf: Er konstruierte neuartige Drachen, die er für die damals enorme Summe von zweieinhalb englischen Pfund an seine Kameraden verkaufte. Dann wurde der junge Alexander Lehrling in einer Messingfabrik und entdeckte dort seine Fähigkeit, Kunst und Handwerk miteinander zu verbinden.

Als Abteilungsleiter lernte Parkes dann die Gesetze kennen, die einen großen Industriebetrieb funktionieren lassen. Sein schier unerschöpflicher Strom von Ideen führte ihn schließlich dazu, sich als Berater und Erfinder selbständig zu machen. In seinem Buch *The First Century of Plastics* beschreibt der Chemiker Morris Kaufman diesen Schritt: »Er entschloß sich, von dem Verkauf seiner Patente zu leben. Das Ausmaß dieser Glaubenshandlung kann vielleicht am besten an der Größe seiner Familie gemessen werden, denn seine Produktivität war nicht nur rein gedanklicher Natur. Er war Vater von 20 Kindern.«

Charles Goodyear's Vulkanisation machte den Kautschuk elastisch und haltbar.

Nach dem Tod seiner ersten Frau verliebte sich Parkes in die Freundin seiner 17jährigen Tochter. Die folgende, fast vier Jahrzehnte währende Verbindung mit ihr kann nur als glücklich bezeichnet werden. Parkes selbst muß sehr kinderfreundlich gewesen sein. Wenn er geschäftlich unterwegs war, nahm er oft seine Sprößlinge im Zug mit. Bis Papa fertig war, durften die Kinder ein Museum besuchen. Dann wurde noch ein Tee getrunken, und anschließend ging's zurück nach Hause. Vor einigen Jahren erzählte die 94jährige Beatrice Parkes, eine von Alexanders Töchtern, daß die lärmende Truppe bei den Mitreisenden stets einen bleibenden Eindruck hinterließ.

Ähnlich wie sein Zeitgenosse Schönbein in Basel funktionierte auch Parkes die Küche seines Hauses zu einem Labor um. Er hatte außerdem eine Angewohnheit, die heute von jedem Richter als Scheidungsgrund akzeptiert würde: Er weckte seine Frau in den frühen Morgenstunden, um ihr seine Ideen zu diktieren. Sie ertrug es, ohne zu klagen. Im Laufe der Zeit meldete Parkes 80 Patente an. Wenn auch andere das große Geld damit machten, so blieb für Parkes doch genug übrig, um ein unbeschwertes Leben zu führen. Seine Erfindungen befaßten sich fast alle mit der Herstellung oder der Veredelung von Werkstoffen – in der Mitte des 19. Jahrhunderts ein blühendes Geschäft.

Parkes war aber auch ein Mann von Weitsicht. Er hatte sich lange Zeit intensiv mit Naturkautschuk beschäftigt. Kurz zuvor, im Jahre 1839, hatte Charles Goodyear die Vulkanisation von Kautschuk erfunden. Mit Hilfe von Hitze und Schwefel gelang es Goodyear, den Saft der Gummibäume haltbar, elastisch und temperaturbeständiger zu machen. Die Abfälle, die bei dieser Vulkanisation übrigblieben, wurden anfangs achtlos weggeworfen. Dann aber, im Jahre 1846, ließ Parkes ein Verfahren patentieren, mit dem man die Gummiabfälle produktiv verwerten konnte. Heute erst weiß man die grundlegenden Ideen dieses Patents in vollem Maße zu würdigen, beschreibt Parkes darin doch nichts anderes als das ökologisch und wirtschaftlich sinnvolle Recycling von industriellen Abfällen.

In seiner Zeit galt Parkes als einer der führenden Experten für Kautschuk. Seine Erfahrungen mit dem makromolekularen Naturmaterial nutzte er für den nächsten Schritt: die Erfindung des ersten Kunststoffs aus Zellulose. Parkes, in dessen Haus sich die Besucher die Klinke in die Hand gaben, war auch mit John Taylor befreundet. Taylor betreute – wie oben geschildert – Professor Schönbeins Patente und hatte jene unselige Fabrik für Schießbaumwolle gebaut, die in die Luft flog. Es wird vermutet, daß es Taylor war, der Parkes mit der Nitrierung von Zellulose bekannt machte und ihm auch das »Englische Pflaster« aus Kollodium vorführte.

Diese ungefährliche Spielart des nitrierten Zellstoffs übte sofort eine unwiderstehliche Faszination auf Parkes aus. Er begann, das Kollodium allen möglichen Torturen zu unterwerfen: Mit Säuren und Laugen, Hitze und Destillation setzte er der formbaren Masse so lange zu, bis er 1856 als Resultat zwei Patente anmelden konnte.

Kollodium war bereits zuvor versuchsweise in der Fotografie verwendet worden. Es wurde auf eine Glasplatte aufgetragen und bettete die lichtempfindlichen Silbersalze ein. Parkes aber ging noch einen Schritt weiter. Er verdickte das Kollodium mit Hilfe einiger Zusätze, um so die Trägerplatte aus Glas zu ersetzen. Das war das erste Patent auf dem Weg zum Zellulose-Kunststoff. Sein zweites Patent beschrieb, wie man »gewebte und andere Stoffe wasserdicht machen und beschichten« konnte – angesichts des sprichwörtlichen englischen Regens ein verständliches Anliegen.

Bewertet man Parkes' Bemühungen, die fotografische Glasplatte durch einen Kunststoff zu ersetzen, aus heutiger Sicht, so kann man nur das feine Gespür dieses Mannes bewundern. Von einem Sinn für technische Perfektion und ästhetische Ausgewogenheit geleitet, erfaßte Parkes immer wieder die Bedürfnisse seiner Zeitgenossen. Mit der Filmbasis aus nitrierter Zellulose gab er einen ersten Ausblick auf den Film aus Zelluloid, der wenige Jahrzehnte später erfunden wurde; seine Stoffbeschichtung hingegen wies den Weg für künftige Generationen regenfester Kleidungsstücke.

In diesen beiden Patenten ist bereits die Rezeptur für das Parkesin enthalten. Nach der Londoner Ausstellung verriet der Erfinder im Detail, wie der vielseitige Kunststoff hergestellt wurde (hier verkürzt wiedergegeben):

»Ich nehme einen Zentner zerkleinerte Baumwollabfälle oder ähnliche Materialien und lege sie in ein eisernes Gefäß, das man Konverter nennt. In den Konverter wird eine Mischung aus Salpeter- und Schwefelsäure gepumpt. Nach meist etwa zehn Minuten ist die Baumwolle ausreichend chemisch umgewandelt. Diese Nitrozellulose fällt dann in einen Behälter mit einem Maschennetz aus Draht, wo die überschüssige Säure abtropfen kann; danach wird die restliche Säure durch eine starke hydraulische Presse entfernt. So erhält man einen sehr harten Zylinder aus Kollodium, der bis zur späteren Verwendung in einem kühlen Raum gelagert wird. Bei Bedarf wird er in eine eigens für diesen Zweck gebaute Maschine getan, wo er zerkleinert wird.«

Dieses Kollodiumpulver wurde dann mit Rohbenzin (Naphtha) angefeuchtet und mit der doppelten Menge Pflanzenöl sowie knapp der Hälfte Kampfer vermischt. Der daraus entstehenden formbaren Masse wurde erneut Wasser entzogen, um sie dann durch Zusätze von Öl und Farben endgültig zu Parkesin zu machen. Schließlich preßte man den Kunststoff unter Walzen zu großen Platten. Weiter schrieb Parkes:

»Während er noch plastisch ist, kann er zu Rohren geformt oder als Isolation auf Telegraphendrähte oder Textilfasern aufgetragen werden. Die Schichten der einen Farbe können die einer anderen Farbe überlagern; man kann wunderbare Korn- oder Marmoreffekte erzielen, wenn man unterschiedlich gefärbte Platten mit Walzen ineinanderpreßt, solange sie noch formbar sind.«

Damit ist Parkes' Anleitung aber noch nicht zu Ende. »Ich muß hier anmerken«, schreibt er im folgenden Satz, »daß der gesamte Ablauf – vom Auswiegen des Zentners Baumwolle bis zur Endproduktion der Platten oder anderer Formen – nicht länger als zwei bis fünf Stunden dauert.« Dieses Zeitmaß versuchte der kostenbewußte Erfinder auch einzuhalten – und verurteilte damit seine neugegründete Parkesine Company Ltd. zum Ruin. Im April 1866 unter Beteiligung bekannter Industrieller aus der Taufe gehoben, wurde nur zwei Jahre später der Nachruf auf die Londoner Fabrik gedruckt.

Parkes, als Erfinder ein Genie, bewies in diesen beiden Geschäftsjahren seine Unfähigkeit als Kaufmann. In den Broschüren des Werks stellte er Parkesin als Alleskönner dar: Der Kunststoff sollte Schiffsanstriche seewasserfest machen; er sollte die junge Telegrafie beflügeln, indem er sowohl ihre Masten als auch ihre Drähte gegen die Witterung schützte; und schließlich sollten mit ihm Kutschen und Kästen, Kattun und Kunstwerke überzogen werden. Doch das war nichts als Wunschdenken. Parkesin verkaufte sich in diesen beiden Jahren nur deshalb, weil es ein »demokratischer« Stoff war: Endlich konnten sich Angehörige der ärmeren Bevölkerung Schirme leisten, deren Handgriffe wohl kunstvoll verziert, aber dank Parkesin erschwinglich waren; und endlich wurde Schmuck,

Dosen und Messergriffe aus Parkesin – damals Konkursmasse, heute teure Rarität.

der Elfenbein, Koralle oder Bernstein täuschend ähnlich sah, dank der Verwandlungskünste des Parkesins wirklich preiswert.

Bald aber kamen die ersten Reklamationen: Bis zur Unkenntlichkeit verdrehte Messergriffe, häßlich verzogene Schachfiguren und gewellte Kämme waren der Beweis für Parkes' schlampiges Management. Weil er den Verkaufspreis des Parkesins niedrig halten wollte, erstand er die billigste Baumwolle. Die aber war verunreinigt. Und um die Produktionszeiten zu verkürzen, erklärte er seinen Kunststoff für fertig, bevor das Lösungsmittel vollständig ausgedünstet und das Wasser ausreichend entzogen worden war. Parkes selbst meinte später, die leichte Entflammbarkeit seiner Produkte hätte den Niedergang des Geschäfts begründet; sein Partner Daniel Spill hingegen erklärte, das Parkesin sei weder in der geforderten Qualität noch in jenem Perlweiß produziert worden, das damals so gefragt war.

Die Konkursverwalter setzten dann den Schlußpunkt unter die Parkesinstory. Sie sammelten ein, was von den letzten Produktionsmonaten noch übrig war. Es handelte sich um Kleinigkeiten, die den finanziellen Verlust kaum minderten. Heute hingegen wären diese Gegenstände ein Vermögen wert: Ohrringe, Broschen, Halsketten und Tintenfäßchen. »Parkesin-Objekte«, so schreibt die international bekannte Expertin für historische Kunststoffe, die Londonerin Sylvia Katz, »sind spröde und äußerst selten; sie gelten als die ältesten Gegenstände der Welt, die aus einem künstlichen Material hergestellt sind.«

Doch die Herren von der Londoner Stadtverwaltung räumten auf. Sie nahmen neben den Kleinigkeiten noch fast 2000 Platten aus Parkesin mit, einfarbig und marmoriert. Zu guter Letzt luden sie 1650 Kästchen auf, in denen – fein säuberlich aufgereiht – je ein Dutzend weiße Messergriffe aus dem ersten industriellen Kunststoff lagen.

DIE ZEHNTAUSEND-DOLLAR-IDEE

Zur selben Zeit, als in England das Parkesin auf seinen Untergang zusteuerte, ging jenseits des Atlantik der erste strahlende Stern am Kunststoffhimmel auf: Zelluloid. Welche Erinnerungen weckt dieser Name! Am 8. August 1884 meldet George Eastman, der Chef des Kodak-Konzerns, den fotografischen Film auf Zelluloidbasis zum Patent an. Schon wenige Jahre später steht der Name Zelluloid stellvertretend für Glanz und Glamour. Aus dem transparenten Material wächst eine gigantische Filmindustrie heran, in der sich Kunst und Technik auf einem rauschenden Fest verloben. Am 28. Dezember 1895 eröffnen die Gebrüder Lumière in Paris das erste Kino. Sie können sich vor dem Ansturm der Schaulustigen kaum retten. In den kommenden Monaten führen die Lumières neben Spielfilmen auch aktuelle Wochenschauen vor, in denen sogar die Staatsvisite von Zar Nikolaus II. festgehalten wird. Kurz nach der Jahrhundertwende zählt der Besuch von Lichtspielhäusern zu den beliebtesten Freizeitvergnügen in Europa und Amerika.

Zelluloid – der Stoff, aus dem die Träume sind. Damals, als das Zelluloid noch jung war und die Bilder laufen lernten, war dieser Kunststoff tatsächlich ein Stückchen Traumwelt. Wundersamerweise hatte er einen Weg in die Realität gefunden.

Zelluloid hielt, was sein Vorläufer Parkesin nur versprochen hatte. Es beschenkte Kinder mit Puppen, die sich baden und bürsten ließen, es bescherte den Ärmeren kleine Luxusartikel, die ihren tristen, vom Rhythmus der Maschinen geprägten Alltag bunt belebten. Auf der Frisierkommode stand ein kleines Sammelbildchen aus Zelluloid, darauf ein blumenumranktes Häuschen unter einem Telegrafenmast, umflattert von den obligatorischen Biedermaier-Tauben. Auf der Kommode, neben dem Bild, lagen zwei riesige marmorierte Zelluloid-Kämme, dafür bestimmt, das hochtoupierte Haar beim Tanzfest zu schmücken; daneben, in dem Kästchen aus verziertem Zelluloid, warteten perfekt imitierte Perlen und Broschen aus demselben Material darauf, umgehängt und angesteckt zu werden.

Zelluloid, das ist eine Geschichte, die eines Glamour-Kunststoffs würdig ist. Man müßte diese Geschichte ins Reich der Märchen verbannen, wäre sie nicht durch Fotografien und Patentschriften, durch Gerichtsurteile und Aufzeichnungen dokumentiert. Sie handelt von einer ökologischen Katastrophe und von einem 10 000-Dollar-Preis, der zwar gewonnen, aber nie kassiert wurde; sie berichtet von einem geheimnisumwitterten Baum aus Ostasien, erzählt von explodierenden Billardbällen in Wildwestsaloons, stellt einen erbitterten Patentstreit dar und spannt den Zelluloid-Bogen zu dem Städtchen Oyonnax in den Bergen des Jura, dessen Einwohner die schönsten Kämme Frankreichs herstellen.

Im Jahre 1878 entsandten die Einwohner von Oyonnax ihren Bürgermeister, Monsieur Verdet, zur Internationalen Ausstellung nach Paris. Dort begab sich Verdet schnurstracks zu einer besonders stark besuchten Abteilung: Auf den Ständen der Aussteller häuften sich Artikel aus Zelluloid, jenem neuartigen Kunststoff, der endlich aus Amerika eingetroffen war. Der Bürgermeister aus dem Jura entdeckte schließlich, wonach er gesucht hatte: Kämme.

Glitzernde Schönheit aus dem Labor: Den Kosmetiktisch eroberte Zelluloid im Sturm.

Mit scharfem Blick und feinfühligen Fingern untersuchte Monsieur Verdet die Kämme aus dem Kunststoff, der dem Schildpatt und dem Horn so täuschend echt nachgebildet war. Dann kehrte er in seine kleine Stadt nahe der Schweizer Grenze zurück. Dort empfahl er seinen Bürgern begeistert, sich künftig des neuen Materials zu bedienen. Denn Zelluloid, so meinte der Ortsvorsteher, habe als Rohstoff für Kämme eine große Zukunft vor sich.

Er sollte recht behalten. Nur wenige Jahre später, als der Preis des Zelluloids um zwei Drittel gefallen war, folgten die

Manufakturen seinem Ratschlag und sägten ihre Kämme nicht mehr aus Horn, sondern aus dem Zellulose-Kunststoff. In den beiden Jahrzehnten nach 1900 verzehnfachten sie ihre Produktion; das Handwerk blühte wie nie zuvor in der 1200 Jahre alten Geschichte des Ortes. Seit dem frühen Mittelalter – so jedenfalls erzählen es die Einwohner jedem Fremden, der es hören will – ist der Name »Oyonnax« in Frankreich gleichbedeutend mit »Kamm«. Bis ins 19. Jahrhundert hatten die Familienbetriebe zur Kammherstellung Buchsbaumholz verwendet. Es wurde fein gesägt und dann auf Hochglanz poliert.

Die Kamm-Macher blieben ihren mittelalterlichen Herstellungsverfahren und Materialien bis um das Jahr 1800 treu. Dann aber verlangte ein zunehmend wohlhabenderes Bürgertum nach schöneren und besseren Gebrauchsartikeln. Bis zur Jahrhundertmitte hatte dann Rinderhorn das traditionelle Buchsbaumholz verdrängt. Horn war zwar preiswert,

Kühlung mit Zelluloid: Fächer, von den Kamm-Machern des französischen Jura kurz nach 1900 hergestellt.

aber leider auch launisch. Bevor man einen Kamm sägen konnte, mußte das Horn tagelang in verschiedenen Arbeitsgängen vorbereitet werden. Aber selbst der beste Oyonnaxer Handwerker wußte, daß einige seiner Kämme splittern oder brechen würden.

Zelluloid hingegen hielt von Anfang an, was seine amerikanischen Hersteller versprachen. Es ließ sich problemlos in Platten schneiden und bis auf den Bruchteil eines Millimeters genau auf die gewünschte Stärke ausrollen; Farbzusätze verwandelten es optisch in Horn, Schildpatt oder Elfenbein; anschließend konnte man es mit Prägestempeln oder Schnitzarbeiten verzieren.

Schließlich wurde 1902 die Société Oyonnaxienne gegründet, in deren Fabrik die Handwerker ihr eigenes Zelluloid produzierten. Wenige Jahre später kam ein zweites und dann ein drittes Werk hinzu. Heute noch gilt ein Oyonnax-Kamm mit der Aufschrift: »Aus echtem Celluloid – handgesägt« als Qualitätsprodukt.

Kämme, Zahnbürsten, Tischtennisbälle – das sind einige der wenigen Gegenstände, die heute noch aus Zelluloid hergestellt werden. Der Kunststoff, der damals Millionen begeisterte, ist zu einem Schatten seiner selbst verblaßt. Schon lange können moderne, maßgeschneiderte Kunststoffe viel mehr – und das auch noch erheblich besser – als das gute alte Plastikmaterial aus Zellulose. Dennoch wäre es verfrüht, von dem Erlöschen des ersten Kunststoffsterns zu sprechen. Besonders die Sammler von historischen Kunststoffen überbieten sich, wenn es um Zigaretten- oder Schmuckdosen aus Zelluloid geht; um so mehr, wenn deren Schildpatt-Effekte per Hand mit Anilinbraun und Fuchsin aufgetragen wurden.

Aber zurück zu den Anfängen. Alexander Parkes' Ausflug in die Welt der Kunststoffe war 1868 mit dem Konkurs seines Parkesin-Unternehmens beendet worden. Für viele Chemiker und Erfinder war jedoch die nitrierte Zellulose nach wie vor eine Goldgrube – man mußte sie nur anders ausbeuten. Zu ihnen gehörte der Drucker John Wesley Hyatt aus Starkey im amerikanischen Bundesstaat New York. Hyatt war 30 Jahre alt, als in London die letzten Messergriffe aus Parkesin beschlagnahmt wurden. Er arbeitete in der Stadt Albany, als dort ein Preisausschreiben Schlagzeilen machte. Die Firma Phelan & Collendar, Hersteller von elfenbeinernen Billardkugeln, versprach demjenigen 10 000 Dollar, der ein Ersatzmaterial für Elfenbein erfinden würde.

Der Grund für diese Aktion lag auf der Hand. In den sechziger Jahren des vergangenen Jahrhunderts kletterte der Preis für Elefantenstoßzähne ins Astronomische. Denn das weiße Gold aus dem Schwarzen Kontinent war rar geworden. Wegen der ständig steigenden Nachfrage war es nur noch schwer zu beschaffen. Militärisch organisierte Jägergruppen und geflohene Verbrecher knallten jedes Jahr 70 000 afrikanische Elefanten nieder. Wenn sie den Kolossen die bis zu 140 Pfund schweren Stoßzähne abgesägt hatten, überließen sie die Kadaver den Geiern und Hyänen. Die Rüsseltiere, einst unangefochtene Herrscher der Wildnis, wurden binnen weniger Jahre zur bedrohten Art.

Früher beliebtes Spielzeug, heute begehrte Rarität: Zelluloid-Puppe, fast 100 Jahre alt.

Mit seiner Erfindung des Zelluloids rettete John Wesley Hyatt tausenden Elefanten das Leben.

Die Geschäftsführer von Phelan & Collendar mußten zusehen, wie ihre Profite um so mehr schrumpften, je teurer das Elfenbein wurde. Die Ursache für das wirtschaftliche Dilemma war eine Schädigung des Ökosystems; als einziger Ausweg bot sich das Ausweichen auf einen Ersatzstoff an. Der Tüftler John Wesley Hyatt fühlte sich berufen, das neue Material für preiswerte Billardkugeln zu erfinden.

An Hyatts ersten beiden Patenten aus den Jahren 1865 und 1869 kann man seine Fortschritte ablesen. Versuchte er anfangs noch, Billardkugeln aus Stoff und Schellack zu pressen, so stieß er 1869 auf Kollodium, jene gelöste und nitrierte Zellulose, die schon Schönbein und Parkes verwendet hatten. Als Drucker, für den kleine Verletzungen an der Tagesordnung waren, war Hyatt vermutlich mit dem »Englischen Pflaster« aus Kollodium vertraut. Später erzählte er: »Ausgelöst wurden meine ersten Versuche mit Nitrozellulose dadurch, daß ich zufällig ein Stück Kollodium fand, das eingetrocknet war, nicht größer und nicht dicker als mein Daumennagel.«

Hyatt war ein Sunnyboy. Er überzog seine aus Papierbrei gepreßten Kugeln mit Kollodium-Paste; obwohl der Überzug beim Trocknen schrumpfte, glaubte Hyatt fest an die große Zukunft der Nitrozellulose – so fest, daß er mit seinem Bruder Isaiah die Albany Billiard Ball Company gründete. Als Herrscher über ein Konkurrenzunternehmen zu Phelan & Collendar konnte und wollte Hyatt wohl nicht die 10 000 Dollar einstreichen. Was mit dem Preis geschah, ist nicht bekannt; vermutlich ist er im Trubel der folgenden Ereignisse schlichtweg vergessen worden.

Mit ihrer Firma stürzten sich die Gebrüder Hyatt in ein blühendes Geschäft. Billard, bekannt seit dem 15. Jahrhundert und seitdem mit Kugeln aus Elfenbein gespielt, breitete sich schnell in ganz Amerika aus. In jedem Gasthaus, in jedem Saloon standen die mit grünem Tuch bespannten Tische. Hyatts preiswerte Billardkugeln rollten bald auch im Wilden Westen. Doch das Kollodium – eigentlich nichts anderes als gelöste Schießbaumwolle – war immer für Überraschungen gut. John Wesley Hyatt erzählte damals: »Wenn man eine brennende Zigarre (an eine Kugel) hielt, war das Ergebnis sofort eine Stichflamme, und manchmal führte ein heftiger Zusammenprall der Kugeln zu einer leichten Explosion wie von einem Zündhütchen. In einem Brief erwähnte der Besitzer eines Billardsaals in Colorado diese Explosionen und betonte, daß sie ihm ziemlich gleichgültig seien, nur ziehe jeder Mann im Raum im selben Augenblick seinen Revolver.«

Am 15. Juni 1869 überstürzten sich die Ereignisse. An diesem Tag wurden beim amerikanischen Patentamt zwei Verfahren zur Herstellung von Kunststoffen angemeldet: Das eine stammte von Hyatt, das andere von dem Briten Daniel Spill. Der letztgenannte war in der Erfinderszene nicht unbekannt, denn Spill war der Partner von Alexander Parkes gewesen; außerdem hatte Spill 1869 die Xylonite Company gegründet, die mit abgewandelten Rezepten einen Kunststoff produzierte, der dem Parkesin ähnlich war. Hyatt betonte in seinem Patent (Nr. 91.341) die Anwendung von hohem Druck bei der Herstellung des Nitrozellulose-Materials; dagegen erwähnte Spill in seinem Patent (Nr. 91.377) den Kampfer als wichtigsten Zusatz für die Nitrozellulose.

Dieser Zusatzstoff sollte einen erbitterten Streit entfachen. Kampfer war eines der Geheimnisse des asiatischen Kontinents. Unter dem strikten Monopol der japanischen Regierung wurden die loorbeerähnlichen Kampferbäume zerkleinert und destilliert, um daraus den Rohkampfer zu gewinnen. Am 12. Juli 1870 meldete John Wesley Hyatt das US-Patent Nr. 105.338 an. Darin beschrieb er zum ersten Mal vollständig die Herstellung von Zelluloid. Den Namen für das neue Material hatte sein Bruder erfunden. Die Patentschrift hatte nur einen kleinen Schönheitsfehler: Zelluloid benötigte zu seiner Entstehung genau jenen Stoff, auf den Daniel Spill schon einen gewissen Anspruch erhoben hatte – Kampfer.

Es wäre unangemessen zu behaupten, daß das Zelluloid ohne das 10 000-Dollar-Preisausschreiben nicht entstanden wäre. Die Ereignisse, aus denen sich das Netz der Geschichte webt, lassen sich nicht auf derartig einfache Kausalzusammenhänge zurückführen; wer das versucht, der verkennt die unendliche Vielfalt und Komplexität des Lebens. Sicher wurde Hyatt durch den Preis angespornt. Ebenso war er aber das Kind einer Zeit, in der die Suche nach neuen Werkstoffen ein wichtiger Motor war, der zu immer neuen Erfindungen führte. John Wesley war der Sohn eines jungen Kontinents, in dem unbekümmerte Initiative eher belohnt als bestraft wurde.

Wer heute Zelluloid herstellen will, dem liefert Hyatts Patent Nr. 105.338 genaue Anweisungen: Man besorge sich dafür Kollodium, das man in Wasser zu einem feinen Brei mahlt. Sodann mische man die gewünschten Farbpigmente bei. Solange der Brei noch feucht ist, setze man »fein zermahlene Kampfermasse hinzu, ungefähr ein Gewichtsanteil Kampfer zu zwei Gewichtsanteilen trockenen

Hollywoods Ursprünge: Die Zelluloid-Fabrik der Gebrüder Hyatt in New Jersey, um 1875

Kollodiums«. Diese Mischung wird ausgequetscht, um ihr das Wasser zu entziehen, dann in eine Form gefüllt, die auf 60–110 Grad Celsius erhitzt und hohem Druck ausgesetzt wird. Hyatt beschreibt das Ergebnis dieses Prozesses: »Je nachdem, welche Temperaturen man angewendet hat, wird der Kampfer verdampft oder verflüssigt und verwandelt sich in ein Lösungsmittel für das Kollodium (Pyroxylin). ... Wenn man diese Mischung lange genug Hitze und Druck ausgesetzt hat, um zu garantieren, daß das Lösungsmittel seine Wirkung in der gesamten Masse entfalten kann, wird sie unter Druck abgekühlt und dann aus der Form genommen. Das Produkt ist eine feste Masse, deren Beschaffenheit etwa der von Sohlenleder gleicht, die aber in der Folge hart wie Horn oder Knochen wird, weil der Kampfer ausgast.«

Mit ihrem lautem Werbegeschrei lockten die beiden Hyatts schnell Interessenten in ihre Fabrik. Ein Chemieprofessor zeigte sich sofort begeistert, wurde aber zunehmend schweigsamer, als er die Produktionsstätte besichtigte. Die Anwendung von Hitze und Druck, so meinte er, würde die Nitrozellulose unweigerlich zur Explosion bringen, mit verheerenden Folgen für die gesamte Belegschaft.

John Wesley Hyatt aber ließ sich von dieser »Gefahrentheorie eines Gelehrten«, wie er es abfällig nannte, nicht beeindrucken: »Am nächsten Tag zwischen zwölf und ein Uhr, als alle das Werk verlassen hatten, verklemmte ich ein zehn Zentimeter dickes Brett ..., das mich vor Verletzungen schützen sollte, zwischen Boden und Decke und zwischen die hydraulische Presse und die Handpumpe. Dann bereitete ich die Form vor und erhitzte sie auf 200 Grad, wohl wissend, daß sie die Nitrozellulose und den Kampfer sicherlich entzünden würde ... Die Gase zischten unter Druck aus der Form heraus und erfüllten den Raum mit beißendem Qualm. Die Form, die Presse, das Gebäude und die Gegenstände waren noch da – einschließlich meiner selbst – und ich war heilfroh, nicht so viel zu wissen wie der Professor.«

Die erste Anwendung des Zelluloids diente rein medizinischen Zwecken. Die Hyatts stellten aus dem thermoplastischen Kunststoff – der sich unter erneuter Erhitzung immer wieder verformen ließ – Gaumenplatten für künstliche Gebisse her. Seit Jahren schon hatten sich die Zahnärzte gegen die ständig steigenden Monopolpreise des Gummikartells aufgelehnt, von dem sie das Rohmaterial für Gebisse beziehen mußten. Die Suche nach einem preiswerteren und besseren Ersatzmaterial war so dringlich, daß die meisten Dentisten begierig zugriffen, als die Hyatts ihnen Zelluloid anboten. Diese Nachfrage sicherte dem neuen Werkstoff einen steilen Start im Wirtschaftsleben.

Im Jahre 1873 verlegten die Hyatts ihre Celluloid Manufacturing Company nach Newark in der Nähe von New York City. Selbst ein Feuer, das drei Jahre später die Fabrik und die Maschinen zerstörte, konnte den Erfolg des Kunststoffs nicht aufhalten. Um so heftiger muß der Schreck gewesen sein, als aus England eine bedrohliche Klage kam: Daniel Spill beschuldigte die beiden Brüder, seine Patente ohne Lizenz verwendet zu haben. Er verlangte den gesamten Profit, den sie auf dieser Basis erwirtschaftet hatten. Eine Erfüllung dieser Forderungen hätte den Untergang des blühenden Zelluloid-Unternehmens bedeutet.

Die Rechtsanwälte der Brüder Hyatt wiesen die Anschuldigungen empört zurück. Spill, so argumentierten sie, sei gar nicht der Erfinder des Kampfer-Zusatzes, vielmehr sei dieses Verfahren schon vor ihm bekannt gewesen. In den folgenden drei Jahren gelang es den Hyatts sogar, Alexander Parkes zu einer Aussage gegen seinen ehemaligen Partner Spill zu bewegen. Der Richter aber, der am 25. Mai 1880 das Urteil fällte, ließ sich nicht beeindrucken: Er befand die Hyatts für schuldig. Als plane er, das profitable Unternehmen von einem Tag auf den anderen in den Ruin zu stürzen, verdonnerte er die Brüder dazu, die Produktion sofort einzustellen und eine noch festzusetzende Summe an Spill zu zahlen. Es schien, als sei dieser 25. Mai der schwarze Tag für das Zelluloid der Gebrüder Hyatt. Doch es sollte noch schlimmer kommen. Kurz nach dem Urteil verkaufte Spill seine Patente an amerikanische Industrielle. Flugs errichteten diese Männer ein Konkurrenzunternehmen in der Nähe von Newark. Doch die beiden Hyatts gaben sich nicht geschlagen. Sie veränderten ihr Zelluloid-Rezept geringfügig und produzierten eifrig weiter. Prompt klagte Spill ein zweites Mal, doch diesmal entschied der Richter zugunsten der Hyatts. Im Februar 1884 aber kam die Rechnung: Spill verlangte die unglaubliche Entschädigungssumme von 711 973 Dollar! Wieder ließen sich die Hyatts nicht ins Bockshorn jagen. Sie verlangten eine neue Verhandlung, weil mittlerweile weitere Zeugen zu ihren Gunsten ausgesagt hatten. Tatsächlich ereignete sich dann am 1. August 1884 ein kleines Wunder: Derselbe Richter, der die Zelluloid-Erfinder vier Jahre zuvor schuldig gesprochen hatte, hob sein erstes Urteil auf und sprach die Hyatts von allen Ansprüchen und Beschränkungen frei. Neue Untersuchungen hätten ergeben, so der Richter, daß Alexander Parkes den Zusatz von Kampfer bereits lange vor Spill hatte patentieren lassen.

»Manchmal führte ein heftiger Zusammenprall der Kugeln zu einer Explosion.« Billard-Bälle aus Zelluloid.

Frühe industrielle Verarbeitung von Zelluloid auf einer Walze.

New Brantham: Für einen Wochenlohn von etwa fünf englischen Pfund arbeitete Harry Greenstock in der Zelluloid-Fabrik.

Damit war der Weg frei für die Celluloid Company. Sie schluckte ihre Konkurrenten und wuchs zu einer mächtigen Industrie heran. Die Patente wurden weltweit verkauft und führten in Deutschland zur Gründung der Rheinischen Gummi- und Celluloid-Fabrik. Von 1880 an entstand dort der Rohstoff für Spielzeug, Dosen, Kämme, Schalen, Messergriffe, Brillengestelle, Füllhalter, Hemdkragen und Manschetten. Auf Anzeigen sah man fortan den Mann von Welt, wie er mit einem Bürstchen seinen pflegeleichten Vatermörder aus Zelluloid reinigte. Enthusiastische Zeitgenossen schwärmten davon, daß diese »Hemdkragen den Schweiß nicht aufsaugen und durch einfaches Abwaschen mit einer in Seifenschaum getauchten Bürste wieder blendend weiß werden«. Ein halbes Kilo Zelluloid in Form von Schmuck und Accessoires zu tragen, galt um die Jahrhundertwende als chic.

Aus dieser Zeit existiert ein einmaliges Dokument: Der Bericht eines Arbeiters aus einer Zelluloid-Fabrik bei London. Er hieß Harry Greenstock. Im Jahre 1888 – Harry war damals sieben Jahre alt – wurde in der Nähe der Fabrik eine Siedlung gebaut: »Natürlich gab es weder Gas, noch elektrisches Licht. Kerzen und Paraffinlampen reichten für die Beleuchtung aus. Ein kleiner Herd in der Küche bot die einzige Kochgelegenheit. Wir hatten kein Badezimmer und kein fließendes Wasser... Wir mußten unser Wasser aus dem Graben holen, der sich durch das Dorf (New Brantham) zog... Die Männer gruben Löcher in den Graben, in denen sich das Wasser sammelte. So konnten wir es leichter schöpfen und unsere Eimer damit füllen. Jeder gefüllte Eimer mußte inspiziert und von den Lebewesen des Grabens befreit werden –

von den kleinen Viechern mit den Wakkelschwänzen. Wir mußten garantieren, daß das Wasser in den Eimern ›von Hand durchsucht‹ war. Wir hatten damals unsere eigenen Vergnügungen: pflückten Primeln und Sternhyazinthen, sammelten Brombeeren und Pilze ... Manchmal, zur Belohnung, wurden wir auf dem Spediteurswagen nach Ipswich mitgenommen, aber es gab immer Streit um den Platz neben dem Fahrer.«

Dann fing für Harry der Ernst des Lebens an: »Mein Vater holte mich morgens immer um halb vier aus dem Bett, und um vier waren wir am Arbeitsplatz. Wir machten zu den üblichen Zeiten Pausen für Frühstück und Mittagessen, blieben aber bis abends um halb acht bei der Arbeit. Ein 14-Stunden-Tag und samstags noch einmal $8^1/_2$ Stunden ergab eine $78^1/_2$-Stunden-Woche unter guter Ausnutzung des Tageslichts. Für Überstunden gab's keinen Zuschlag ...

Ob gemurrt wurde? Nein, das gab es nicht. Die Arbeit mußte getan werden, gleich was kam. Wir fühlten uns eben alle als Mitglieder einer ›Familie‹. Ich meine, daß damals eine Geisteshaltung der Zufriedenheit bestand, die man heute nicht mehr kennt, vielleicht weil es keine Ablenkungen von außen gab, die uns störten. Und andererseits dachten wir mehr an das, was wir taten als an das, was wir dafür bekamen.«

Für einen Wochenlohn von etwa fünf englischen Pfund arbeitete Harry Greenstock in verschiedenen Abteilungen der Fabrik. »Unser Kampfer wurde in Kübeln angeliefert, vermutlich direkt aus Formosa. Vor seiner Reinigung war er fast schwarz. Unsere Glasballons mit Säure kamen per Frachtschiff von Harwich. Manchmal war es ein wunderbarer Anblick, wenn die Frachtflotte unter vollen, vielfarbigen Segeln mit der Flut von Harwich hereinkam ... Unser Papier wurde in Rollen angeliefert ... Die Dämpfe der Säureabteilung waren damals ziemlich übel. Wenn es diesig war und der Wind von Süden wehte, konnte man nicht näher herangehen, ohne zu würgen, aber mit der Zeit gewöhnte man sich daran ...

Das Papier mußte zerkleinert werden. Die Messer senkten sich auf Xylonitebeschichtete Walzen herab ... Das pulverisierte Papier wurde in flache Holzschalen mit Tuchboden abgefüllt, die dann zu den Papiertrocknungsöfen gebracht wurden. Alles mußte absolut sauber gehalten werden, weil Schmutz in dem Papier eine ganze Charge verderben konnte ...

Im Winter war es schwierig, den Schmutz herauszuholen, weil unser elektrisches Licht äußerst dürftig war. Der Strom kam von einem Dynamo auf dem Werksgelände, und man konnte fast jeden Pulsschlag dieses Generators spüren. Aus Sicherheitsgründen hingen die Glühbirnen in wassergefüllten Glasbehältern, aber das trug auch nicht gerade zur Verbesserung der Lichtqualität bei.

Rauchen galt natürlich als Verbrechen. Fand man eine Pfeife oder ein Streichholz bei jemandem, so wurde er augenblicklich entlassen. Regelmäßig wurden alle Jacken durchsucht, sogar das Futter.«

Immer wieder wurden die Zelluloid-Fabriken von Bränden heimgesucht. Nach und nach bekam der auf brennbarer Nitrozellulose basierende Kunststoff den Ruf der Feuergefährlichkeit. Im Gegensatz zu den meisten anderen Plastikmaterialien erlischt Zelluloid nicht von

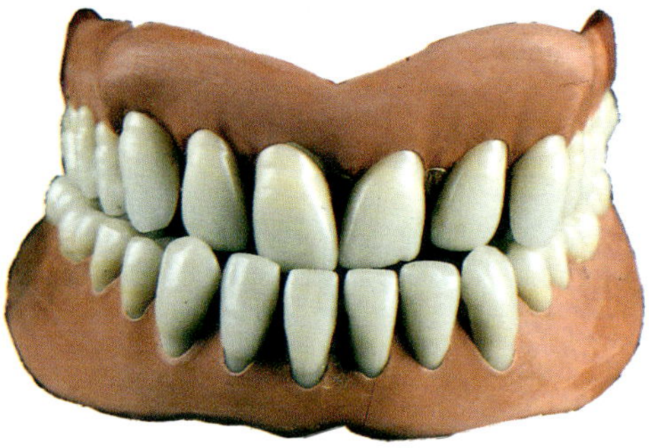

Erste Anwendung von Zelluloid: Künstliche Gebisse – mit Kunststoff preiswert und angenehm

selbst, wenn es sich einmal entzündet hat. Doch haben neuere Untersuchungen das Image des Zelluloids gerettet. Eine Durchsicht von Feuerwehrbüchern aus England und den USA aus der Zeit kurz nach der Jahrhundertwende hat ergeben, daß Zelluloid keine bedeutende Rolle bei der Auslösung von Bränden gespielt hat. Man wußte eben, daß die in ihm enthaltene Nitrozellulose leicht entflammen konnte und blieb mit Hemdkragen und Puppen in gebührender Entfernung vom offenen Feuer.

John Wesley Hyatt durfte den Erfolg seines Kunststoffs noch erleben. Ihren Höhepunkt von 50 000 Jahrestonnen erreichte die Zelluloid-Produktion allerdings erst 1930, zehn Jahre nach seinem Tod. Dann brach das Zeitalter der modernen Polymer-Materialien an, die das Zelluloid immer weiter zurückdrängten. Bis heute aber gibt es keinen Kunststoff, mit dem sich derart brillante und überraschende Farbeffekte erzielen lassen und keinen, der sich so einfach bearbeiten läßt. Kunststoffsammler wissen, warum Zelluloid heute noch so begehrt ist: Celluloid forever!

»ICH STEHE VOLLER EHRFURCHT VOR DEM ZELLULOSEMOLEKÜL«

Auf der Pariser Weltausstellung von 1889 war die erste Kunstseide eine Sensation.

VUE GÉNÉRALE DE L'EXPOSITION UNIVERSELLE PRISE DE L'ESPLANADE DES INVALIDES.

Am 12. Mai 1884 betritt eine imposante Gestalt das Gebäude der Académie Française in Paris: Hilaire Bernigaud Graf von Chardonnet de Grange. Er überreicht dem Sekretär feierlich einen versiegelten Umschlag. Der Inhalt des Schreibens, das in dem Umschlag steckt, wird nur einem kleinen Kreis hochrangiger Wissenschaftler zugänglich gemacht; die Öffentlichkeit muß drei Jahre warten, bis sie darüber informiert wird, daß der Graf künstliche Seide erfunden hat.

Chardonnet hatte bei Louis Pasteur Chemie studiert. Pasteur, Professor an der Sorbonne, vertrat eine bahnbrechende Theorie: Viele der bis dahin unerklärlichen Krankheiten würden durch Mikroorganismen ausgelöst, behauptete der Wissenschaftler. Unbeeindruckt von der Skepsis seiner Zeitgenossen, trat er 1865 den Beweis an. Die im Süden Frankreichs gezüchteten Seidenraupen waren von der Fleckenkrankheit befallen worden, einer Seuche, deren Ursache niemand ergründen konnte. Schließlich rief man Pasteur zur Hilfe. Mit seinem Mikroskop untersuchte er sowohl die Raupen als auch die Blätter der Maulbeerbäume, von denen sie sich ernährten. In beiden entdeckte er winzige Organismen. Auf seine Empfehlung hin vernichteten die Züchter alle befallenen Raupen und Bäume, um dann mit den verbliebenen gesunden Exemplaren einen neuen Anfang zu machen.

Pasteurs Schüler, Graf Chardonnet, erlebte mit, daß diese Roßkur anschlug. Die Raupen waren wertvoll. Bis ins 6. Jahrhundert galten sie als eines der bestgehüteten Geheimnisse des Reichs der Mitte. Selbst als ihre Zucht in kleinem Maßstab in Europa gelang, mußte man ihr begehrtes Produkt weiterhin größtenteils aus China einführen. Seide war im Mittelalter ein Privileg der obersten Schichten und blieb auch im ausgehenden 19. Jahrhundert für die meisten Bürger unerschwinglich.

Chardonnet war bei seiner Arbeit für Pasteur zum Seidenfachmann geworden. Die Gewinnung und Verarbeitung des feinen Naturfadens wurden jedoch immer wieder durch Probleme beeinträchtigt. Das machte Chardonnet zu einem Anhänger jener Idee, die auch viele seiner Forscherkollegen motivierte: Neue Werkstoffe aus der Retorte sollten die herkömmlichen Naturmaterialien ersetzen und ihre Unzulänglichkeiten überwinden. Dem Trend der Zeit folgend, begann Chardonnet, die Möglichkeiten der Zellulose zu erkunden. In seinem Labor arbeitete er mit denselben Substanzen wie vor ihm bereits Schönbein, Parkes und Hyatt: mit Baumwollresten und verschiedenen Lösungsmitteln. Chardonnet wollte ein Gemisch finden, das sich zu einem feinen, elastischen Faden spinnen ließ.

Diese Vorstellung war keineswegs neu. Schon der englische Physiker Robert Hooke hatte um 1660 beobachtet, wie die Seidenraupen ihren Kopf zurückbewegen und dabei einen Tropfen zähen Safts in die Länge ziehen. Hooke schlug vor, eine »künstliche Leimmasse« zu entwickeln; daraus sollte man einen Faden ziehen, der den der Seidenraupe übertreffen würde.

Aber erst mehr als zweihundert Jahre später wurde seine Idee in die Tat umgesetzt. Zu dieser Zeit war elektrisches Licht bereits ein alltäglicher Anblick. Es wurde mit einem stromdurchflossenen, verkohlten Bambusfilament erzeugt, doch brannten die von Natur aus unregelmäßigen Fäden schnell durch. Ein Engländer war der erste, der einen künstlichen Glühfaden entwickelte: Joseph Wilson Swan meldete 1883 ein Patent an, bei dem gelöste Schießbaumwolle – als »Englisches Pflaster« wohlbekannt – durch eine Spinndüse gedrückt wurde; unter Zugspannung erstarrte sie dann zu einem dünnen, gleichmäßigen Faden. Swans Produkt erwies sich als erstaunlich vielseitig. »Von Mitgliedern unserer Familie wurden damit Spitzen gehäkelt, die als Zierrand für Platzdeckchen und Teeservietten verwendet wurden«, schrieb Swans Sohn in der Biographie seines Vaters.

Die Swansche *artificial silk* – Kunstseide – war allerdings zu teuer, um als Textilfaser ein kommerzieller Erfolg zu werden. Erst Graf Chardonnet konnte nach einer Investition von sechs Millionen Franc zumindest einen Achtungserfolg erringen. Seine Version der Kunstseide unterschied sich übrigens kaum von der Swanschen. Sechs Jahre lang, in denen er mit seiner Pilotanlage 50 Kilogramm Kollodiumseide pro Tag produzierte, kämpfte Chardonnet buchstäblich gegen Windmühlen. Der gesamte Herstellungsprozeß, vom ersten bis zum letzten Schritt, mußte von Grund auf erarbeitet werden. Seine Techniker änderten und verbesserten pausenlos, ließen Teile weg oder fügten neue hinzu, um dann den gesamten Prozeß erneut auf die Änderungen abzustimmen. Waren die Probleme mit den Düsen halbwegs behoben, mußte die Lösung für den Spinnfaden neu konzipiert werden, und kaum war das geschehen, mußte der an der Luft ablaufende Spinnprozeß nachjustiert werden.

1889 wurde die Seide Chardonnets bekannt. Wie sich die Szenen gleichen: Wieder war es eine Weltausstellung, und wieder wurde ein Kunststoff ausgezeichnet. Diesmal war der Ort allerdings nicht London, sondern Paris, und es war nicht Alexander Parkes, sondern Graf de Chardonnet, der die Medaille erhielt. Die Produkte – Parkesin und Nitroseide – unterschieden sich kaum voneinander: Beide basierten auf umgewandelter Zellulose.

Auf jener Ausstellung von 1889 mit dem Turm des Gustave Eiffel massierten sich die technischen Superlative. Dennoch war Chardonnets Kunstseide eine Attraktion. »Wenn das Herstellungsverfahren sich bewährt, wird es China schwer treffen, denn die Fabriken von Lyon werden den Rohstoff im Wald vor der Stadt finden«, schrieb ein Zeitgenosse. Mit dem Rohstoff meinte er die Zellulose.

Louis Pasteur: Er kämpfte gegen gefährliche Mikroben.

Bald aber verbreitete sich das Gerücht, daß Chardonnets Kunstseide feuergefährlich sei. Artikel in der Boulevardpresse warnten vor den Kunstkleidern, die sich angeblich an offenen Kaminen oder Gaslichtern entzünden konnten und üble Brandwunden hinterließen. Es dauerte nicht lange, da stagnierte der Absatz. Der Name »Schwiegermutterseide« wurde in Frankreich schnell zum Bonmot. Ob die damaligen Gerüchte einer historischen Überlieferung standhalten, ist zu bezweifeln; sicher ist aber, daß zumindest die Importeure von Naturseide alles daransetzten, ihre neuentstandene Konkurrenz auszuschalten.

Chardonnet konnte die Brennbarkeit seiner Seide zwar mit Hilfe von Schwefelverbindungen herabsetzen; doch diese sogenannte Denitrierung verkürzte die langen Molekülketten des Kunststoffs und schwächte den Faden. Noch während in Bobingen bei Augsburg und in Kelsterbach am Main Fabriken für die

Chardonnetsche Seide gebaut wurden, kamen neue und verbesserte Textilfasern auf den Markt. Chardonnet verarmte. Obwohl er einer der Begründer der bald zu einem Riesen heranwachsenden Kunstfaserindustrie war, konnte er sich nur durch Pensionszahlungen des Staates über Wasser halten. 1924 starb er in Paris.

Mehr Glück mit ihrer Version eines künstlichen Textilfadens hatten die Engländer Cross, Bevan und Beadle. Zuerst tauchten sie Zellulose in eine Lauge; dann fügten sie Schwefelkohlenstoff hinzu und lösten die daraus entstandenen leuchtend-organgefarbenen Körnchen in Natriumhydroxid und Wasser auf. Die resultierende Flüssigkeit war dick wie Sirup und wurde von dem Chemiker-Team deshalb *Viskose* gtauft.

Aus Zellulose, dem natürlichen Rohmaterial wird in langen Strängen Viskose hergestellt.

Preßte man die Viskose durch Spinndüsen in ein Säurebad, dann verwandelte sie sich in reine Zellulose zurück und ließ sich zu einem geschmeidigen »Reyon«-Faden ziehen. Diese Zellulose unterscheidet sich jedoch von Natur-Zellulose: Die chemische Behandlung zerbricht das ursprüngliche Riesenmolekül in mehrere Teile. Auf diese Weise wird der Faden flexibler. Als die Kinderkrankheiten des Verfahrens überwunden waren, begann in vielen Ländern die Viskose-Produktion; 1906 gab es in Deutschland bereits sieben Viskose-Hersteller, unter anderem die Elberfelder Glanzstoff-Fabriken.

Aus der Viskose ließ sich eine hauchdünne, vollkommen transparente Folie herstellen. Statt durch Düsen mußte man die Viskose dafür durch schmale Schlitze in ein Säurebad drücken. Das Produkt wurde Zellglas genannt; unter dem Namen *Cellophan* wurde es weltberühmt. Die knisternde Haut avancierte schnell zu einem Verpackungsmaterial, von dem man sagte: Cellophan schützt, was es zeigt, und zeigt, was es schützt. Sein Erfinder, der Schweizer Jacques Brandenberger – Spitzname: Père Céllophane – verkaufte die Rechte zur Herstellung an viele große Unternehmen, so auch an Kalle in Deutschland und an Du Pont in den Vereinigten Staaten. Charles Cross, Miterfinder der Viskose, sagte damals: »Ich stehe voller Ehrfurcht vor dem Zellulosemolekül!« Unter Hitler wurde Zellglas schließlich verboten, weil die Devise »Schützt den deutschen Wald!« allzu wörtlich genommen wurde. Erst als sich die Erkenntnis durchsetzte, daß eine Verpackung aus Papier erheblich mehr Holz verschlingt als eine Umhüllung aus Cellophan, durften die Zellglas-Hersteller ihre Produktionsanlagen wieder hochfahren.

Das natürliche Polymer der Zellulose war um die Jahrhundertwende für eine weitere Überraschung gut: Zelluloseacetat. Essigsäure und Essigsäureanhydrit verwandelten die Zellulose in einen Kunststoff, der dem Zelluloid ähnlich war. Sein Vorteil: Ihm haftete nicht das Handikap der Brennbarkeit an. Im Ersten Weltkrieg lackierte man den Bespannungsstoff von Flugzeugtragflächen mit diesem flüssigen Acetat und verlieh ihnen damit eine höhere Festigkeit. Durch Spinndüsen gepreßt, lieferte das Acetat eine edel wirkende Textilfaser, und in den folgenden Jahrzehnten stellte die Celanese Corporation in den USA Hunderttausende Lenkräder aus Zelluloseacetat her. Der Kunststoff ließ sich ähnlich extravagant färben wie Zelluloid und fühlte sich handfreundlich an wie Horn. Im Jahre 1951 hielt eine spezielle Variante des Kunststoffs – das Zellulosetriacetat – in Hollywood Einzug. Aus ihm wird seither feuersicherer Kinofilm hergestellt.

Zelluloseacetat wurde auch als erster Kunststoff mit Spritzgußmaschinen verarbeitet. Diese Maschinen kamen aus dem Metallsektor und wurden dem Polymermaterial angepaßt. Das meist körnige Rohmaterial (Granulat) wird in einen Trichter eingefüllt und rieselt in einen beheizten Zylinder. Die Wärme verflüssigt dort den thermoplastischen Kunststoff. Mit einem »Schuß« drückt ihn ein Kolben durch eine Düse in eine Form. Dort erstarren die Molekülketten schnell. Schließlich wird die Form geöffnet und das fertige Spritzgußteil ausgeworfen.

In den turbulenten Zeiten vor der Jahrhundertwende erwachte das Bewußtsein der neugeborenen Kunststoff-Wissenschaft. Am 27. April 1863 hielt Marcelin Berthelot einen Vortrag vor der Gesellschaft der Pariser Chemiker. Darin eröffnete der Gelehrte zum erstenmal einen Ausblick auf den Vorgang der Polymerisation – der Bildung langer Molekülketten aus kleineren Einheiten. Hitze konnte dabei laut Berthelot eine bedeutende Rolle spielen. Sechs Jahre später beschrieb er, wie man Ethylen und Propylen poylmerisieren kann. Damit hatte Berthelot das Tor zu den Kunststoff-Entwicklungen des 20. Jahrhunderts weit aufgestoßen.

Die Haut der Zeppeline wurde mit einem Anstrich aus Zellulose-Kunststoff gehärtet.

Nur wenige Jahre zuvor hatte der britische Chemiker Thomas Graham entdeckt, daß gelöste Zellulose und Stärke in feinen Filtern hängenbleiben. Stoffe, die sich derart »leimartig« verhalten, nannte er Kolloide. Graham vertrat die Ansicht, daß Kolloide aus vielen, einfach gebauten Molekülen bestehen. Sie würden, so meinte der Chemiker, durch relativ schwache Bindekräfte zusammengehalten.

Die Zellulose und die ersten aus ihr erzeugten Kunststoffe schienen die Wissenschaftler der Jahrhundertwende kalt zu lassen. Kaum ein Mitglied der internationalen Forschergemeinde schenkte dem Zelluloid oder der Kunstseide mehr als oberflächliche Aufmerksamkeit. Diesen halbsynthetischen Materialien gar ein Lebenswerk zu widmen, hätte als Torheit gegolten.

Die Impulse, das Polymer-Neuland wissenschaftlich ausführlich zu erkunden, kamen schließlich aus einer anderen Richtung. Bereits zu Zeiten Berthelots hatte die Beschäftigung mit dem Kautschuk die ersten Früchte getragen. Greville Williams hatte 1860 den Grundbaustein des Naturgummis destilliert – das Isopren. Dies eröffnete allerdings mehr Fragen als Antworten. Vor allem der unsichtbare Mechanismus, der die einzelnen Moleküle zusammenhielt, sowie die räumliche Form einer solchen Molekül-Zusammenballung wurden zum Gegenstand eines jahrzehntelangen Streits. Von der Beantwortung dieser Fragen hing es ab, ob man Kunststoffe überhaupt begreifen, zielgerichtet entwerfen und herstellen konnte. Im Jahre 1905 stellte der deutsche Chemiker Carl D. Harries ein interessantes Modell des Kautschuks vor. Danach wird Kautschuk – der aus Atomen des Wasserstoffs (H) und des Kohlenstoffs (C) besteht – hauptsächlich durch Doppelbindungen zwischen den C-Atomen zusammengehalten. Doch was war mit den Enden einer solchen Molekül-Schlange? Hingen sie etwa »frei in der Luft«?

Harries nahm an, daß sich diese Endgruppen genauso verhielten wie die übrigen Moleküle des Kautschuks – daß sie sich mit anderen Gruppen verbinden würden. Die einzige Struktur, die eine solche Anforderung elegant erfüllen konnte, war ein in sich geschlossenes Gebilde. Also postulierte Harries einen Ring aus Isopren-Molekülen. Diese Ringe, so meinte er, würden von Bindekräften eng zusammengepackt und verliehen so dem Kautschuk seine typischen Eigenschaften.

Einige Jahre später aber, als Harries seine Aussagen über den Aufbau des Naturgummis erheblich präzisiert hatte, sprach er resignierend eine Erkenntnis aus:

»Wenn man die Resultate der vorliegenden Untersuchungen überblickt, so kann man sich eines niederdrückenden Gefühls nicht erwehren. Das Geheimnis der Natur des Kautschuks ist zwar gelichtet, indessen ist es trotz großer Erfahrungen, Anwendung der feinsten Methoden, bester technischer Hilfsmittel und größter Materialmengen nicht möglich gewesen, endgültig Aufschluß über die Konstitution seines Moleküls zu gewinnen.«

Stellte schon die Analyse von natürlichen Polymeren wie Gummi, Stärke und Zellulose die Wissenschaftler vor unüberwindliche Schwierigkeiten, so mußten sie an der Aufklärung der Struktur der Eiweiße vollends verzweifeln. Diese polymeren Stoffe bilden die Grundlage allen irdischen Lebens und waren deshalb für die damaligen Forscher von höchstem Interesse. Trotz der Polemik vieler Fachkollegen untersuchte der Chemiker Emil Fischer, Schüler von

Anno 1845: An der Universität Gießen erlernen Liebigs Studenten die chemische Praxis.

Kekulé und Baeyer, einige Eiweißmoleküle – mit überraschendem Erfolg. Fischer, der 1902 den Nobelpreis erhielt, sagte zu dieser Preisverleihung: »Trotzdem wird das chemische Rätsel des Lebens nicht gelöst werden, bevor nicht die organische Chemie … die Eiweißstoffe … bewältigt hat.«

Während die theoretische Erforschung der Polymere noch in den Kinderschuhen steckte, hatte sich die chemische Industrie in Deutschland innerhalb weniger Jahrzehnte zu einem Giganten entwickelt. Von 1828 – dem Beginn der modernen Chemikerausbildung in Liebigs Gießener Laboratorium – bis zur Jahrhundertwende war viel geschehen: Mehr als 6000 chemische Unternehmen, in denen über 100000 Menschen arbeiteten, waren erfolgreich gegründet worden. Sowohl im subjektiven Spiegelbild zeitgenössischer Darstellungen als auch in der objektiveren historischen Bewertung erscheint die chemische Industrie als einer der Träger des aufkommenden Wohlstands.

Unbestritten war damals der Anspruch der Deutschen, die weltweit höchstqualifizierte Berufsausbildung zu bieten und die wissenschaftlich bestgeschulten Chemiker zu stellen. Die Vernetzung zwischen Hochschulen und Wirtschaft war eng. Gefragte Wissenschaftler konnten ohne Verlust von Prestige oder Befugnissen von ihrem Universitätslabor zu großzügig ausgestatteten Industrielabors überwechseln. In der Regel arbeiteten akademische Lehrkräfte nebenher auch als Berater für die Industrie oder waren an ihr durch Teilhaberschaften oder Aktien beteiligt.

Die Vorrangstellung der deutschen Chemie gründete nicht zuletzt auf dem Wirken Justus von Liebigs. Er hatte den Chemie-Unterricht erstmals praxisbezogen ins Labor verlegt. Auch hatte Liebig künftigen Unternehmern den Weg gewiesen, indem er sich der Unterstützung des Königlich Bayerischen Hoffinanziers versicherte. Gemeinsam gründeten sie eine Kunstdüngerfabrik, die dann lange Zeit in den Händen von Liebigs Schülern blieb.

Noch rasanter als die aufstrebende Agrochemie entwickelte sich die Herstellung von synthetischen Farben aus Teer und Steinkohleprodukten. Zwischen 1860 und 1870 wurden die »Großen Drei« gegründet: 1863 Meister Lucius & Co. in Höchst, die spätere Hoechst AG; im selben Jahr das Werk Friedrich Bayer & Co. in Elberfeld, die heutige Bayer AG in Leverkusen; und 1865 die Badische Anilin- & Soda-Fabrik in Mannheim, heute als BASF AG mit Sitz in Ludwigshafen bekannt.

In seinem Buch *Die Rotfabriker* beschreibt Ernst Bäumler die Gründertage von Hoechst: »Am 2. Januar 1863 um sechs Uhr morgens nahm Johann Barthel in Höchst seine Arbeit auf – der erste von heute 30 000 ›Rotfabrikern‹. Das geschah im Hof, vor einer bescheidenen Werkshalle, die kaum 100 Quadratmeter groß war. Unter Aufsicht des Chemikers Dr. Adolf Brüning wurden Fässer mit chemischen Grundstoffen von einem Pferdefuhrwerk abgeladen und in eine kleine Produktionshalle transportiert. Dort warteten seit Tagen die ersten gußeisernen Kessel darauf, gefüllt und unter Dampf gesetzt zu werden. Das Produkt, das hergestellt werden sollte, war ein Farbstoff namens Fuchsin.

Außer Arsensäure, Anilinöl und einem grenzenlosen Zutrauen in die Möglichkeiten der chemischen Technik besaß die fünfköpfige Belegschaft der neuen Fabrik ›Meister Lucius & Co.‹ noch eine Dampfmaschine von drei Pferdestärken. Nichts von allem rechtfertigte die Hoffnung, daß sich aus dem zunächst eher handwerklich anmutenden Betrieb in zwei oder drei Jahrzehnten eine Fabrikstadt mit Tausenden von Arbeitern entwickeln würde.«

Nur wenige Jahre vor diesen Ereignissen beginnt ein Farbenkaufmann in Barmen sich für die neue Teerfarbenchemie zu interessieren. Friedrich Bayer gelingt es, seinen Freund, den Baumwollstrangfärber Johann Friedrich Weskott, für die künstlichen Farbstoffe zu begeistern. Gemeinsam tüfteln sie das Rezept für die blaurote Teerfarbe Fuchsin aus – in der Küche. Am 1. August 1863 gründen die beiden die Offene Handelsgesellschaft »Friedr. Bayer & Co.«, in der anfangs – neben den Firmengründern und Bayers Frau – ein Chemiker, ein Meister und vier Arbeiter angestellt sind. Von morgens um sechs bis abends um sieben wird hauptsächlich Fuchsin produziert, und zwei Jahre nach der Gründung sind Bayer und Weskott bereits an einer amerikanischen Teerfarbenfabrik beteiligt. Der erste Schritt zu einem weltumspannenden Unternehmen mit heute 165 000 Mitarbeitern und der Beteiligung an 450 Firmen in 70 Ländern ist getan.

Im Jahre 1865, als Bayer seine Stammbelegschaft bereits erweitert hat, gründet der ehemalige Goldschmied Friedrich Engelhorn mit mehreren Partnern in Mannheim die Badische Anilin- & Soda-Fabrik. Engelhorn hat auf dem Farbensektor bereits Erfahrungen in chemischer Praxis gesammelt. Nun konzentriert er sich auf zwei Produkte: Anilin und Soda.

Mit den künstlichen Farbstoffen begann die Großchemie: Frühe Firmenwerbung aus Höchst.

Bereits um die Jahrhundertwende verfügten die großen Chemie-Unternehmen über gut ausgestattete Zentrallabors.

Das eine ist ein Ausgangsstoff für Fuchsin, das andere ist ein chemisches Schlüsselprodukt für viele Anwendungen. Damit sind die chemischen Grundsteine gelegt, auf denen sich die BASF zu einem Weltkonzern entwickeln wird.

Auf dem der Stadt Mannheim gegenüberliegenden Ufer erwerben die vorausplanenden Firmengründer ein Gelände, auf dem heute eine der größten Chemieanlagen der Welt steht. Nach einem Jahr beschäftigt das Unternehmen bereits 130 Arbeiter. Neben Farbstoffen stellen sie auch Soda, Schwefel-, Salpeter- und Salzsäure sowie weitere Chemikalien her. Durch die unterschiedlichen Produkte bedingt, entstehen im Laufe der Zeit eigene Betriebe, denen bald eine Schmiede, Schlossereien, Schreinereien und weitere Werkstätten angegliedert werden. Waren 1870 nur fünf Chemiker bei der BASF beschäftigt, so steigt ihre Zahl bis 1884 auf 61. Eine Dekade vor der Jahrhundertwende ziehen dann die besten Forscher des Unternehmens in das neuerbaute Hauptlaboratorium um.

Es war bald zu sehen, daß die drei Firmen auf Erfolgskurs lagen. Doch die Gründerjahre waren nicht ohne Klippen. Als die Preise für künstliche Farbstoffe fielen und die Gewinne ausblieben, mußten viele kleinere Unternehmen ihre Tore schließen. Doch trotz der Zusammenbrüche, trotz der daraufhin plötzlich einsetzenden Chemikerschwemme war die Nachfrage nach neuen Produkten aus dem Labor ungebrochen. Überleben konnten vor allem diejenigen, die Marktlücken erkannten und schnell zu füllen wußten.

Einer dieser erfolgreichen Erfinder war Wilhelm Krische. Er betrieb in Hannover eine kleine Buchbinderei und wurde eines Tages mit einer Anfrage aus der Türkei konfrontiert: Dort verlangte man nach abwaschbaren Schreibtafeln. Den Auftrag zu erfüllen wäre eigentlich kein Problem gewesen, denn die weitverbreiteten Schiefertafeln hätten dieser Anforderung genügt. Doch diese Schreibtafeln sollten weiß sein, weiß und abwaschbar.

In seiner Vorstellung belieferte Krische bereits die Schulen der Nation, sogar die Schulen anderer Länder, mit weißen Tafeln. Denn das wäre ja nur natürlich, überlegte er, wenn die Kinder von Anfang an so schreiben lernten, wie auch gedruckt wurde: Schwarz auf Weiß – und nicht umgekehrt. Krische biß sich an dem Problem fest.

Nach einiger Lektüre entschied er, Tafeln mit einem Kunststoffüberzug herzustellen. Der Rohstoff dafür sollte Kasein sein, das von Milch abgetrennte Grundmaterial für die Käseherstellung, mit dem schon die Alchimisten einen halbsynthetischen Werkstoff herzustellen wußten. Krische beschichtete also Pappe mit Kasein, in der Hoffnung, daß sie sich unter dem Druck seiner Buchbinderpresse miteinander verbinden würden. Nachdem er ohne Erfolg kalt gepreßt hatte, beheizte er die Andruckplatte. Aber auch dieses Verfahren scheiterte.

Also bestellte Krische andere Kaseinsorten. Aus ganz Europa wurde der Milchstoff angeliefert, sogar vom anderen Ende der Welt, aus Neuseeland. Doch selbst das beste Kasein löste sich ab, wenn Krische es reinigen wollte. Da griff wieder einmal – so jedenfalls wollen es die Chronisten – der Zufall ins Rad der Geschichte. Krische, der eine Abends einen neuen Versuch unter Zusatz von Formaldehyd begonnen hatte, mußte dringend einen geschäftlichen Termin wahrnehmen und verließ deshalb eilig seine Werkstatt.

Als er am nächsten Morgen die Presse auseinanderschraubte, fiel eine weiße

Kleine Anfänge am Rhein gegenüber Mannheim: Ansicht der BASF aus dem Jahre 1866.

Platte zu Boden. Krische nahm sie in die Hand; sie fühlte sich an wie Horn, schien aber härter und glänzte im Licht. Das war der Augenblick, auf den alle Erfinder hoffen, der aber nur wenigen gewährt wird. Krische ahnte, daß er ein außergewöhnliches Material entdeckt hatte. Gleichzeitig erkannte er, daß sein eigenes Wissen zu begrenzt war, um den milchigen Stoff bis zur Marktreife weiterzuentwickeln.

Als erstes setzte er sich mit einem Fachmann für Kaseinmassen in Verbindung, mit dem am Chiemsee lebenden Chemiker Adolf Spitteler. Nun begann eine intensive Zusammenarbeit. Nach zwei Jahren, am 7. August 1897, meldeten Krische und Spitteler in Berlin ein Patent an: »Verfahren zur Herstellung hornartiger Massen aus Casein, dadurch gekennzeichnet, daß man Caseinlösung oder trockenes Casein mittels Salzen oder Säuren in seine unlösliche Verbindung überführt und auf diese Formaldehyd einwirken läßt. Das Verfahren dadurch gekennzeichnet, daß die unlösliche Caseinverbindung durch Verdunstung unter Druck entwässert wird, bis sie hart und durchscheinend geworden ist.«

Dann dauerte es noch einmal drei Jahre, bevor sich ein Geldgeber fand. Die Leiter der Vereinigten Gummiwaren-Fabriken in Harburg überzeugten ihre Aktionäre, daß der weiße Kunststoff eine halbe Million Reichsmark wert war. Zusammen mit französischen Kasein-Experten begann man 1904 mit der Herstellung. Der neue Kunststoff wurde vom französischen Generalkonsul auf den Namen Galalith getauft – Milchstein.

Das Galalith-Geschäft ließ sich gut an. Die Elektroindustrie klopfte bei Krische an, um Galalith als Isolator einzusetzen, und die Bijouterie-Manufakturen rissen sich regelrecht um Galalith, weil Schildpatt nur noch zu Höchstpreisen erhältlich war. Der Milchstein ließ sich in den ausgefallensten und gefälligsten Nuancen anfärben, war – im Gegensatz zu Zelluloid – kaum entflammbar und konnte von einem geschickten Drechsler zu Federhaltern, Messerheften, Spielsteinen und Pfeifenmundstücken geformt werden. Kurz vor dem Ersten Weltkrieg produzierten deutsche Kunsthornfabriken immerhin 300 000 Tonnen Galalith. Auch die Kühe hatten Hochkonjunktur. Für so viel Kunststoff mußten sie 90 Millionen Liter Milch liefern.

Sammler greifen für guterhaltene Objekte aus Galalith schon einmal tief in die Tasche. Wer auf einem Flohmarkt einen alten Schirmgriff ortet, von dem er vermutet, daß er aus dem Käsekunststoff besteht, dem sei folgender Test empfohlen: Mit einer scharfen Klinge kratzt man an einer verborgenen Stelle ein wenig von dem Material ab und legt es auf einen Teller. Dann hält man eine Flamme daran. Erst wenn sie erloschen ist, sollte man sich mit der Nase an die Materialreste heranwagen. Galalith gibt sich sofort zu erkennen: Es riecht nach angebrannter Milch.

KENNZEICHEN B: REVOLUTION MIT BAKELIT

»Technik und Industrie drangen ungebärdig in das Leben der Europäer ein«: Walzwerk um die Jahrhundertwende.

Das Jahr 1863, in dem Leo Hendrik Baekeland geboren wurde, fiel in ein aufregendes Zeitalter. Der hessische Lehrer und Erfinder Philip Reis hatte bereits das erste Telefongespräch geführt, in vielen Laboratorien wurde mit neuartigen elektrischen Maschinen experimentiert, und der ohrenbetäubende Lärm in den Stahlwerken zeugte von gigantischen Dampfhämmern und Schmiedepressen. Noch nie waren Technik und Industrie so ungebärdig in das Leben der Europäer eingedrungen.

Arno Holz, einer der großen Dichter des Naturalismus, hat die Aufbruchsstimmung der damaligen Zeit in Verse gefaßt. 1855 schrieb er:
»Beim Klang der Telegraphendrähte
Ergießt ins Wort sich mein Gefühl.

...
Galvanis Draht und Voltas Säule
Lenkt funkensprühend das Genie.
...
Mir schwillt die Brust, mir schlägt das Herz
Und mir ins Auge schießt der Tropfen,
Hör ich dein Hämmern und dein Klopfen
Auf Stahl und Eisen, Stein und Erz.
Denn süß klingt mir diese Melodie
Aus diesen zukunftsschwangern Tönen;
Die Hämmer senken sich und dröhnen:
Schau her, auch das ist Poesie!«

Das Verrückteste an dieser energiegeladenen Epoche waren jedoch die Bilder. Nicht etwa die mit Öl oder Wasserfarbe gestalteten Gemälde der Künstler, sondern die Bilder der neuen Zeit: die Fotografien. Für Leo Hendrik und seine Schulfreunde gab es nichts Spannenderes, als den Fotografen zuzuschauen. Diese Männer waren Idole. Sie schleppten eine riesige Balgenkamera, ein schweres Stativ und mehrere Koffer mit sich herum, mischten in aller Hast die interessantesten Chemikalien und schmierten die entstandene Paste auf eine Glasplatte. Bevor die Mixtur aus lichtempfindlichen Silbersalzen trocknete – und sie trocknete schnell – mußte die Aufnahme gemacht sein.

Es war eine regelrechte Revolution. In Schaufenstern, in Büchern, allerorten sah man nun Bilder aus anderen Erdteilen: Fotografien mit bizarr aufgemachten Menschen, gefährlichen Tieren und fremdartigen Landschaften. Und schon hatte dieser Wunderkasten Kamera einen Traumberuf geschaffen. Fotografen lichteten ebenso selbstverständlich die schönsten Frauen der Welt ab wie sie die Schlachten des amerikanischen Bürgerkriegs dokumentierten; sie fotografierten Paris aus der Vogelperspektive und zogen Konterfeis von Schwerverbrechern ab. Es war den Fotografen und den Erfindern ihrer Apparate zu verdanken, daß die Welt kleiner und spannender geworden war.

Bilder-Service mit Sonnenlicht: Kopieren von Fotos bei Kodak im Jahre 1894.

Leo Hendrik war fasziniert. Für den 14jährigen gab es nur noch ein Ziel: selbst zu fotografieren. Seine Eltern wußten bereits, daß jeder Versuch, ihm ein Vorhaben auszureden, sinnlos war. Kaum war nachmittags die Schule aus, organisierte Leo Hendrik die Chemikalien, die er zur Herstellung von Fotoplatten benötigte. Sein größtes Problem waren die lichtempfindlichen Silbersalze, die für seinen Pennälergeldbeutel zu teuer waren.

In dieser ersten der Nachwelt überlieferten Klemme, in der Leo Hendrik steckte, bewies er bereits jene Findigkeit, die den späteren Forscher Baekeland auszeichnete. Er besaß eine Taschenuhr, deren Werk in einem wertvollen Silbergehäuse steckte. Dieses Silber, so überlegte er, müßte sich so umwandeln lassen, daß man daraus Silbersalze gewinnen konnte. Also löste er, wohl nicht ohne Reue, das Uhrengehäuse in Schwefelsäure auf.

Andere hätten nun so schnell wie möglich versucht, ihre Fotoplatten damit herzustellen. Nicht so Baekeland. Er prüfte erst einmal die Säure auf andere Inhaltstoffe – und fand Kupfer. Zum einen war damit klar, daß die silberne Uhr doch nicht so wertvoll gewesen war, wie er angenommen hatte; zum anderen mußte er das lästige Kupfer wieder loswerden. Also entwickelte Baekeland, Schüler des Genter Athenäums, ein chemisches Verfahren zur Abtrennung dieses Metalls. Wenig später belichtete er seine erste, selbstproduzierte Fotoplatte.

Mit 17 Jahren schrieb sich Baekeland an der Universität seiner Heimatstadt ein. Er wollte Chemiker werden. Gent war bereits durch einen Professor in diesem Fach berühmt geworden: Friedrich August Kekulé. Der hatte 1858 ein vollkommen neues Ordnungsprinzip für die Chemie formuliert. Darin erklärte er, daß jedes Atom eine bestimmte Zahl anderer Atome an sich binden könne. Dieser Bindungszahl gab man bald darauf eine einfache graphische Gestalt: Noch heute wird mit vier Strichen, die von dem Buchstaben C ausgehen, illustriert, daß sich an ein Kohlenstoffatom vier weitere Atome anlagern können.

Beruf: Erfinder. Leo Hendrik Baekeland entwickelte den ersten vollsynthetischen Kunststoff.

Der in Darmstadt geborene Chemiker Kekulé war zu vielen seiner Erkenntnisse auf eine ungewöhnliche, sogar äußerst unwissenschaftliche Art und Weise gekommen: in tranceartigen Dämmerzuständen. Die erste wichtige Erleuchtung, mit der er seine Theorie begründete, kam ihm während einer Busfahrt durch London. Die zweite Einsicht flog ihm in Gent zu, als er bei der Arbeit an einem Lehrbuch erneut in jenen entspannten, fast hellsichtigen Zustand verfiel. In seinen Erinnerungen schreibt er: »Wieder gaukelten die Atome vor meinen Augen … Mein geistiges Auge, durch wiederholte Gesichte ähnlicher Art geschärft, unterschied jetzt größere Gebilde von mannigfacher Gestaltung. Lange Reihen, vielfach dichter zusammengefügt. Alles in Bewegung, schlangenartig sich windend und drehend. Und siehe, was war das? Eine der Schlangen erfaßte den eigenen Schwanz, und höhnisch wirbelte das Gebilde vor meinen Augen. Wie durch einen Blitzstrahl erwachte ich; auch diesmal verbrachte ich den Rest der Nacht, um die Konsequenzen der Hypothese auszuarbeiten.«

In den folgenden Tagen verwandelte Kekulé die mythische Schlange, die sich zu einem Kreis geringelt hatte, in eine technisch-nüchterne Struktur: ein Sechseck aus Kohlenstoffatomen. Damit war die Idee des Benzolrings geboren. Im

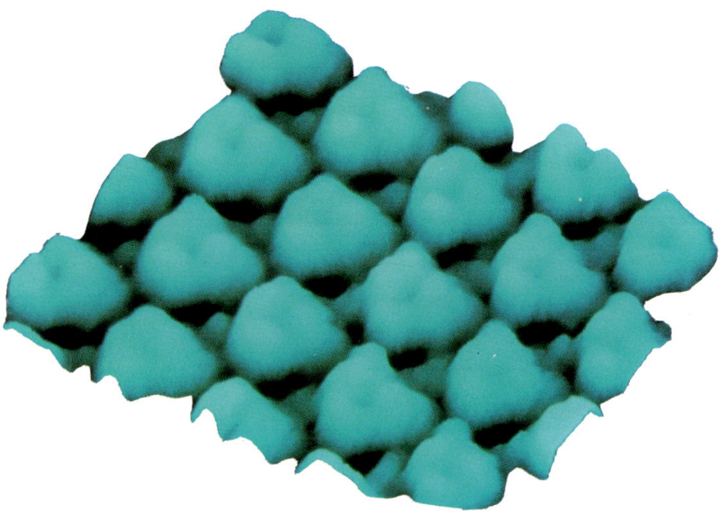

Der Benzolring – Schlüssel zur organischen Chemie; hier zum ersten Mal fotografisch dokumentiert.

Traum hatte Kekulé die innere Form eines Moleküls erkannt, des Benzols, das zum Schlüssel der organischen Chemie werden sollte. Benzol erschloß die Geheimnisse der Farbstoffe, aus denen schließlich die moderne Großchemie entstand, und Benzol wurde zur Basis von synthetischen Arzneimitteln, die bald unvergleichliche Erfolge bei der Bekämpfung von Krankheiten brachten. Außerdem war ein Stoff mit von der Benzol-Partie, der Baekelands Leben prägen sollte wie kein zweiter: Phenol.

Nach zwei Jahren Chemiestudium hatte Leo Hendrik bereits sein Bakkalaureat in der Tasche, mit 21 durfte er sich Doktor nennen – summa cum laude. Er war fest entschlossen, eine Karriere als Naturwissenschaftler zu machen. Sein Vorbild war Benjamin Franklin, der sich aus ärmlichen Verhältnissen zu einem weltbekannten Staatsmann und Wissenschaftler emporgearbeitet hatte.

1889 wird Baekeland Professor an seiner Heimatuniversität. Als die von ihm angehimmelte Tochter seines Lehrers, Céline Swarts, ihn eines Tages in seinem Laboratorium besucht, fällt ihm vor Schreck ein Becherglas aus der Hand. Doch die Scherben bringen Glück: Am 8. August heiraten die beiden. Jahrzehnte später wird Baekeland sagen: »Die größte Entdeckung, die ich jemals gemacht habe, war – Céline.«

Ein Reisestipendium verschlägt ihn noch im selben Jahr in die Vereinigten Staaten. Professor Chandler an der Columbia University erkennt instinktiv die außergewöhnliche Begabung des jungen Kollegen. Er überredet ihn, in den USA zu bleiben. Kurzentschlossen schickt Baekeland ein Telegramm an die Genter Universität, in dem er seinen Rücktritt erklärt. Damit tauscht er eine gesicherte Karriere in seiner Heimat gegen eine ungewisse Zukunft in einem fremden Land ein.

Baekeland bleibt also in den Vereinigten Staaten, seine Frau kommt nach. Es dauert nicht lange, da bietet man ihm in einer fotochemischen Fabrik eine gutbezahlte Stelle an. Dort gilt der belgische Doktor als der allwissende Experte. Eines Tages begleitet er eine Gruppe von Chemikern nach Maine, wo man ein Gelände für einen neuen Fabrikbau besichtigen will. Die Fahrt gleicht eher einer Expedition, denn das Transportmittel ist ein Automobil. Am frühen Morgen ist der

Trupp am Ziel. Alle springen aus dem Wagen, um das Terrain zu begutachten. Alle außer Baekeland. Als die Gruppe zurückkehrt, sitzt Baekeland im Fond und liest ein Buch. »Kommen Sie, Doktor«, ruft einer. »Wir brauchen Sie!« Doch Baekeland schaut kaum auf und schüttelt den Kopf. »Sinnlos«, murmelt er. »Ich habe meine Nase rausgestreckt. Es riecht nach Schwefel von den Papierfabriken – an diesem Ort kann man keine Filme herstellen!«

Nach zwei Jahren in der Industrie macht Baekeland sich als Berater selbständig. Doch eine schwere Krankheit durchkreuzt seine Pläne. Unter der drükkenden Last eines Schuldenbergs entschließt er sich, seine Energie ausschließlich auf ein Projekt zu richten: die Herstellung eines neuartigen Fotopapiers. Kurz zuvor hatte der geniale George Eastman, der Gründer von Kodak, die erste Schnellschußkamera und den ersten Zelluloidfilm auf den Markt gebracht. Tausende kauften die neuen Produkte, und bald wurde in den USA auf jedem Familienfest abgelichtet, was die Kodaks hielten.

Inmitten dieses Booms brachte Baekeland sein neues Fotopapier heraus. Er nannte es *Velox* – Schnellpapier. Bis dahin konnte man Abzüge nur herstellen, indem man Fotopapier dem Sonnenlicht aussetzte. Velox jedoch wurde im Fotolabor mit Gasleuchten belichtet und anschließend schnell entwickelt. Nach anfänglichen Mißerfolgen wurde Baekeland mit Anfragen überschüttet. George Eastman, damals bereits auf eine Monopolstellung bedacht, sah eine gefährliche Konkurrenz heranwachsen. Also lud er den jungen Chemiker zu Verhandlungen ein.

Baekeland ging mit der festen Absicht zu dem Chef des Fotoimperiums, 50 000 Dollar für sein Velox zu verlangen. Notfalls würde er sich auf 25 000 herunterhandeln lassen. Doch als er das Chefzimmer verließ, war er ein reicher Mann. George Eastman hatte ihm das Papier für eine Million Dollar abgekauft.

Das bis dahin grünumwickelte Velox kam daraufhin in der berühmten gelbschwarzen Packung auf den Markt. Eastman hatte seinem Rivalen nicht nur das Papier, sondern auch das Versprechen abgekauft, sich 20 Jahre lang nicht mehr mit der Fotochemie zu beschäftigen. Baekeland war's recht. Zuerst erstand er bei Yonkers im Staate New York ein großes Haus, malerisch über dem Hudson River gelegen. Dann pflanzte er Weinstöcke, genau wie Noah nach der Sintflut. Anschließend verwandelte er ein Nebengebäude in ein kleines, aber ausgezeichnet bestücktes Laboratorium.

Im Traum erkannte Friedrich August Kekulé die Struktur des Benzolrings.

Als nächstes kaufte er ein Automobil von schier unglaublicher Unzuverlässigkeit, wenig später einen Dampfwagen namens *Locomobil.* Mit seinen Freunden machte er auf wilden Autofahrten die Gegend unsicher. Wie damals üblich, nahm man kiloweise Ersatzteile auf diese Fahrten mit und plante sie so, daß man immer in Fußmarschnähe einer Schmiede blieb. Mit einem Motorboot fuhr Baekeland den Hudson River hinauf bis nach Kanada; der Treibstoff – Benzin – schwappte in einem riesigen Kessel, der so lange mit einem Bunsenbrenner erhitzt wurde, bis sich Gase bildeten. Daß der Erfinder sich mit dieser Bombe nicht selbst in die Luft sprengte, kann man nur einer Glücksfee zuschreiben.

Dann aber begann Baekeland mit der Arbeit. Zur Jahrhundertwende reiste er nach Berlin-Charlottenburg, um ein Lehrjahr in einem Laboratorium zu absolvieren. Kaum zu Hause, setzte er sein neues Wissen um und tüftelte in seinem

Tatort Yonkers: In diesem Laborgebäude wurde das Bakelit erfunden.

Labor an der Verbesserung von elektrochemischen Prozessen. Mit den daraus resultierenden Erfindungen wagte ein Unternehmer schließlich den Bau einer riesigen elektrochemischen Fabrik bei den Niagarafällen.

Kaum hatte der rastlose Baekeland diese Aufgabe abgeschlossen, begann er – systematisch wie immer – Patentschriften und Chemiezeitschriften zu durchforsten. Er suchte ein Arbeitsgebiet, das einem Erfinder wie ihm die besten Chancen für den großen Wurf bot. Im Jahre 1902 stieß er dann auf ein eigenartiges Rätsel der Chemie: die Phenol-Formaldehyd-Reaktion. Bereits seit 1872 versuchten Chemiker, mit Phenol und Formaldehyd ein vollkommen neues Material herzustellen. Es sollte unerhörte Eigenschaften haben. Eigenschaften, die es in dieser Kombination noch nirgendwo gab.

Phenol und Formaldehyd aber waren nicht so einfach einzufangen. Dreißig Jahre lang hatten sie Blindekuh mit den Chemikern gespielt. Zwar war es schon lange kein Geheimnis mehr, daß sich die beiden, wenn man sie miteinander reagieren ließ, in eine harzige Masse verwandelten. Doch einen brauchbaren Stoff hatte daraus noch niemand entwickelt. Dabei ist *Phenol* eine alltägliche Substanz: Man ißt sie, wenn man in einen Apfel beißt, und man sieht, wie Phenol sich mit Sauerstoff verbindet, wenn der angebissene Apfel an der Luft braun wird. *Formaldehyd* ist ein simpel aufgebautes Gas, das – wenn man es in Wasser löst – als Desinfektionsmittel geschätzt wird: Formalin.

Phenol und Formaldehyd zogen die Chemiker an wie Pflaumenkuchen die Wespen. Die Forscher träumten von einem Werkstoff, der beständiger als Holz, leichter als Eisen und haltbarer als Gummi war. Ach, ja, und etwas Besonderes sollte der Wunderstoff können: Elektrizität bändigen. Diese Forderung war ein Symbol für Baekelands Epoche. Der elektrische Strom war auf dem Vormarsch. Diese revolutionäre Form der Energie forderte neue Maschinen und unkonventionelle Denkweisen. In Hochhäusern installierte man nun strombetriebene Fahrstühle, in den Straßen begann »die Elektrische« die Pferdedroschke zu verdrängen. Zwischen den großen Städten wurden derweil die Schienen für den elektrifizierten Bahnverkehr der Zukunft gelegt. Im deutschen Kaiserreich des Jahres 1885 konnte man bereits 35 000 Schienenkilometer mit der Eisenbahn befahren, und Preußen bestritt bald den größten Teil seiner Staatseinnahmen aus der Bahn.

1866 hatte Werner Siemens den Dynamo gebaut. Der mit ihm erzeugte Strom war stark genug, um Industriemaschinen anzutreiben. Siemens entwikkelte auch den Elektromotor, der zur wichtigsten Kraftquelle für kleine und mittlere Unternehmen wurde. Enthusiastisch begrüßten die Fortschrittsgläubigen das neue Zeitalter, dessen Symbol der Blitz war. Je heftiger die Alten den Kopf schüttelten, um so lauter jubelten die Jungen. Am 24. August 1891 mußten sich die letzten Skeptiker den Tatsachen beugen. Durch eine Fernleitung floß vom 184 Kilometer entfernten Lauffen am Neckar elektrischer Strom, der in Frankfurt Maschinen mit 300 Pferdestärken antrieb. Damit war bewiesen: Hochspannung und Drehstrom konnten in dünnen Drähten weite Entfernungen überwinden. Walther Rathenau formulierte im Jahre 1907, daß die Elektrotechnik »eine Umgestaltung eines großen Teils aller modernen Lebensverhältnisse« bewirkt habe.

»Old Faithful«: In diesem Versuchsgefäß fand Baekeland das erste vollsynthetische Kunstharz.

Doch so imposant die elektrischen Maschinen waren, sie bereiteten den Ingenieuren allzu häufig Kopfschmerzen. Oft genügte ein Regenguß, und schon schoß eine grelle Stichflamme durch die Werkshalle. Erschrecken, Schulterzucken – schon wieder ein Kurzschluß. Alle wußten: Die elektrische Isolation war zu schwach; der dafür verwendete Kautschuk brannte bei zu hoher Belastung durch.

Um so größer waren die Hoffnungen, die man in ein neues Material aus Phenol und Formaldehyd setzte. Die beiden waren schon deshalb ideale Ausgangsstoffe, weil sie fast unbegrenzt vorhanden waren: Phenol konnte man aus Kohle gewinnen, das begehrte Aldehyd aus Holz. Was die Chemiker besonders anstachelte, war die Aussicht darauf, daß durch die richtige Mischung der beiden Stoffe weitläufige Fabriken aus dem Boden wachsen würden und damit auch unvorstellbarer Reichtum. Wer kann es den eher kühlen Naturwissenschaftlern verdenken, daß sie sich angesichts solcher Gewinnchancen auf ein fieberhaftes Rennen um den neuen Stoff einließen?

Doch die Bahn, auf der dieses Rennen ausgetragen wurde, führte in ein Labyrinth aus endlosen chemischen Versuchen. Wer einmal dort hineingeraten war, sah sich von unzähligen Möglichkeiten umgeben: Bei dem einen Experiment mußte die Temperatur erhöht werden, bei dem anderen der Druck gesenkt, danach ein weiterer Zusatzstoff ausprobiert und anschließend dutzendfach variiert werden. Schon nach zwei, drei Entscheidungen für eine bestimmte Richtung

Erfinderschicksal: Sein Kunststoff »Laccain« – gedacht als Ersatz für den teuren Schellack – trieb Carl Heinrich Meyer in den Ruin.

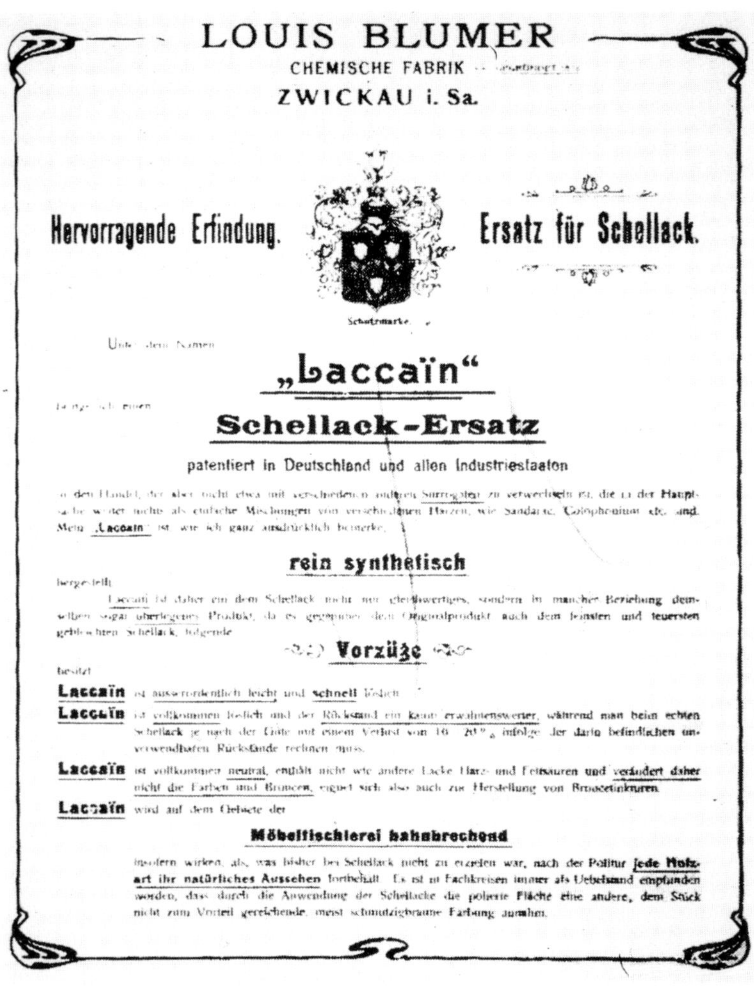

LOUIS BLUMER
CHEMISCHE FABRIK
ZWICKAU i. Sa.

Hervorragende Erfindung. Ersatz für Schellack.

Schutzmarke

Unter dem Namen

„Laccaïn“

Schellack-Ersatz

patentiert in Deutschland und allen Industriestaaten

in den Handel, der aber nicht etwa mit verschiedenen anderen Surrogaten zu verwechseln ist, die in der Hauptsache weiter nichts als einfache Mischungen von verschiedenen Harzen, wie Sandarac, Colophonium etc. sind. Mein „Laccaïn“ ist, wie ich ganz ausdrücklich bemerke,

rein synthetisch

hergestellt.

Laccaïn ist daher ein dem Schellack nicht nur gleichwertiges, sondern in mancher Beziehung demselben sogar überlegenes Produkt, da es gegenüber dem Originalprodukt auch dem feinsten und teuersten gebleichten Schellack, folgende

Vorzüge

besitzt:

Laccaïn ist ausserordentlich leicht und schnell löslich.

Laccaïn ist vollkommen löslich und der Rückstand ein kaum erwähnenswerter, während man beim echten Schellack je nach der Güte mit einem Verlust von 10–20 % infolge der darin befindlichen unverwendbaren Rückstände rechnen muss.

Laccaïn ist vollkommen neutral, enthält nicht wie andere Lacke Harz- und Fettsäuren und verändert daher nicht die Farben und Broncen, eignet sich also auch zur Herstellung von Broncetinkturen.

Laccaïn wird auf dem Gebiete der

Möbeltischlerei bahnbrechend

insofern wirken, als, was bisher bei Schellack nicht zu erzielen war, nach der Politur jede Holzart ihr natürliches Aussehen forthehält. Es ist in Fachkreisen immer als Uebelstand empfunden worden, dass durch die Anwendung der Schellacke die polierte Fläche eine andere, dem Stück nicht zum Vorteil gereichende, meist schmutzigbraune Farbung annahm.

stieß man unweigerlich gegen eine Wand: Der Stoff, der in dem Reaktionsgefäß entstanden war, glich entweder gefrorenem Bierschaum, war von Rissen durchzogen oder ließ sich selbst mit den aggressivsten Säuren nicht ablösen.

Die Namensliste derjenigen, die sich mit der Phenol-Formaldehyd-Reaktion beschäftigten, liest sich wie das *Who is Who* der Chemiker des 19. Jahrhunderts. 1872 gelang es Adolf von Baeyer, aus den beiden Stoffen ein künstliches Harz herzustellen. Weil das Zeug aber unansehnlich war und scheußlich klebte, ließ Baeyer die Finger davon. Der geadelte Forscher schillerte dafür auf einem anderen Gebiet. Er bekam 1905 den Nobelpreis für seine synthetischen Farben, vor allem für das blaue Indigo. Sein Spitzname »Farbenpapst« saß.

1891 wagte der deutsche Chemiker Kleeberg einen neuen Vorstoß. Er setzte dem verheißungsvollen Gemisch aus Phenol und Formaldehyd erstmals Salzsäure zu. In den folgenden Minuten mußte er miterleben, wie eine zähe, rosarote Masse entstand, über die seine Kollegen allenfalls in Lachkrämpfe verfallen wären. Frustriert gab Kleeberg auf. Nach ihm versuchte es der Engländer Henry Story mit einem anderen Rezept. 1905 ließ er sich zu einer zehnstündigen Kochorgie mit Phenol verführen. Den entstandenen Sirup goß er in eine Form. Nach vier Monaten war das Zeug endlich hart – und natürlich unbrauchbar.

In Deutschland trieb die Suche nach dem Harz einen Mann seinem Schicksal zu, der heute selbst in Fachkreisen weitgehend unbekannt ist: Carl Heinrich Meyer. Im April des Jahres 1902 meldete sein Firmenchef, Louis Blumer, in Zwickau ein Patent an:

»Verfahren zur Herstellung eines dem Schellack ähnlichen harzartigen Kondensationsproduktes aus Phenol und Formaldehydlösung.«

Meyer hatte das Material nach kurzer Forschertätigkeit entdeckt. Es sollte als Ersatz für ein weitverbreitetes Harz dienen, den Schellack. Das auf den Namen *Laccain* getaufte Produkt verkaufte sich anfangs gut. Als Überzug für Möbel hatte es jedoch einige gravierende Nachteile: Es roch streng nach Carbol und dunkelte nach. Hausfrauen merkten auch, daß sich das Kunstharz nicht mit Salmiakreiniger vertrug; es bekam braune Flecken davon. Meyer versuchte, das Harz zu verbessern – vergeblich. Sieben Jahre später war *Laccain* nur noch eine Erinnerung. Nach erfolglosen Geschäftsversuchen auf Sumatra und in der Schweiz wurde Meyer nur durch einen Ehrensold von vier deutschen Kunstharzfabriken vor dem Hunger bewahrt. Vereinsamt starb er 1945 in Luzern.

Als Baekeland mit seinen Experimenten begann, hatte man der Phenol-Formaldehyd-Reaktion bereits den Beinamen »hinterhältig« verpaßt. Im Jahre 1916, das Bakelit war längst erfunden, konnte einer von Baekelands Kollegen, Prof. Chandler, guten Gewissens behaupten: »Tatsächlich ist es so, daß, wenn man Formaldehyd mit Phenol unter normalen Bedingungen reagieren läßt, sich fast alles bilden kann – nur nicht Bakelit.«

Das Erstaunliche an Baekeland war, daß er nicht etwa dort anfing, wo seine Vorgänger aufgehört hatten. Vielmehr begann er dort, wo auch sie begonnen hatten. Er wiederholte ihre Experimente, notierte peinlich genau die Variationen der Zusätze und Versuchsbedingungen, und wagte sich erst weiter vor, wenn er die bereits beschrittenen Wege bis zur letzten Biegung kartiert hatte. Bald stellte er fest, daß Kleeberg die interessantesten Resultate erzielt hatte. Dessen Beispiel folgend, ließ Baekeland alle Lösungsmittel, derer er habhaft werden konnte, in sein Labor nach Yonkers bringen. Dort brachte er sie, eines nach dem anderen, mit Phenol und Formaldehyd in Berührung.

Baekelands ursprüngliche Absicht war, aus den beiden Chemikalien einen Ersatzstoff für Schellack zu entwickeln. Dieses natürliche Harz aus Ostasien wurde immer knapper und teurer. Schellack war nicht nur ein begehrter Firnis; er ließ sich ebenso zu Knöpfen verarbeiten und diente in elektrischen Geräten als dünne Isolationsschicht. Später wurden sogar Schallplatten aus Schellack gepreßt. Das Naturharz war auch deshalb so teuer, weil seine Produzenten – indische Schildläuse – mit der Arbeit nicht nachkamen. Sechs Monate lang müssen 300 000 *Laccifer-lacca*-Läuse ihren harzigen Saft absondern, um ein einziges Kilogramm Schellack herzustellen. Doch was ist schon ein Kilo? Allein die USA verbrauchten damals einige *Millionen* Kilogramm im Jahr.

Mit einer ausgesuchten Mannschaft und den modernsten Laborgeräten legte Baekeland los. Was folgte, bezeichnete er später als »die vier glücklichsten Jahre meines Lebens« – und das trotz der andauernden Enttäuschungen. Mit seinen Phenolharzen tränkte er billige Weichhölzer in der Hoffnung, daß die aushärtende Flüssigkeit sie in eine Art teures Mahagoni verwandeln würde, wetterfest und bruchsicher. Doch der diabolische Charakter des Phenol-Formaldehyd-Prozesses verschonte auch Baekeland nicht: Die meisten der behandelten Hölzer wurden weicher statt härter. Es dauerte nur wenige Wochen, da verspürte der

Forscher eine wachsende Sympathie für Kleeberg und seine Vorläufer. Doch im Unterschied zu ihnen gab der Mann aus Yonkers nicht auf.

Im Gegenteil: Nach vielen Monaten wußte Baekeland instinktiv, daß er das Phantom, das sich später als Bakelit entpuppen sollte, in eine Ecke getrieben hatte. Von dort sollte es nicht mehr entkommen. Er wußte nun auch, daß er nicht hinter einem Ersatzstoff für Schellack her war, nicht hinter einem der Natur nachgeahmten Harz mit all seinen Unzulänglichkeiten. Seine Suche galt vielmehr einem Material, das unschmelzbar war und den Angriffen von Ölen und Lösungsmitteln mühelos standhalten konnte. Er träumte von einem Stoff, dessen gesamte Herstellung er perfekt steuern konnte. Sein Ziel hieß: »Chemical Control«.

Baekeland hatte nun herausgefunden, was seine Vorläufer falsch gemacht hatten. Durch die Zugabe von *Säure* wurde das Harz löslich und schmelzbar und damit zu einem möglichen Ersatz für den teuren Schellack. *Laugen* hingegen ließen das Harz aushärten. Außerdem begrenzten sie das Austreten von Gas, das die Produkte seiner Vorgänger durchlöchert hatte, bis sie aussahen wie Schweizer Käse.

Und dann war da noch die Temperatur. Baeyer, Luft und die anderen hatten sich mit 50 bis 75 Grad Celsius begnügt, denn bei höheren Temperaturen geriet die Reaktion fast außer Kontrolle. Dann begann das Harz zu brodeln und schäumte auf. Zwar zügelten Laugen die Ausgasung, doch erst als Baekeland mit Überdruck arbeitete, kam der Erfolg.

Plötzlich, am 20. Juni 1907, war es da, das Bakelit, und mit ihm auch sein Name. Durchscheinend und bernsteinfarben füllte es das Versuchsgefäß aus. Baekeland hatte den Behälter unter mehrere Atmosphären Druck gesetzt und auf fast 200 Grad aufgeheizt. Die harzig-zähe Flüssigkeit der ersten Reaktionsstufe hatte sich in einen harten Kunststoff verwandelt, der die Nieten und Rillen des Druckbehälters getreu abbildete. Welche Säure, welches Lösungsmittel Baekeland auch auf seinen Wunderstoff schüttete: Das Bakelit blieb intakt. Dann wagte er die Feuerprobe, und die bernsteinfarbene Masse bestand sie mit Bravour. Erst bei einer Temperatur von weit mehr als 300 Grad begann das Bakelit zu verkohlen.

Dann aber mußte das Phenolharz beweisen, was es konnte und wo es versagte. An einem Bakelitstab von nur 25 Millimeter Durchmesser hängte Baekeland ein Automobil mit sieben Insassen auf. Wie er erwartet hatte, blieben Stab und Passagiere intakt. Doch wehe, wenn man mit einem Hammer auf den Stab schlug. Dann zersplitterte er in hundert Stücke. Also zog sich Baekeland wieder in sein Labor zurück. Wochenlang forschte er nach einem Füllmaterial, das dem brüchigen Werkstoff den nötigen Zusammenhalt verleihen sollte. Als er schließlich fein vermahlenes Fichtenholz zusetzte, war Bakelit gesellschaftsfähig.

Als erste wollten die Elektroingenieure den neuen, vollsynthetischen Kunststoff testen. Der Juniorchef der Weston Electrical Instrument Company in New Jersey berichtete damals:

»Jemand erzählte mir von dem neuen Material und seinen Fähigkeiten. Ich wollte es gar nicht glauben. Aber ich brauchte gerade ein solches Material ungemein dringend.... Wir hatten nämlich eine Bestellung, die das beste auf dem Markt erhältliche Isoliermaterial erforderte. Offiziell konnte man noch kein Bakelit bekommen, aber unser Bedarf war so dringend, daß ich es unbedingt ausprobieren wollte. ... Es übertraf alle meine Erwartungen bei weitem. Seitdem verwenden wir es dauernd, und zwar für die besten Apparaturen.«

Trotz der enthusiastischen Aufnahme durch Spezialisten erledigte Baekeland zuerst die dringlichsten Arbeiten: Er meldete seine Patente an. Wäre er dabei nicht so gewissenhaft vorgegangen und hätte nicht auch den kleinsten Schritt der Herstellung separat schützen lassen – er wäre den Geiern zum Opfer gefallen. Denn kaum waren die Patentschriften offengelegt, da kopierten etliche finanzkräftige Chemiker die Verfahren. Baekeland aber ließ selbst die kleinste Verletzung seines Territoriums gnadenlos verfolgen. Nach mehreren Jahren voller juristischer Kämpfe und geschickter Schachzüge überzeugte Baekeland seine Konkurrenten von den Vorteilen einer Zusammenarbeit. Ohne Ausnahme wurden sie seine besten Freunde.

Doch zurück zu den Anfängen. Erst im Jahre 1909 stellte Baekeland sein Bakelit der Weltöffentlichkeit vor. Anstatt es aber in seiner Wahlheimat USA zu präsentieren, schrieb er einen Artikel für die deutsche *Chemiker-Zeitung*. Und er hatte richtig kalkuliert: In dem Land, das die besten Chemiker hervorgebracht hatte und dessen chemische Industrie einer der bedeutendsten Wirtschaftsmotoren war, zögerte man nicht. Konsul Segall, Vorstandsvorsitzender der Rütgerswerke, erwarb von Baekeland die Lizenzen zur Herstellung von Bakelit. Am 25. Mai 1910 wurde die Bakelite GmbH gegründet. Noch im selben Jahr lief in Erkner bei Berlin die Produktion an.

Das war der Startschuß. Bakelit war das erste Material auf der Welt, das den Namen »Kunststoff« wirklich verdiente: Es wurde ausschließlich aus künstlich erzeugten Ausgangsstoffen hergestellt. Daß sich ausgerechnet die Chemiker der Rütgerswerke um die Bakelit-Lizenzen bemühten, hatte gute Gründe: Sie arbeiteten bereits seit Jahrzehnten mit Steinkohlenteer. Dieser Teer enthielt eine Grundsubstanz für Bakelit: Phenol.

»Schwarzes Gold«: Aus dem Steinkohlenteer der Kokereien wurde Phenol hergestellt.

Mit Steinkohlenteer verhielt es sich allerdings ganz seltsam. Er war eigentlich ein unerwünschtes Abfallprodukt bei der Koksherstellung; damals wuchsen die Teermassen wie heute der Müllberg. Ursache dafür war der Aufschwung der Stahlindustrie; die Worte von Alfred Krupp an Kaiser Wilhelm I. sind in die Geschichte eingegangen: »Wir leben jetzt in der Stahlzeit.« Die Hochöfen brauchten immer größere Mengen Koks zur Verhüttung. Um so dankbarer war man den Chemikern, als sie Verfahren entwickelten, die das unerwünschte Nebenprodukt Teer in eine Quelle für chemische Rohstoffe verwandelten. Bald galt der

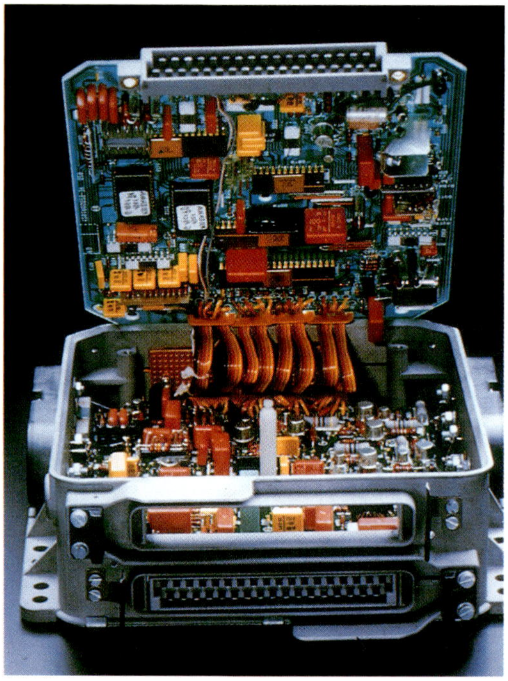

Komplexe Motor-Elektronik, stoßfest eingegossen in feuersicheres Kunstharz (rechts).

Magnetspule für ein Großforschungs-Projekt. Die Wicklungen sind mit Epoxidharz vergossen.

Steinkohlenteer als das Gold des ausgehenden 19. Jahrhunderts. In riesigen Destillationsanlagen entzogen ihm die Chemiker wertvolle Kohlenstoffverbindungen. Diese verwandelten sich anschließend in leuchtende Farbstoffe, wirksame Arzneien und kräftige Süßmittel.

Einer der Stoffe, den sie im Teer fanden, war Phenol. Es galt als fast nutzlos – bis Baekeland auftauchte und die Bakelit-Produktion in Erkner bald darauf gierig das Phenol schluckte. Wie es in den zwanziger Jahren in einer Bakelit-Fabrik zuging, beschrieb der Amerikaner John Kimberly Mumford: »Phenol und Formaldehyd werden in einen Kessel geleitet, der groß genug ist, um darin eine Suppe für Pershings Truppen zu kochen. Der Kessel hängt gut zwei Meter über dem Boden eines ... Saals, in dem in langen Reihen weitere Kessel stehen; vor lauter Rohren ist die Decke nicht zu erkennen. Das Kochen dauert drei Stunden; derweil entnimmt ein Arbeiter der Masse immer wieder Proben, wie ein medienbewußter Küchenchef. Ich glaube nicht, daß er die Proben tatsächlich schluckt – obwohl er es vermutlich könnte –, aber er weiß genau, wann der Stoff fertig ist.

Dann bringen Männer ... riesige Pfannen, und einer von ihnen öffnet den Hahn am Boden des Kessels. Da fließt ein zäher, goldfarbener Strom heraus, wie Honig aus den Waben, und Pfanne um Pfanne wird die Masse auf den Boden gestellt, um sie abkühlen zu lassen. Das ist das ›Wunder‹, das zu vollbringen mehr als ein halbes Jahrhundert dauerte. Die in den Pfannen auskühlende Bonbonmasse ist ›Bakelit A‹ ..., die Grundsubstanz für alle Formstoffe aus Bakelit.«

Anschließend wird die Masse zermahlen und mit Holzmehl versetzt.

»Nach dem Vakuumtrocknen läßt man das Material in Stahlfässer rieseln, die luftdicht verschlossen und dann versandt werden. Wird das Material wieder erhitzt, dann ist es wie das Wort, das unwiderruflich ausgesprochen wurde, denn danach kann man es weder erneut schmelzen noch auflösen.«

Im Oktober 1910 gründete Baekeland in seiner Wahlheimat USA die General Bakelite Company, deren Präsident er bis 1939 blieb. Dann verkaufte er das erfolgreiche Unternehmen an die Union Carbide. In diesen Jahren führte Baekeland zeitweise den Vorsitz bedeutender wissenschaftlicher Vereinigungen und wurde von der amerikanischen Regierung immer wieder als Berater nach Washington gerufen, im Krieg wie im Frieden.

Er kaufte sich ein zweites Anwesen in Florida, wo er exotische Pflanzen züchtete. Als 1920 in den USA das totale Alkoholverbot in Kraft trat, die Prohibition, besann sich Baekeland auf seine Weinreben. An einen Freund in Belgien schrieb er: »Selbst wenn sie dieses idiotische Gesetz wieder aufheben, werde ich weiterhin meinen eigenen Wein herstellen, der mir mittlerweile besser schmeckt als die käuflichen Produkte. Ich stelle meinen Wein mit 17 bis 18% Alkohol durch direkte Fermentation her... Du siehst also, daß wir hier nicht austrocknen.«

Erst gegen Ende seines Lebens zog sich Baekeland zunehmend in seine Privatsphäre zurück. Er starb 1944. Auf einer Gedenktafel, die von der Columbia University errichtet wurde, steht: »Kein Mensch verstand es, sinnvoller, erfolgreicher und schöner zu leben als Leo Baekeland.«

DAS RADIOFIEBER

Weltsieger 1911: Der 228 km/h schnelle »Blitzen-Benz« lehrte die Konkurrenz das Fürchten.

In der Zuschauermenge von Daytona, am Strand von Florida, wird an diesem sonnigen Apriltag des Jahres 1911 gewettet, was die Portemonnaies hergeben. Die Gerüchte wollen einfach nicht verstummen. Die Deutschen, so heißt es, würden diesmal mit ihrem »Blitzen-Benz« das Rennen machen. Bob Burman, der den deutschen 200-PS-Boliden steuert, ist sicher, daß seine Maschine allen davonrasen wird. Schon der teutonisch klingende Name, die 21,5 Liter Hubraum und das aufgemalte Wappen des deutschen Kaisers erfüllen ihren Zweck: Die anderen Fahrer sind beeindruckt.

Das Engagement von Mercedes auf der internationalen Bahn von Daytona hat gute Gründe. Um die Jahrhundertwende begann der Absatz der Benz-Automobile zu stagnieren. Die Franzosen hatten es verstanden, die Autokäufer mit Geschwindigkeitsrekorden zu ködern. Gefragt waren nicht mehr die bequemen, nachgeahmten Pferdedroschken, für die Mercedes bekannt war, gefragt waren vielmehr die stärksten und schnellsten Modelle. Die aber kamen aus Frankreich. Nur wer bei den großen Rennen die Kühlerschnauze vorn hatte, durfte auf Verkaufserfolge hoffen.

An diesem 23. April, nach einem fliegenden Start und einer ohrenbetäubenden Raserei, siegt der Blitzen-Benz. Bob Burman hat den Rennwagen auf 228 Stundenkilometer gebracht und damit einen neuen Rekord aufgestellt. »Nur eine Gewehrkugel ist noch schneller!« schrieb ein enthusiastischer Motorjournalist nach dem Rennen. Bis 1919 war der Blitzen-Benz das schnellste Gefährt der Welt – mehr als doppelt so schnell wie die meisten Flugzeuge. Als Folge des Rekords zog die Umsatzkurve von Mercedes fiebrig nach oben.

Seit der Jahrhundertwende drehte sich für viele Erdenbürger alles ums Auto. Am 4. August 1888 hatte Berta Benz eine spektakuläre Tour von Mannheim nach Pforzheim und zurück gewagt: 200 Kilometer auf einem pferdelosen Dreirad mit Einzylindermotor, ohne Wissen ihres Erfindergatten Carl. Unterwegs nagelte ein Schuster dem Gefährt neue Bremsbeläge auf, die defekte Antriebskette wurde von einem Schmied geflickt, und ein Apotheker verkaufte ihr Benzin. Diese Spritztour gilt als die erste große Werbefahrt der Automobilgeschichte. Bereits wenige Jahre später wurde in Clubs für »Motorsport« über heiße Themen debattiert: Geschwindigkeitsbeschränkung (Carl Benz: »50 Stundenkilometer sind genug!«) und Sicherheitsbremsen. Schon um 1900 boten Firmen wie Renault mehrere seriengefertigte Modelle an.

Doch aller Enthusiasmus konnte nicht darüber hinwegtäuschen, daß das Automobil noch immer eine launische Primadonna war. Das änderte sich erst, als die Elektrotechnik Einzug in den Motorraum hielt. Robert Bosch perfektionierte die elektromagnetische Zündanlage und Charles Franklin Kettering erfand 1910 den elektrischen Starter. Was vorher die Ausnahme war, wurde nun zur Regel: Das Automobil sprang an, lief und fuhr. Plötzlich war das knatternde und stinkende Gefährt ungeheuer populär.

Dieser Durchbruch war auch dem ersten vollsynthetischen Kunststoff zu verdanken, Bakelit. Denn keines der bis dahin verwendeten elektrischen Isolationsmaterialien konnte auf Dauer der Hitze, den Gasen, dem Öl und dem Schmutz des Motorraums standhalten. Bakelit hingegen blieb auch hart, wenn die Abwärme der Maschine über den Siedepunkt hinausschoß. Außerdem ließ es sich millimetergenau in die Form einer Verteilerkappe pressen und war ideal für Schalter und Zündspulen. Als dünnes, phenolharzgetränktes Papier konnte es eng benachbarte Drähte wirkungsvoll voneinander isolieren.

Für viele Tiere müssen die frühen Verbrennungsmotoren eine Qual gewesen sein. Oft gaben die Zahnräder in den Maschinen ein hohes Heulen von sich, das die Hunde der Umgebung zu herzzerreißenden Jaulkonzerten anstachelte. Zwar dämpfte man den Lärm schließlich mit Hilfe von Antriebsketten, doch genügte danach schon eine einzige Fehlzündung, und der fluchende Automobilist durfte die Maschine in ihre Einzelteile zerlegen, nur um die Kette neu aufzuspannen. Doch dann eilte Bakelit zur Rettung von Hund und Fahrer herbei. Ein kluger Ingenieur tränkte Lagen von schwerem Segeltuch mit Phenolharz, preßte sie unter Druck und Hitze zusammen und formte den entstandenen »Rohling« zu leiselau-

Manöver in Schlesien. Bakelit war für die junge Funktechnik unverzichtbar.

fenden Zahnrädern. Fortan ließen die Hunde zumindest das Heulen sein, wenn ein Automobil vorbeiknatterte.

Der Kunst-Werkstoff Bakelit tauchte bald allenthalben auf: Als Gehäuse von elektrischen Geräten und Telefonen, versteckt in getränkten Papier- und Stoffbahnen, die man zu Rohren und Stäben rollte. In Motoren und Magneten, in Pumpen und Adressographen versah das haargenau formbare Bakelit bald unermüdlich seine Dienste. Die junge Funktechnik baute ihre Geräte fast komplett aus dem Kunststoff, und selbst die seinerzeit hochgepriesenen Billardbälle aus Zelluloid wurden nun aus Phenolharz gegossen.

Die Bakelit-Fabrik in Erkner, die erste der Welt, war so erfolgreich, daß man in England ein Tochterunternehmen errichtete. Doch dann verfinsterten die Schüsse von Sarajewo das Gesicht Europas. Plötzlich galt das Zweigwerk als Eigentum des deutschen Feindes und wurde geschlossen. Damit aber hatten die Briten nicht dem Feind, sondern sich selbst den Hahn zugedreht. Bald mußte das begehrte Material in den Vereinigten Staaten eingekauft werden – in großen Mengen, denn Bakelit galt als kriegswichtiges Produkt. Ein zeitgenössischer Beobachter schrieb: »Bei fast jeder Phase der militärischen Operation – gleich, ob zu Lande, im Wasser oder in der Luft – war Bakelit an der Front und unermüdlich im Einsatz. Bakelit wurde für die Instrumentierung von Flugzeugen verwendet, in den Fabriken von Westinghouse und General Electric für Motoren und viele andere Zwecke, von Werften und Schlossereien für Schlachtschiffe.«

Doch dann begann die gesamte Bakelitproduktion der USA zusammenzubrechen. Das an Rohstoffen so reiche Nordamerika hatte zu wenig Phenol! Bislang war der aus Steinkohle gewonnene Stoff aus England importiert worden, doch nun benötigten die Briten ihr eigenes Phenol, um Sprengstoff herzustellen. Händeringend fragten hohe Washingtoner Regierungsbeamte den Erfinder des Bakelits um Rat. Mit Baekelands Hilfe fanden Chemiker schließlich Ersatzstoffe, die dem Phenol nahe verwandt sind. In den letzten beiden Jahren des Ersten Weltkriegs wurden fast alle amerikanischen Bakelitteile damit hergestellt.

Unter den vielen Werkstücken, die zu

Zehntausenden unter Druck und Hitze entstanden, war eines, das durch seine technische Perfektion und kühle Ästhetik besonders auffiel: Delcos elektrische Verteileranlage für Verbrennungsmotoren. Als die Franzosen von der ungewöhnlichen Zuverlässigkeit des Systems erfuhren, bauten sie es in ihre Lorraine-Dietrich Flugzeugantriebe ein. Die Zwölfzylinder mußten sich unter härtesten Bedingungen bewähren, jedes Versagen hätte sie außer Gefecht gesetzt.

Hinter der lauten Front dieses technisierten Krieges wurde über neue Waffen nur im Flüsterton gesprochen. Als top secret galt das Funkgerät. Spulen, Drehknöpfe, Isolierungen: Fast alles, was wichtig war an diesem erstaunlichen Apparat, wurde aus Bakelit gemacht.

Nach dem Friedensschluß veränderte das Funkgerät sein Gesicht – und wurde zum Radio. Die Geschichte dieser Erfindung wäre jedoch nie geschrieben worden, hätte da nicht wenige Jahre zuvor ein Mann namens Baekeland einen bestimmten Kunststoff erfunden …

Wer alt genug ist, um sich an die »goldenen Zwanziger« zu erinnern, der kennt sie noch gut, die heißen Ohren. Man bekam sie vom vielen Radiohören, denn dazu waren damals noch Kopfhörer nötig. 1920 hatte der Sender Königswusterhausen die ersten Gehversuche des deutschen Radios gewagt; vier Jahre später strahlten bereits zehn Stationen ihre Programme aus. Abend für Abend hockten Hunderttausende vor den Empfängern aus Bakelit.

Hörerlebnis anno 1936: Bakelit war der Radio-Kunststoff schlechthin.

Der letzte Schrei aber waren Radios mit Lautsprecher. Diese elegant geschwungenen, gong- und röhrenähnlichen Gebilde standen anfangs neben den Empfängern und galten als *das* Symbol des drahtlosen Zeitalters. Philips brachte den *2003* auf den Markt, einen halbmeterhohen Lautsprecher aus Bakelit, hergestellt in der größten Kunststoffgießform dieser Zeit. Auf einem quadratischen, nach oben verjüngten Standfuß ist ein auf den Rand gekippter Teller befestigt – der Lautsprecher. Das glatte, tiefschwarz gefärbte Bakelit mit braunroter Marmorierung läßt den *2003* wie ein Kunstobjekt erscheinen. Und als solches treibt er auch heute noch den Herzschlag eines jeden Sammlers höher, der ihn auf einer Ausstellung entdeckt.

Noch bemerkenswerter aber sind die Radios selbst. Wenn man heute einen *Saba* oder einen *Telefunken* von 1932 auf den Tisch stellt, dann taucht unweigerlich die Frage auf: »Warum sind moderne Radios so einfallslos?« Der Blick gleitet über das stufenförmige Gehäuse aus schwarzbraunem Phenolharz, das abgerundete Dach, die drei schlichten Einstellknöpfe, den groben, hellbraunen Stoff vor dem Lautsprecher und die halbrunde Senderskala. Ein Meisterwerk. Nicht nur Laien sind begeistert, sondern auch Kunsthistoriker. Sie zollen damit jenen namenlosen Industriedesignern Tribut, die als erste begriffen, welches Geschenk ihnen Monsieur Baekeland gemacht hatte.

Denn nur das Kunstharz aus Yonkers war schuld daran, daß ein neues Denken in die Produktlabors einziehen konnte. Anfangs hatte Baekeland es ungeheuer schwer, den Ingenieuren klarzumachen, wie man Formteile aus Bakelit herstellen mußte. Doch dann kam eine neue Generation, die mit dem Material aufgewachsen war und seine Stärken erkannte. Bakelit forderte progressives Denken heraus. Da gab es keine spitzen Ecken oder scharfen Kanten, denn die anfangs zähe Grundsubstanz wollte ungehindert

Mit Bakelit konnten die Designer revolutionär neue Formen verwirklichen. Die Radios und Lautsprecher aus Kunstharz wurden in Großserien hergestellt. Sie brachten die Welt ins Wohnzimmer und machten den Rundfunk populär. Heute sind die Geräte international begehrte Sammlerobjekte.

in alle Winkel der Gießform fließen. Und da gab es auch kein Zögern, denn das erstarrte Werkstück mußte so schnell wie möglich aus seiner Form gelöst werden.

Die Kästen, die die Welt ins Wohnzimmer brachten, kannten keine Schnörkel. Gefragt waren allenfalls schlichte Gitterchen, die sich schützend vor den Lautsprecher stellten. Fast extravagant wirkt da schon der englische *Ekco-SH 25*-Empfänger aus dem Jahre 1932. Über dem kreisrunden Lautsprecherstoff erstreckt sich eine stilisierte, japanisch anmutende Landschaft mit zwei Bäumen, einem See und Hügeln im Hintergrund. Alles besteht aus feinen Bakelitstegen. Auf dem schmalen weißen Streifen, der die Landschaft kreisförmig umrahmt, stellt man die Sender ein.

In keinem Land war Radiohören so populär wie in den USA. Bald merkten die Hersteller, daß sie ihren Kunden nur dann Radios verkaufen konnten, wenn sie auch ein Programm anboten. Plötzlich wimmelte es in den nüchternen Räumen von Westinghouse und General Electric von eigenartigen Gestalten. Sie trugen schiefe Krawatten um den Hals und ausgefallene Sprüche auf den Lippen. Leute wie Amos and Andy und The Goldbergs wurden über Nacht zu Stars; die amerikanischen Programm-Macher gaben die Richtung vor, und die riesige Nation hörte zu.

Bakelit ist ein klassisches Beispiel dafür, daß ein neuer Werkstoff weitreichende soziale Folgen haben kann. Die allerersten Radios waren keineswegs aus Phenolharzen gepreßt, sondern aus Holz gedrechselt. Manche glichen kleinen gotischen Kathedralen. Andere waren erlesene Schränkchen, deren wahre Natur sich erst eröffnete, wenn man die Türen aufklappte. Für ein solches Prachtstück mußte man schon 400 Dollar oder mehr hinblättern.

In seinen Anfängen war das Radio fast ausschließlich ein Privileg der gutverdienenden Schichten. Das aber änderte sich schlagartig, als mit dem Bakelit die Massenproduktion der Geräte einsetzte. Plötzlich gab es keine Unikate mehr, keine handgefertigten Einzelstücke, sondern nur noch tausende absolut gleichförmige und sich allenfalls in der Marmorierung unterscheidende Geräte. Das gewaltige Angebot drückte den Preis. Kleine Radios wurden zu Beginn der dreißiger Jahre bereits für 9.95 Dollar angeboten. Bald gab es in den Vereinigten Staaten kaum noch einen Haushalt ohne Rundfunkempfänger.

Bakelit verdirbt die Preise – sagten damals die Schreiner. Bakelit demokratisierte den Konsum – sagen heute die Sozialwissenschaftler. Dank dem Kunststoff hatten nun (fast) alle die Chance, an dem weltumspannenden Hör-Ereignis teilzunehmen. In Deutschland, wo Hitler am 30.1.1933 von Hindenburg zum Reichskanzler ernannt worden war, bemächtigten sich die Nationalsozialisten des Radios. Es kam als Propagandamittel wie gerufen. Zur Erinnerung an das Datum der Machtübernahme tauften sie ihren Volksempfänger *VE 301*; das Volk aber verpaßte dem schlichten Gerät prompt den Namen »Goebbelsschnauze«.

Der aus Bakelit gefertigte VE sah – selbst nach den damaligen Maßstäben – nicht nur spartanisch aus, sondern war auch mit einer dürftigen Elektronik bestückt. »Dieses auf Vorschlag des Reichsministeriums für Volksaufklärung und Propaganda … einheitlich hergestellte Empfangsgerät … bringt überall im Reich lautstark und klangrein mindestens den Bezirks- und Deutschlandsender.« Mit diesem Werbetext zum VE 301 dämpften die Volksaufklärer von vornherein jede Hoffnung, auch ausländische Stationen empfangen zu können.

Trotzdem blieben die ersten 100 000 Volksempfänger keine acht Stunden in

»Bringt überall im Reich den Bezirks- und Deutschlandsender«: Volksempfänger VE 301, genannt Goebbelsschnauze.

den Regalen stehen. Am Abend ihres Erscheinungstages war die Erstproduktion ausverkauft. Der Preis von nur 76 Reichsmark – der Bruttowochenlohn eines Lokomotivführers – und das Gefühl der nationalen Identität, das durch die reichseinheitlich hergestellten Geräte gestärkt wurde, machten den VE 301 zum Kassenschlager.

In Amerika beklagten sich die Ingenieure, die mit der Herstellung von Gießformen betraut waren, über die rasch wechselnden Modelaunen der Radiobranche. Anfangs mußte man für jede neue Gehäuseform – und ja, das Publikum war schon damals immer nur auf das neueste Modell versessen – eine neue Stahlform anfertigen. Das war teuer. Nach und nach lernten die Designer jedoch, die Linienführung der Gehäuse so zu modifizieren, daß man die alten Stahlformen mit kleinen Änderungen weiterverwenden konnte. Manche Geräte aber waren nachlässig gebaut. Dann passierte es, daß nach einem langen Radioabend plötzlich ein Riß durch das Gehäuse lief. Durch eine falsche Anordnung der Bauteile wurde die Hitze der Röhren nicht ausreichend abgeleitet und beschädigte das Bakelit.

Die preiswerteste Art der Herstellung war die mit Preßformen. Das Bakelit dieser unter Druck und Hitze entstandenen Großserienradios (meist 100 000 Stück oder mehr) war schwarz oder dunkelbraun. Als kleine Juwelen galten jedoch die handgemachten Gießharzgehäuse. Für jedes dieser Geräte wurde eigens eine Form aus Blei gegossen und mit Phenolharz gefüllt. Dann ließ man die Form drei Tage lang im Ofen. Unter der Hitze vernetzte sich das Harz zu großen Molekülen, die schließlich das harte, glänzende Bakelit bildeten. Die Bleiform wurde anschließend wieder eingeschmolzen. Der Radiorohling aber wurde handpoliert, bis seine schillernden Farben jenen charakteristischen Glanz abgaben, der betuchten Sammlern heute tausend Dollar wert ist.

Bakelit war überall. Wer 1931 eine Passage auf Deutschlands luxuriösestem Schiff buchte, der »Europa III«, entdeckte auf seinem Kabinentisch unweigerlich einen Aschenbecher. Im Halbrelief war darauf ein liegender Stier eingeprägt und die nackte Europa, die ihren rechten Fuß auf den Körper des muskulösen Tieres stellte. Der Ascher war aus Bakelit. An Deck konnte man vielleicht eine elegante

Dame beobachten, die wie selbstverständlich eine Bakelit-Kamera aufklappte, um ihren seekranken Gatten abzulichten. Schon 1915 hatte Kodak die erste Kamera mit einem Phenolharzgehäuse produziert, die »Hawkette«.

1937 gab die Fachzeitschrift *Modern Plastics* bekannt, daß man in diesem Jahr in den USA zweieinhalb Millionen Kilogramm synthetische Gießharze hergestellt habe. Davon seien 40 bis 45 Prozent zu Knöpfen und weitere sieben bis neun Prozent zu Schmuck verarbeitet worden. Die Gießharztechnik fand schnell neue Anhänger, weil sie Farbe in die bis dahin dunkle Welt des Bakelits brachte. Die Palette, die von durchsichtig bis schrillweiß, von subtilen Pastelltönen bis zu bernsteingelb reichte, ließ kaum Wünsche offen. Heute noch strahlen diese Farben so kräftig wie am ersten Tag.

Kunststoffe und Kunst waren in dieser Zeit zwischen den Weltkriegen eng miteinander verwoben. Art déco und Bakelit, das war Liebe auf den ersten Blick. Dieselben geometrischen Linien, die ein Art-déco-Design verlangte, forderte auch der Kunststoff. Die der Elektrizität verschriebene General Electric Corporation überraschte mit einem rotschwarzen Bakelitkästchen im Stil des Art déco, der »Cleopatra Manicure Box«. Das Entzücken der Damen wurde keineswegs durch die Tatsache getrübt, daß die Box aus demselben verstärkten Phenolharz bestand wie die elektrischen Meßinstrumente dieser Firma.

Im Jahre 1987 lockte eine Ausstellung mit amerikanischen Handtaschen aus den fünfziger Jahren Sammler aus aller Welt nach Mailand. Dort wurde es vollends deutlich: »Jetzt sind schon die

Technologie-Schub durch Bakelit: Die Kameras wurden kleiner, leichter und preiswerter.

Antiquitäten aus Plastik«, bemerkte Wolfgang Gehrmann in der *Zeit.* »Bakelitprodukte sind im Begriff, begehrte Sammlerobjekte zu werden. Noch finden sie sich erst vereinzelt in den Schaufenstern der Schickeria. Doch auf Flohmärkten und in Secondhandshops fahnden die Eingeweihten schon häufig erfolgreich nach Schmuck und Zigarettendosen, nach Kameras und Eierbechern, nach Lampen, Feuerzeugen und Radios aus dem dunklen Kunststoff der Vergangenheit.«

Plastik-Mode: Amerikanerinnen wagten sich mit diesen Handtaschen bis in die Oper.

Wohl niemand würde sich heute mit einer amerikanischen Plastikhandtasche der fünfziger Jahre auf die Straße wagen. Kaum wagt man sie Handtaschen zu nennen, diese vor Glitter strotzenden oder durchsichtigen, schrecklich unpraktischen und sperrigen Behälter. So häßlich sie heute wirken mögen: Jedes dieser Objekte spiegelt so klar das Lebensgefühl seiner Epoche wider, daß man den Herstellern ihre Geschmacklosigkeiten verzeiht. In Mailand fiel ein Minitäschchen aus Bakelit auf, entworfen anno 1932; es wurde als Zigarettendose gebraucht, die man lässig vom Handgelenk baumeln ließ. Ein Halbrelief auf dem Deckel zeigt eine Frau im Paddelboot – damals ein außergewöhnliches, aber doch akzeptiertes Dokument einer Emanzipation made in USA.

Den Bakelit- und anderen Kunststoffobjekten wohnt ein eigentümlicher Widerspruch inne: Obwohl sie nichts weiter sind als Resultate einer gleichförmigen Serienproduktion, gelten sie bei Sammlern als nicht kopierbare Einzelstücke. Wer einen barocken Beichtstuhl besitzen will, aber nicht das nötige Kapital dafür hat, der kann sich in den berühmten Fälscherwerkstätten Oberitaliens ein Imitat schnitzen lassen. Ist die Arbeit gut ausgeführt, so wird ihm schließlich selbst ein anerkannter Antiquar die Echtheit dieses besonders gut erhaltenen Stücks bescheinigen. Für die Fälscher also kein Problem, ein Beichtstuhl. Kopfschütteln hingegen und bedauerndes Schulterzucken würde der Besucher auslösen, wenn er den Schnitzkünstlern ein Radio aus dem Jahre 1934 mitbringen würde, ein »Zenith deluxe« zum Beispiel, außen aus glänzendem Bakelit, innen randvoll bestückt mit Spulen und Röhren. Nein, allein diesen Kunststoff nachzumachen, daran würden selbst die besten Chemiker verzweifeln. Denn das Rezept für dieses spezielle Radiogehäuse ging verloren – ebenso wie die genauen Zusammensetzungen all jener Behälter und Gehäuse, Schalter und Schmuckstücke, denen Bakelit seine Formwilligkeit geliehen hat. Diese Kunststoffobjekte, obwohl bereits aus unserem Jahrhundert und Produkte moderner Technik, sind und bleiben Unikate, fälschungssichere Liebhaberstücke.

Bakelit entstand zu einer Zeit, in der viele Technologien genau diesen Werkstoff brauchten, um Fortschritte zu erzielen. In einer der ersten Werbebroschüren gab Baekeland ihm den Beinamen: »Das Material für tausend Zwecke«. Der Erfinder sollte recht behalten. Ob als Bindemittel für Schleifscheiben, als Isolator für Hochspannung, als Fassung für Glühbirnen, als Stromzähler in Wohnhäusern, als Plattenspieler oder Wärmflasche – Bakelit war bis in die fünfziger Jahre jedem ein Begriff.

Dann aber tauchten neue, maßgeschneiderte Kunststoffe auf, und Bakelit begann sich in spezielle Bereiche von Technik und Industrie zurückzuziehen. Chemiker und Ingenieure konzentrierten sich nun auf die wichtigsten Eigenschaften der Phenolharze: ihre Widerstandskraft gegenüber aggressiven Stoffen und ihre Hitzebeständigkeit. Wenn man die Harze pyrolisiert – bei hohen Temperaturen verbrennt –, dann entsteht ein fester Kohlenstoff, der selbst bei 1 000 Grad Celsius seine Stabilität behält. Eine seltene Spezialität ist der Glaskohlenstoff. Er übersteht sogar 2 500 Grad und ist damit ein idealer Anwärter für Projekte der Hochtechnologie. Heute werden mit diesem Material Schmelztiegel ausgekleidet, Punktschweiß-Elektroden gefertigt und künstliche Herzklappen hergestellt. Glaskohlenstoff auf Phenolharzbasis findet sich auch im VW Golf: Die Verdichterräder des Turboladers sind daraus gemacht.

Nach wie vor versehen die Baekelandschen Harze ihren Dienst als Bindemittel in Bremsbelägen, ummanteln die Motorelektrik von Kraftfahrzeugen, schützen als Topfgriffe vor Hitze und wehren als Lackfilme die allgegenwärtige Korrosion ab. Ohne sie wäre es auch um die Elektronik schlecht bestellt, denn Phenolharze halten viele der Leiterplatten zusammen, auf denen die elektronischen Bauteile verlötet sind.

Selbst über den Wolken verbessert Monsieur Baekelands Erfindung die technischen Leistungen. Die Innenverkleidung des Airbus, die strengsten Sicherheitsnormen genügen muß, wird aus Phenolharzen hergestellt. Sogar Teile der Euro-Rakete »Ariane« sind mit Bakelit-Abkömmlingen ummantelt.

»Bakelit war der erste echte Kunststoff«, so Professor Herman Mark, Amerikas Altmeister der Makromolekülchemie. Bis zu Baekelands Erfindung waren alle Kunststoffe natürlichen Ursprungs. Man gerbte die Häute von Tieren, um haltbares Leder herzustellen; der Saft des Gummibaums wurde chemisch verwandelt, um ihn als Kautschuk zu verarbeiten; aus der Zellulose des Baumwollstrauchs stellten die Chemiker Zelluloid her, und aus den Eiweißen der Milch zauberten sie Kunsthorn. Das Eigenartige an all diesen Stoffen sind ihre enorm langen Moleküle; doch im Gegensatz zum Bakelit stammen diese Riesenmoleküle von Naturprodukten ab. Jene Moleküle aber, die Baekeland aus Phenol und Formaldehyd herstellte, sind rein synthetisch.

Herman Mark zollt seinem Vorgänger und Zeitgenossen Baekeland höchste Anerkennung: »Es ist, als ob man einige Haarnadeln und einen Büchsenöffner nimmt, diese Dinge in ihre Bestandteile zerlegt und dann zu einem vollständigen und funktionsfähigen Farbfernsehgerät wieder zusammensetzt. ... Als Leo Baekeland diese neue Substanz synthetisierte, löste er eine wissenschaftliche und industrielle Revolution aus, die bis zum heutigen Tage andauert.«

STAUDINGERS MAKROMOLEKÜLE

Meister der Moleküle: Hermann Staudinger deckte die Geheimnisse der Polymerisation auf.

Das Wort »Kunststoffe« ist ebenso künstlich wie das Material, das es bezeichnet. Hätte man im Jahre 1910 einen deutschsprachigen Chemiker gefragt, was er unter »Kunststoffen« versteht, hätte er mit fragendem Erstaunen reagiert. Erst im folgenden Jahr wurde das Wort Kunststoffe von Dr. Richard Escales erfunden und durch seine gleichnamige Zeitschrift populär gemacht. Dies geschah zu einer Zeit, als das Bakelit noch jung war und sich Zelluloid, Galalith, Kunstseide, Viskose, Kunstkautschuk und Zelluloseacetat soeben der Kinderschuhe entledigten. Bis dahin hatte man diese Materialien wegen ihres vorwiegenden Gebrauchs Surrogate oder Ersatzstoffe genannt. Der neuentstandenen Polymerchemie konnte also die Identität, die ihr durch das Wort Kunststoffe verliehen wurde, nur willkommen sein.

In der Einleitung zur ersten Ausgabe von *Kunststoffe* schrieb Escales:

Richard Escales schuf 1911 ein neues Wort und eine neue Zeitschrift: »Kunststoffe«.

15. Januar 1912 KUNSTSTOFFE 3

DIE ZEITSCHRIFT

KUNSTSTOFFE

wird von Fabrikbesitzern, Direktoren, Chemikern, Ingenieuren und Werkmeistern folgender Betriebe gelesen:

Anilin-Fabriken
Asbest- und Asbestwaren-Fabriken
Asbestschiefer-Fabriken
Bakelite-Fabriken
Bleichereien
Caseïn-Fabriken
Ceresin-Fabriken
Dermatoid-Fabriken
Dicht.-Material.-Fabriken
Dynamit-Fabriken
Elektrizitätswerken
Fabriken für chem.-techn. Produkte
Fabriken elektrotechn. Bedarfsartikel
Farben-Fabriken
Färbereien
Film-Fabriken
Filz-Fabriken
Firnis-Fabriken
Galalith-Fabriken
Gardinen-Fabriken
Gelatine-Fabriken
Glanzstoff-Fabriken
Glühlampen-Fabr. (elektr.)
Glühkörper-Fabriken (Gas)
Gummi- und Gummiwaren-Fabriken
Holzmehl-Fabriken
Holzstoff-Fabriken
Horn- u. Beinwaren-Fabrik.
Isoliermittel-Fabriken
Jute-Fabriken
Kabelwerken
Kattun-Fabriken
Kautschuk- u. Guttapercha-Fabriken
Korkstein-Fabriken
Kunstfäden-Fabriken
Kunstleder-Fabriken
Kunstseide-Fabriken
Kupferwerken
Lack-Fabriken
Ledertuch-Fabriken
Leim-Fabriken
Leinen-Fabriken
Linkrustafabriken
Linoleum-Fabriken
Oel-Fabriken
Papier-Fabriken
Pappe-Fabriken
Pulver-Fabriken
Schießwolle-Fabriken
Segeltuch-Fabriken
Sprengstoffwerken
Steinholzwerken
Viscose-Fabriken
Wachstuch-Fabriken
Wärmeschutzmittelfabriken
Webereien
Zelluloid-Fabriken
Zellulose-Fabriken

Ferner von:

Chemischen Laboratorien, Chemieschulen, Photographisch-chemischen Laboratorien, Polytechnischen Vereinen, Textil-Industrieschulen, Technischen Hochschulen, Consulenten und Sachverständigen, sowie von Exporteuren und Import-Firmen, endlich von technischen Handlungen im In- und Ausland.

Die Leser der KUNSTSTOFFE finden sich in allen Kulturländern, so in:

Deutschland
Belgien
China
Dänemark
England
Frankreich
Griechenland
Holland
Japan
Italien
Norwegen
Oesterreich-Ungarn
Portugal
Rumänien
Rußland
Schweden
Schweiz
Spanien
Türkei
Vereinigte Staaten

Firmen, welche maschinelle Einrichtungen, Apparate, Laboratoriums-Einrichtungen, Rohmaterialien usw. für die obigen Betriebe liefern, inserieren also mit Aussicht auf Erfolg am besten in der Zeitschrift

KUNSTSTOFFE

Es empfiehlt sich, mit Rücksicht auf die internationale Verbreitung des Blattes die Anzeigen in mehreren Sprachen (deutsch, abwechselnd französisch, englisch, italienisch und spanisch) aufzugeben.

»Unsere Zeitschrift soll sich mit Stoffen beschäftigen, welche für die Industrie und den allgemeinen Bedarf von großer Bedeutung sind, bei denen die wissenschaftliche Durchforschung und – davon abhängig – die chemische Nachbildung, Umbildung und Ersetzung erst im Beginn ihrer Entwicklung stehen.«

Escales teilte das Gebiet in drei zentrale Sparten auf:

» – die angewandte Zellstoff-Chemie, worunter wir die Industrien des Celluloids und ähnlicher Stoffe, der künstlichen Seiden, des künstlichen Leders usw. verstehen;

– die Gummi- und Kautschukindustrie; ist es doch erst durch einen Veredelungs-Prozeß – die im Jahre 1839 von Goodyear eingeführte sog. Vulkanisation des mit Schwefel gemischten natürlichen Produktes – möglich, diejenigen Kunststoffe herzustellen, welche für viele Industrien und Gewerbe heute so unentbehrlich sind;

– die Kunstharze; bei den wechselnden Preisgestaltungen für Schellack z. B. hat die Industrie der künstlich hergestellten Harze große Bedeutung gewonnen.«

Schon in dieser ersten Ausgabe bewies Escales Weitblick: Er veröffentlichte einen Beitrag zum Recycling von Polymer-Materialien. Heute, mehr als ein dreiviertel Jahrhundert später, trägt das erfolgreiche Journal noch immer seinen ursprünglichen Titel; sein Aufschwung spiegelt die wirtschaftlichen Höhenflüge der Kunststoffindustrie wider.

Escales, der 1924 starb, profilierte sich auch auf anderen Gebieten mit einem feinen Gespür für die Probleme der Zukunft: Er hinterließ Pläne zur direkten Nutzung der Sonnenenergie.

Bis in die zwanziger Jahre beruhten die Erfolge der Kunststofferfinder hauptsächlich auf drei Komponenten: Erfahrung, Spekulation und Zufall. So machte sich Leo Hendrik Baekeland die Ergebnisse seiner Vorgänger zunutze und überlegte dann, wie er die bekannten Stoffe und Verfahren modifizieren und erweitern konnte. Anschließend blieb es mehr oder weniger dem Zufall überlassen, ob die Experimente erfolgreich verliefen. Zu dieser Zeit wußten die Chemiker weder, wie Kunststoffe aufgebaut sind, noch war ihnen klar, nach welchen Gesetzen man sie im Labor synthetisieren kann. Wer sich an die Entwicklung eines neuen Polymers wagte, der mußte sich durch die Dunkelheit vorantasten.

Es gab nur wenige Orientierungshilfen, und selbst die führten oft in die Irre. So hatte Thomas Graham ermittelt, daß Kolloide – »leimartige« Substanzen wie Zellulose – von einer halbdurchlässigen Membran ausgefiltert werden. Vermutlich waren ihre Moleküle zu groß, um die Öffnungen der Membran zu passieren. Da aber nur wenige Chemiker an die Existenz großer Moleküle glaubten, skizzierte man ein Modell, in dem viele kleine Moleküle von unbekannten Bindekräften zusammengehalten wurden. Diese Molekülklumpen wurden »Micellen« genannt. In den ersten beiden Jahrzehnten nach der Jahrhundertwende war die Micellartheorie das Credo vieler Chemiker.

Doch nicht alle Wissenschaftler waren bereit, die molekularen Glaubenssätze dieser Theorie zu unterschreiben. Einer dieser Häretiker tat sich in ganz besonderem Maße hervor: Hermann Staudinger, 1881 in Worms geboren und seit 1912 Professor für Chemie in Zürich. Am 12. Juni 1920 erschien in den *Berichten der Deutschen Chemischen Gesellschaft* sein Artikel *Über Polymerisation.*

Der mehrseitige Beitrag war nichts anderes als eine Granate, die Staudinger ins Lager der Micellarverfechter abfeuerte. Er zerstörte damit ihre Theorie von den kleinen Molekülen, die sich zusammenballen, und ersetzte sie durch seine eigenen Erkenntnisse und Vermutungen. Die Polymere – so Staudinger – bestünden aus riesigen Molekülen. Ihre Gewichte lägen weit über jener Grenze, die von den Micellarvertretern gesetzt wurde.

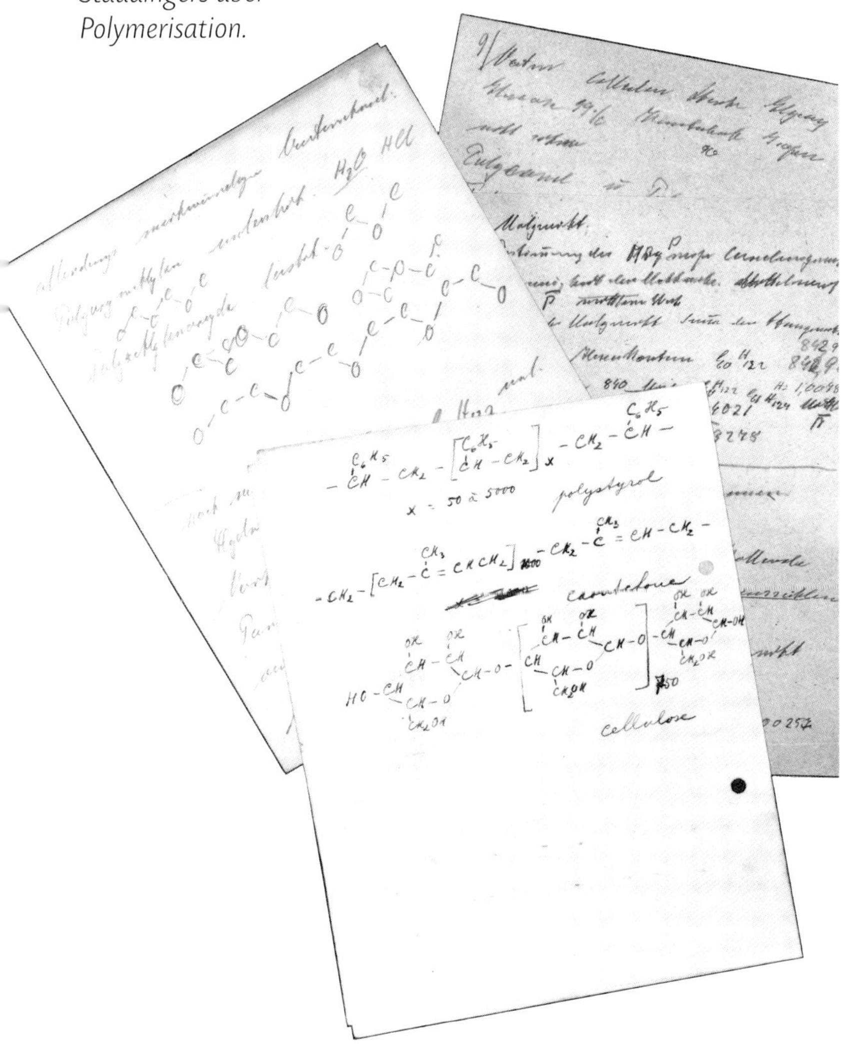

»Granate ins gegnerische Lager«: Schriften Staudingers über Polymerisation.

Für die Zugehörigen beider Lager bestand ein großes Problem: Wie konnte man die Gewichte der Moleküle exakt bestimmen? Es galt die Auffassung, daß ein Molekül soviel wiegt wie die Summe aller Atome, aus denen es sich zusammensetzt. Kurz nach 1880 hatten Raoult und van't Hoff eine Methode entwickelt, mit der man bestimmen konnte, wie groß das Molekulargewicht des gelösten Stoffes war. Doch wenn man mit dieser Methode Gummi oder Nitrozellulose untersuchte, entpuppten sich diese Materialien als Superschwergewichte. Sie lagen weit über der Marke von 5 000 – jedes ihrer Moleküle war also mehr als 5 000mal schwerer als ein Wasserstoffatom. Diese Marke von 5 000 wurde von den meisten Chemikern als Obergrenze des Möglichen akzeptiert. »Organische Moleküle mit einem Molekulargewicht über 5 000 gibt es nicht«, wurde Staudinger noch Jahre nach seiner ersten Veröffentlichung von einem bekannten Kollegen bedeutet.

Doch so leicht ließ sich der junge Ordinarius nicht verschrecken. Immerhin hatte Staudinger bereits mit 22 Jahren promoviert, hatte als 24jähriger die Fachwelt mit der Entdeckung einer neuen chemischen Stoffklasse überrascht und war mit 26 an die Technische Hochschule Karlsruhe berufen worden. Dort freundete er sich mit seinem Kollegen Fritz Haber an, der die Synthese des Ammoniaks zur Industriereife entwickelt hatte. 1912 nahm Staudinger dann eine Professur in Zürich an.

Von der Schweiz aus verfolgte der Forscher den Verlauf des Ersten Weltkriegs. In dieser Zeit entwickelte er künstlichen Pfeffer als Gewürz für die damals verbreitete Ernährung mit Rüben. Dann erfand er einen Ersatzkaffee, der zwar echt schmeckte, aber zuviel kostete. Im Jahre 1925 wurde vorgeschlagen, den vielversprechenden Forscher an die Universität Freiburg zu berufen. Doch einige Kollegen äußerten sich skeptisch: Staudingers Verurteilung von Giftgaseinsätzen im Krieg paßte nicht in ihr politisches Konzept. Erst als der Anwärter seine ursprünglichen Aussagen modifizierte, bekam er 1926 den Lehrstuhl.

Staudingers Vorliebe für große Moleküle zeigte sich zum ersten Mal deutlich im Jahre 1910. Da forschte er für die BASF über die Synthese von Kautschuk. In Zürich gewann er dann die Gewißheit, daß die Ringstrukturen, die Carl Harries als grundlegende Einheiten des Gummis vermutete, einfach nicht existieren konnten. Alle Ergebnisse, alle Überlegungen deuteten auf eine einzige logische Lösung des Rätsels: Polymere bestanden aus langen Ketten von Einzelbausteinen. Jede dieser Ketten war nichts anderes als ein riesiges Molekül – ein Makromolekül, wie es Staudinger später taufte.

Das Erstaunliche an Staudingers Ausführungen war ihr Verzicht auf exotische Erklärungsmechanismen. Die Riesenmoleküle, so meinte der Forscher, unterschieden sich in ihrem Aufbau nicht prinzipiell von anderen Molekülen; auch die Bindungen ihrer Atome untereinander würden nicht etwa durch undefinierbare Kräfte bestimmt, wie es in der Micellartheorie behauptet wurde. Der innere Zusammenhalt der Polymere komme vielmehr durch die bereits aus der organischen Chemie bekannten Atombindungen zustande, die sogenannten Kovalenzen. Der Unterschied aber, den Staudinger aufzeigte, war unübersehbar: das Molekulargewicht. Galten in der klassischen organischen Chemie bereits Moleküle mit der Gewichtsmarke von 300 als Riesen, so degradierte Staudinger sie zu Zwergen. Makromoleküle, so führte er aus, hätten Gewichte, die in die Zehn- oder Hunderttausende gehen, ja sogar in die Millionen. Der Beweis: das künstlich erzeugte Polystyrol.

Das Molekülgewicht dieses Kunststoffs schätzte Staudinger auf etwa 20 000. Polystyrol ließ sich ziemlich einfach aus Styrol herstellen, und von diesem Styrol wußte Staudinger, daß sein Molekülgewicht 104 betrug. Bei der Polymerisation des Styrols zu Polystyrol mußten sich demnach etwa 200 Styrolmoleküle aneinanderketten. Die beiden Enden einer solchen Kette hängen gleichsam frei in der Luft, unterscheiden sich aber ansonsten nicht von den anderen Gliedern der Kette.

In den folgenden Jahren baute Staudinger seine Theorie der Makromoleküle weiter aus. Das Molekulargewicht eines Kunststoffs, um das weiterhin heftig gestritten wurde, war keineswegs verpflichtend für jedes einzelne Makromolekül dieses Stoffes. Vielmehr sah Staudinger es als Mittelwert, um den herum sich höhere und niedrigere Gewichtsklassen gruppieren. So kann ein bestimmtes Polystyrolmolekül durchaus nur 15 000 wiegen, ein anderes hingegen 25 000. Die Eigenschaften des Werkstoffs Polystyrol werden von dem durchschnittlichen Molekulargewicht bestimmt.

Auf Staudingers erste Ketzerschrift *Über Polymerisation* kam lediglich ein schwaches Echo. Nach dem Motto: »Schlafende Hunde soll man nicht wekken«, zogen es die Micellaristen offenbar vor, erst einmal abzuwarten. Doch Staudinger gab keine Ruhe. Er bombardierte seine Gegner schriftlich und mündlich mit seinen zunehmend verfeinerten Theorien. An ein Stillhalten war bald nicht mehr zu denken. Die große Abrechnung war programmiert.

Und sie kam denn auch in Form der 89. Versammlung der »Gesellschaft Deutscher Naturforscher und Ärzte«, die im Oktober 1926 in Düsseldorf stattfand. In seinem ausführlichen und aufschlußreichen Buch über Hermann Staudinger hat Claus Priesner die wichtigsten Argumente beider Seiten zusammengetragen. Gegen Staudinger trat gleich zu Beginn ein bekannter Wissenschaftler auf: Max Bergmann, Direktor des Kaiser-Wilhelm-Instituts für Lederforschung in Dresden. Bergmann zog aus einem Versuch folgenden Schluß: »Die Annahme, daß die hochmolekularen organischen Naturstoffe aus großen Molekülen bestehen, oder daß an ihrem Aufbau irgendwelche besonderen Polymerisationserscheinungen beteiligt sein müssen, ist damit einwandfrei widerlegt.«

Das war die Antwort auf Staudinger. Sie wurde noch unterstützt durch Hans Pringsheim, Professor an der Universität Berlin. Die Molekülgröße von Polymeren, so Pringsheim, sei gleich der Größe ihrer kleinsten Struktureinheiten. Riesenmoleküle wie die von Staudinger postulierten mußten also dem Bereich der Fabel angehören.

Doch dann trat ein Mann ans Rednerpult, von dem niemand erwartet hatte, daß er Staudingers Thesen unterstützen, ja sogar die ersten Beweise für die mögliche Existenz von Makromolekülen vorbringen würde: Herman Mark, Forscher am Kaiser-Wilhelm-Institut für Faserstoffchemie in Berlin. Mark war Röntgenspezialist, aber von einer ganz besonderen Sorte. Er benutzte die noch junge Durchleuchtungstechnik hauptsächlich dazu, Fasern wie Seide und Viskose zu untersuchen. Von den Röntgenaufnahmen schloß er auf ihren atomaren Aufbau. Marks Vortrag hieß denn auch: *Über die röntgenographische Ermittlung der Struktur organischer, besonders hochmolekularer Substanzen.* Seine Ausführungen gipfelten in der Feststellung: »Der ganze Krystallit (gemeint ist ein Bestandteil eines Polymers, U. T.) erscheint als großes Molekül.«

Staudinger wiederholte in seinem anschließend gehaltenen Vortrag *»Die Chemie der hochmolekularen organischen Stoffe im Sinne der Kekuléschen Strukturlehre«* seine Theorie der Makromoleküle. Er versäumte es jedoch, mit Herman Mark Kontakt aufzunehmen, um eine möglicherweise fruchtbringende Zusammenarbeit zu versuchen. Dieses Versäumnis lag vermutlich im Wesen Staudingers begründet. Viele Kollegen bescheinigten ihm ein gewisses Unvermögen, auf andere Menschen und ihre Ansichten einzugehen. Auch wird von manchen behauptet, daß die Kontroversen, die Staudingers Forscherleben prägten, häufig von ihm selbst provoziert wurden, oft aufgrund eigener »Territorialansprüche«. Dabei schreckte Staudinger auch nicht vor einer ungerechtfertigten Unterstellung des Plagiats zurück. Zu seiner Entlastung muß allerdings angefügt werden, daß derartige polemische Wortwechsel in Briefen und in Fachzeitschriften zu dieser Zeit durchaus üblich waren.

Mit Herman Mark jedenfalls begann Staudinger eine lange Korrespondenz. Mark hatte kurz nach dem Düsseldorfer Treffen schriftlich sein Interesse an einer

Staudingers Erkenntnis, daß Kunststoffe aus riesigen Molekülketten bestehen, begründete die moderne Polymerchemie.

Zusammenarbeit angedeutet. Am 12. Januar 1927 antwortete Staudinger: »Ich glaube, daß eine Kollision entstehen könnte, wenn auch von Ihrer Seite in diesem Gebiet gearbeitet würde, und entschuldigen Sie deshalb, wenn ich Ihrer Bitte nicht nachkomme, Ihnen ein Präparat zuzusenden.«

Herman Mark kam der Aufforderung, sich von diesem Gebiet fernzuhalten, nicht nach. Im Gegenteil: Er widmete fast sein gesamtes Leben der Polymerchemie, und zwar in einem solchen Ausmaß, daß er heute als einer der wichtigsten Wegbereiter der internationalen und besonders der amerikanischen Kunststoff-Forschung anerkannt wird.

Die folgenden Passagen basieren hauptsächlich auf persönlichen Gesprächen, die der Autor in der zweiten Jahreshälfte 1988 mit dem Forscher in Wien führte. Der damals 93jährige, ungebrochen vitale Herman Mark war dazu von seinem Wohnort in New York City angereist.

Im Frühling des Jahres 1895 in Wien geboren, wuchs Herman Mark in einer kulturell und wissenschaftlichen anregenden Umgebung auf. Mit zwölf Jahren kam er von dem Besuch eines chemischen Universitätslabors aufgeregt nach Hause zurück und berichtete von den »Glasflaschen und Bechergläsern, den blauen Flammen der Bunsenbrenner, den blubbernden Flüssigkeiten und den langen Gummischläuchen, durch die Dämpfe abgeleitet wurden«. Danach, so meinte ein Freund, habe sich für Herman Mark die Welt verändert. Er richtete sich im Schlafzimmer ein kleines Labor ein und führte bald regelrechte chemische Analysen und Synthesen durch.

Kaiserschütze, Nationalheld und Chemiker: Der hochdekorierte Herman Mark im Jahre 1917.

1913 wurde aus dem Schüler ein Kaiserschütze, ein Soldat einer alpinen Eliteeinheit. Im Ersten Weltkrieg tat sich der durchtrainierte Korporal Mark durch seine außergewöhnliche Tapferkeit hervor. Gegen Ende des Krieges geriet Mark in italienische Gefangenschaft. Wie damals noch üblich, bekamen alle Gefangenen ihre Post und ihren Sold. Marks freundliche Wärter besorgten ihm sogar die Bücher, die er zum Studium von Fremdsprachen und theoretischer Chemie brauchte. Nach einem Jahr erfuhr er, daß sein Vater schwer erkrankt war. Er arrangierte einen Faustkampf mit einem anderen Gefangenen, überredete dann auf dem Transport zum Straflager einen italienischen Sergeanten, ein Nickerchen zu halten, und setzte sich ab. Als er sich – in der phantasievoll nachempfundenen Uniform eines englischen Gefreiten – nach Wien durchgemogelt hatte, ging es seinem Vater bereits besser.

Unbeeindruckt von dem Rummel, den Herman Mark als höchstdekorierter Kompanieoffizier Österreichs über sich ergehen lassen mußte, schrieb er sich als Student der Chemie an der Wiener Universität ein. Kaum hatte er 1921 promoviert, nahm ihn sein Doktorvater Schlenk als Assistent mit nach Berlin. Eines Tages bestellte Schlenk den jungen Forscher dort in seine Wohnung. Herman Mark:

»Als ich die Zimmertür öffnete, glaubte ich im ersten Moment an einen Brand, denn der Raum war mit Rauch buchstäblich erfüllt. Doch die Ursache waren nur die Zigaretten von Schlenk und seinem Besucher, dem Geheimrat Fritz Haber, dem Vorsitzenden der Kaiser-Wilhelm-Gesellschaft. Haber sagte: ›Wir wollen ein Institut für Faserforschung eröffnen, um der deutschen Textilindustrie wieder auf die Beine zu helfen. Durch den Verlust unserer Kolonien und die Trübung der internationalen Beziehungen haben wir die Verbindung mit den Textilrohstoffen verloren. Wir müssen Wolle, Baumwolle und Seide im Ausland kaufen, und auch andere Faserstoffe wie Hanf, Bast und Ramie sind uns nicht direkt zugänglich. Als Folge hat sich unsere Industrie darauf konzentriert, aus einem Rohstoff, den wir besitzen, möglichst brauchbare Textilien herzustellen. Dieser Rohstoff ist Holz, also Zellulose.‹«

Zu Marks Überraschung bot Haber ihm den Posten eines stellvertretenden

Abteilungsleiters an dem neuen Institut an. Mark willigte ein. Als er seine neue Stelle antrat, versammelte der Leiter des Instituts, Reginald Oliver Herzog, Professor für Chemie, sein Team um sich und erläuterte Zielsetzungen und Methoden:

»Wir wollen die natürlichen Faserstoffe sowie ähnliche Produkte wie Kautschuk, Harze, Schellack und Stärke untersuchen. Unsere Hauptaufgabe besteht darin, neue Methoden zur Untersuchung dieser wichtigen Stoffklassen zu entwickeln, denn jeder Versuch, sie zu lösen oder zu verflüchtigen, führt zu ihrer Zerstörung. Wir müssen daher bei ihrer Untersuchung die Methoden der noch nicht wirklich existierenden Festkörperphysik und -chemie anwenden. Ich habe die Absicht, die Arbeit in unserem Institut auf zwei Methoden zu beschränken, zumindest für den Anfang:

1. Die Streuung der Röntgenstrahlen an Festkörpern, Kristallen oder amorphen Substanzen und
2. die Absorption infraroter Strahlung.

Professor Max von Laue hat schon 1912 die selektive Streuung von Röntgenstrahlen an Kristallen entdeckt. Ich beauftrage Sie, Herr Mark, diese Methoden auf die natürlichen Faserstoffe anzuwenden, um zu sehen, welche Struktur diese Systeme haben. Als Resultat stelle ich mir vor, daß man herausfindet, wie z. B. in der Zellulose die Kohlenstoff- und Sauerstoffatome im Molekül verteilt sind oder wie in Eiweißsubstanzen – z. B. in der Wolle – Stickstoff, Sauerstoff und Kohlenstoff gemeinsam die Faser aufbauen.«

Die Röntgenstrahlen waren dazu bestimmt, die atomare Geometrie zu durchleuchten, während die Infrarotstrahlung die atomare Dynamik sichtbar machen sollte. Beide Methoden hatten ein gemeinsames Ziel: Sie sollten eine Wissensbasis bilden, auf der man dann die gezielte Herstellung von neuen Kunstfasern entwickeln wollte. Herman Mark begann mit dem Aufbau der Röntgenabteilung:

»Wir sollten Röntgenstrahlen herstellen, deren Wellenlängen man regulieren konnte. Die Röntgenröhren, die für medizinische Zwecke verwendet wurden, erlaubten eine solche Einstellung nicht, aber es gab solche Anlagen bereits in Uppsala, Cambridge und Paris. Ein wichtiger Schritt war die Erzeugung eines Hochvakuums, in dem die Strahlen hergestellt wurden. Dabei mußte stunden- und tagelang eine hohe und konstante Intensität gehalten werden.«

Im Keller von Habers Villa entfaltete sich bald eine rege Tätigkeit. Die Universitätsforscher verwandelten sich binnen weniger Tage in Elektriker und Handwerker, die Stück um Stück die seltsame Apparatur heranschafften, umbauten und zusammensetzten. Dem Geheimrat war's recht, seiner Frau bereits weniger, für den Hund aber waren die weißbekittelten Akademiker erklärte Feinde. Nur mit Hilfe pfundweise angeschleppter Würste ließ sich das Tier bestechen, der jungen Wissenschaft der Röntgenanalyse eine Chance zu geben.

Bis 1920 gingen besonders die Mediziner oft sorglos mit den harten Strahlen ihrer Röntgengeräte um, so sorglos, daß die sogenannten Röntgenverbrennungen eine weitverbreitete Berufskrankheit war. Besonders an Gesicht und Händen, die den zellzerstörenden Strahlen ungeschützt ausgesetzt waren, bildeten sich dann oft schmerzhafte, krebsähnliche Wucherungen, die zum Tode führen konnten. Eines Tages bekam auch Mark eine Strahlenverbrennung ab, die dann eine Fingerkuppe schwarz überzog. Herzogs lapidarer Kommentar: »Mark experimentiert nicht mit den Röntgenstrahlen; er kämpft mit ihnen.« Von derlei Pannen abgesehen, wußte man jedoch von der unsichtbaren Gefahr und schützte sich mit Blei.

»Die Apparatur bestand unter anderem aus einer Hochspannungseinrichtung bis zu 100 000 Volt, die ein größeres Zimmer füllte. Von dort wurde die Spannung in einen Raum mit 25 Zentimeter hohen, zylindrischen Röntgenröhren geleitet. Unser Institut lag in Dahlem, einem gepflegten Vorort Berlins, inmitten von Feldern und Waldparzellen. Das Gebäude hatte drei Stockwerke mit insgesamt 40 Laboratorien; im Keller wurden auf speziellen Geräten solche Eigenschaften wie die Dehnbarkeit, die Abriebfestigkeit und die Alterungsbeständigkeit von Materialien untersucht.

Als wir dann die ersten Aufnahmen von Viskose-Kunstseide vor uns sahen, waren wir zunächst von der Komplexität dieser Bilder tief beeindruckt. Sie bestanden nämlich aus einigen hundert Punkten oder Segmenten, die vollkommen unverständlich und rätselhaft waren. Was bedeutete dieses Diagramm, wie ließ es sich koordinativ zu einem Bild des Moleküls zusammensetzen? Die Lage und die Intensität der Reflexe wurde vermessen, um so die atomare Struktur des Zellulose-Moleküls zu beschreiben. Es war ein gewundener und mühsamer Weg.«

Diesen Weg hatte Max von Laue 1912 begonnen. Ihn interessierte, wie Kristalle in ihrem Inneren aufgebaut sind. Dazu stellte er folgende Überlegung an: Wenn die Atome eines Kristalls ein regelmäßiges Gitter bilden, dann müßte es unter bestimmten Umständen möglich sein,

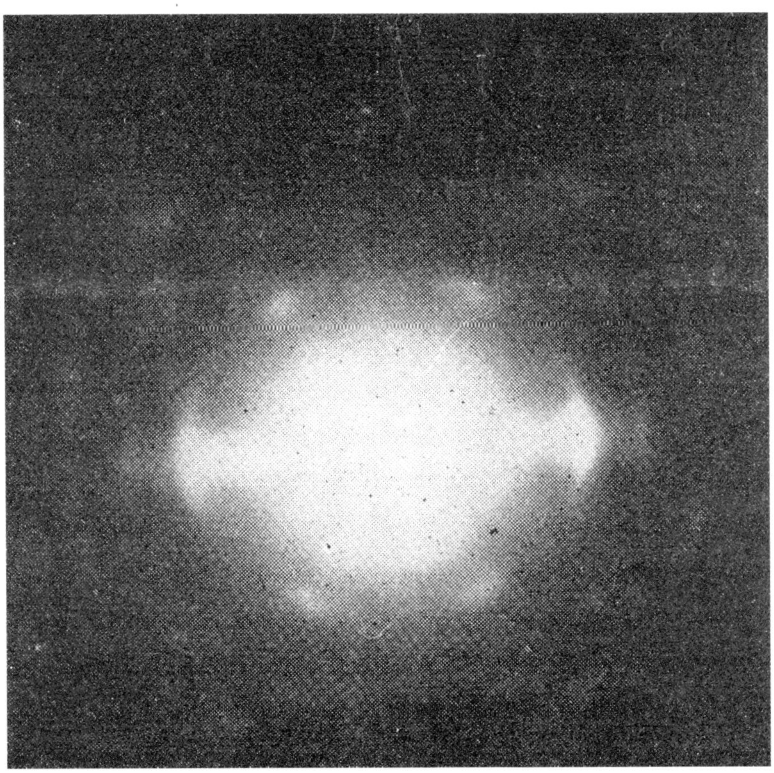

Die Röntgenbeugung – hier eine frühe Aufnahme von Hanf – half bei der Aufklärung der molekularen Strukturen.

Röntgenstrahlen von diesem Gitter abprallen und streuen zu lassen. Laues Assistenten legten einen Kupfersulfat-Kristall auf eine photographische Platte und bestrahlten ihn mit einem scharf gebündelten Röntgenstrahl. Beim Entwickeln der Platte sahen sie sofort, daß bereits dieser erste Versuch erfolgreich verlaufen war: Ein Fleckenmuster auf der lichtempfindlichen Schicht zeigte deutlich, daß der Röntgenstrahl gestreut worden war. In ihren Händen hielten sie das erste Dokumentarbild, das die Existenz eines atomaren Kristallgitters bewies.

Doch es dauerte noch lange, bis man die Muster der Streuung zu verstehen begann. Auch die Berliner Faserforscher mußten mühsam Interpretationen erarbeiten, die sie durch vielfache Wiederholungen der Versuche absicherten.

»Schließlich entlockten wir den rätselhaften Hieroglyphen praktische Ergebnisse. Von den Viskosefasern wußten die Hersteller, daß sie bei höheren Spinngeschwindigkeiten fester wurden. Wir Wissenschaftler aber wußten: Die Fasern wurden nur deshalb fester, weil sich die Moleküle exakter ausrichten konnten. So wurden verschiedene Spinngeschwindigkeiten, verschiedene Temperaturen der Spinnbäder und auch Materialien mit unterschiedlichen Molekulargewichten ausprobiert. Jeden Tag kamen aus den Fabriken die Ingenieure und Chemiker zu uns, und dann wurden die Ergebnisse der Untersuchungen mit den Herstellungsdaten verglichen.

Die Regel war ja, daß eine technische Produktion mit eher zufällig gewählten Werten und Einstellungen der Maschinen begann. Dann tastete man sich in der Praxis langsam an eine Kombination von Parametern heran, bei der man einigermaßen brauchbare Resultate erhielt. Wie es aber von dort weitergehen sollte – da konnte und kann nur die Grundlagenforschung helfen. Das taten wir zum ersten Mal auf dem Gebiet der Fasern.«

Eines Tages im Sommer des Jahres 1926 wartete wieder ein Besucher auf Herman Mark: Diesmal war es Professor Kurt Hans Meyer, der Forschungsleiter des Werkes der I. G. Farben in Ludwigshafen. Er schlug Mark vor, sein in der Grundlagenforschung erworbenes Wissen in Ludwigshafen in die Praxis umzusetzen – als Laboratoriumsdirektor. Wieder sagte der junge Wissenschaftler zu.

IM BAUCH DES RIESEN

Wenige Monate bevor der Forschungsleiter von Ludwigshafen Herman Mark das Angebot unterbreitete, hatte sich die deutsche Großchemie in einer Interessengemeinschaft vollkommen neu organisiert: Im Dezember 1925 fusionierten fünf Unternehmen mit der BASF. Der neu entstandene Trust – eine Aktiengesellschaft – gab sich einen Namen, der fortan Weltgeltung haben sollte. I. G. Farbenindustrie Aktiengesellschaft, kurz: I. G. Farben.

Die Pläne für dieses riesige Chemieunternehmen reichten bereits weit zurück. 1903 hatte Carl Duisberg, damals Direktor bei Bayer, in den Vereinigten Staaten die wirtschaftlichen Vorteile kennengelernt, die ein Zusammenschluß kleinerer Unternehmen zu großen Konzernen mit sich bringen konnte. Noch im selben Jahr setzte er sich bei den führenden deutschen Farbwerken dafür ein, die Konkurrenzkämpfe aufzugeben und statt dessen zusammenzugehen. In der Folge entstanden zwei Gruppen von je drei Firmen der Farbstoffindustrie, die sich schließlich 1916 zu einer großen »Interessengemeinschaft der Deutschen Teefarbenfabriken« zusammenschlossen.

Im Ersten Weltkrieg zeigte sich das enorme Machtpotential der Wissenschaft. Derselbe Fritz Haber, der Jahre später Herman Mark in das Berliner

Im Jahre 1925 entstand in Deutschland der führende Chemie-Trust der Welt: die I.G. Farben. Der Zusammenschluß von großen Unternehmen – von Carl Duisberg geplant – sollte die Konkurrenzkämpfe ausschalten.

Faserinstitut holte, war einer der Väter der chemischen Kriegsführung. Aufgrund der militärisch aussichtslosen Situation Deutschlands hatte das Kriegsministerium beschlossen, tödliche Kampfstoffe entwickeln zu lassen. Am Nachmittag des 22. April 1915 ließ Fritz Haber an der Westfront beim belgischen Ypern die Ventile mehrerer tausend Stahlflaschen öffnen, denen sofort dichte gelbe Schwaden entströmten: Chlorgas. Binnen weniger Stunden starben mehrere tausend gegnerische Soldaten.

Fritz Haber war es auch, der 1918 den Nobelpreis für die Synthese des Ammoniaks erhielt. Mit dieser Verbindung von Stickstoff und Wasserstoff war es möglich geworden, das Gespenst des Welthungers zu bekämpfen, denn Stickstoff war ein wichtiger Bestandteil von Düngemitteln. Haber, der jüdischer Herkunft war, verließ Deutschland 1933 und starb im folgenden Jahr in Basel.

Carl Duisberg, seit 1912 Generaldirektor von Bayer, beteiligte sich ebenfalls mit Rat und Tat an der Kriegsrüstung. Nach Beendigung der Kämpfe sagte er: »Als im August 1914 die Wogen der Begeisterung hochgingen, haben wir, die Vertreter der chemischen Industrie, von schweren Depressionen befallen, kopfschüttelnd beiseite gestanden. Wir konnten in diese Begeisterung nicht einfallen ... Wir wußten ganz genau, daß der Krieg, selbst wenn er, wie wir alle hofften, siegreich enden würde, eine schwere Beeinträchtigung unserer geschäftlichen Tätigkeit zur Folge haben mußte ... Keiner von uns hat an einen Krieg gedacht, keiner von uns hat geglaubt, daß es je zu einem derartigen Weltbrand kommen würde. Keiner von uns hat irgendwelche, auch nicht die leisesten Vorbereitungen für einen Krieg getroffen.«

Wie so häufig, wenn Menschen und ihre Wissenschaft zwei Gesichter zeigen, gilt es, die Zeitumstände zu begreifen. Männer wie Duisberg und Haber waren von einem geradezu glühenden Patriotismus erfüllt, einem Gefühl, das in diesen ersten Dekaden unseres Jahrhunderts weite Kreise der Bevölkerung zu Handlungen motivierte, die heute nur schwer verständlich sind. Haber, dem Millionen von Menschen ihr Leben verdanken, weil seine Erfindung hohe Ernteerträge ermöglicht hat, dieser Haber empfand keinen Widerspruch darin, daß er, um das Vaterland zum Sieg zu führen, Chlorgas zu einer grauenvollen Vernichtungswaffe umfunktionierte.

Wenn in diesem und den folgenden Kapiteln von der I. G. Farben gesprochen wird, dann ist damit jenes weitverzweigte Chemie-Imperium gemeint, das den Lauf der deutschen Geschichte bis zum Ende des Zweiten Weltkriegs maßgeblich beeinflußte. Mochte es noch andere Chemie-Giganten geben – die ICI in England und Du Pont in den Vereinigten Staaten – so war es doch nur die I. G., die aus einer derart breitgestreuten Vielfalt von industriellen Verfahren und wissenschaftlichem Know-how schöpfen konnte.

In ihrem Buch zur Chemiegeschichte, *Meilensteine,* schreiben die Autoren Erik Verg, Gottfried Plumpe und Heinz Schultheis: »Die I. G. wurde horizontal und vertikal gegliedert. Horizontal entstanden fünf Betriebsgemeinschaften; Oberrhein mit Ludwigshafen an der Spitze ...; Mittelrhein mit Hoechst als Führungswerk; Mitteldeutschland mit Bitterfeld und Wolfen sowie Berlin mit den Foto- und Kunstseidenfabriken.

Die Farbenfabriken vorm. Friedr. Bayer & Co. mit ihren drei großen Werken in Elberfeld, Leverkusen und Dormagen bildeten zusammen mit Weiler-ter Meer in Uerdingen die Betriebsgemeinschaft Niederrhein ...

Die vertikale Integration blieb zunächst unvollständig. Erst 1929 schuf man Sparten. Sparte I: Stickstoff, Methanol, Mineralöle und Bergbau; Sparte II: Chemikalien, Farbstoffe, Pharmazeutika und Pflanzenschutzmittel;
Sparte III: Photographische Artikel und Kunstseide.

Die Sparten wurden im Laufe der Zeit die eigentlichen Führungseinheiten, sie waren in der I. G. das, was man heute profit centers nennt. Technisch und in der Personalpolitik blieben die großen Werke weitgehend selbständig.«

Herman Mark war von einem Tag auf den anderen von dem Riesen namens I. G. geschluckt worden. Sein Arbeitsplatz war mitten in dessen Bauch: im Laboratorium in Ludwigshafen. Anknüpfend an seine Untersuchungen in Berlin, nahm Mark zusammen mit seinen fünfzig Mitarbeitern als erstes Viskose und Zelluloseacetat ins Visier. Bereits nach wenigen Monaten hatte sich ihr Labor einen hervorragenden Ruf erworben. Das wichtigste Ziel war jedoch weniger die Grundlagenforschung als vielmehr die praktische Herstellung neuer Polymere.

»Wir synthetisierten alle möglichen Kunststoffe. Dabei war es uns ziemlich egal, ob sie aus langen Ketten oder kleinen Bausteinen bestanden – Hauptsache, sie ließen sich zu wunderbar klaren Filmen oder verführerisch glänzenden Fasern verarbeiten. In diesen Jahren gab es aber auch immer mehr Ergebnisse, die eindeutig für Makromoleküle sprachen. Besonders die von The Svedberg erfundene Ultrazentrifuge hatte für viele Eiweißstoffe sehr hohe Molekulargewichte ergeben.«

Die Bedeutung von Svedbergs Ultrazentrifuge für die Erforschung der Makromoleküle wird häufig unterschätzt. Dabei war es diese Apparatur, mit der erstmals der Nachweis gelang, daß Polymere tatsächlich riesige Moleküle sind. Ein einziges solches Polymer-Molekül – so die klaren Ergebnisse der Messungen – konnte hunderttausende Atome enthalten. Svedberg erhielt 1926 den Nobelpreis für seine Forschungen zu »dispersen Systemen«, die schließlich zur Entwicklung der Ultrazentrifuge geführt hatten.

Physiker-Gruppe im Hauptlabor der BASF, 1929. Rechts: Herman Mark.

Staudingers Kontroversen mit seinen Kollegen nahmen derweil an Schärfe zu. Marks Vorgesetzter Kurt Hans Meyer hatte in einem Artikel die Elastizität des Kautschuks auf eine bestechend einfache Art und Weise erklärt. Die Kettenmoleküle des Gummis, so Meyer, unterlägen der Tendenz, sich zu Knäueln einzurollen. Wenn Kautschuk gestreckt werde, dann orientierten sich die Moleküle in Richtung der Dehnung. Sobald aber die Dehnung nachlasse, schnellten sie wieder zurück. Staudinger hingegen behauptete, man müsse sich die kettenförmigen Makromoleküle als starre Stäbchen vorstellen – eine irrige Annahme, an der er noch viele Jahre festhielt.

Beschuldigte seinen Forscherkollegen Meyer des Plagiats: Hermann Staudinger.

Schließlich beschuldigte Staudinger seinen Forscherkollegen Meyer des Plagiats, ein in der Welt der Wissenschaft schwerwiegender Vorwurf. Mark versuchte zu vermitteln. »Ich glaube, daß wir bei der Stellungnahme zu dieser Frage gemeinsam vorgehen und nicht gewisse, meiner Meinung nach geringe Differenzen zwischen unseren eigenen Anschauungen betonen sollten«, schrieb Mark in einem versöhnlich gemeinten Brief an Staudinger.

Doch die Fehde ging weiter. Um 1930 tauchte eine neue Methode zur Bestimmung der Molekulargewichte auf und damit ein neuer Streitpunkt zwischen Staudinger auf der einen und Mark/Meyer auf der anderen Seite. Am 7. Juli 1932, nach mehreren in Zeitschriften und Vorträgen geführten Auseinandersetzungen, schrieb Staudinger an Mark: »Ich gewinne ... den Eindruck, daß Sie meine Arbeiten entweder nicht kennen oder nicht citieren wollen. Bei dieser Art der Behandlung der Ergebnisse meines Laboratoriums halte ich es für zwecklos, persönliche Beziehungen fortzusetzen, und es wäre erwünscht, wenn die Zusendung Ihres Buches, die Sie in Ihrem Brief vom 5. Juli ankündigen, unterbliebe.«

Bedeutendere historische Ereignisse überschatteten fortan das Leben von Herman Mark, so daß der Abbruch der Korresponenz mit Staudinger nur eine nebensächliche Rolle spielte. Mit Meyer aber stritt sich Staudinger noch bis 1936. Dann veröffentlichte er eine Generalabrechnung, einen achtzehnseitigen Artikel in den *Berichten der Deutschen Chemischen Gesellschaft.* Daß dies die letzten öffentlichen Äußerungen in der mittlerweile sehr persönlich gefärbten Kontroverse waren, ist den Redakteuren der *Berichte* zu verdanken. Sie bemerkten am Schluß von Staudingers Artikel: »Die Redaktion betrachtet damit die Auseinandersetzung zwischen Herrn Staudinger und Herrn K. H. Meyer als beendet.«

Claus Priesner hat die Beiträge von Staudinger, Mark und Meyer zur Polymerforschung kommentiert. Seine Bewertung taucht die Kontroverse in das klare Licht eines wertfreien historischen Rückblicks. Das Fazit: Alle drei haben in bedeutendem Maße dazu beigetragen, der Wissenschaft von den Riesenmolekülen ein sicheres Fundament zu schaffen. Priesner: »Vergleicht man die seinerzeit von Staudinger, Mark und Meyer diskutierten Ideen mit den heutigen Ansichten über den Aufbau natürlicher und synthetischer hochpolymerer Kettenmoleküle, so wird man unschwer erkennen, wie sehr diese Anschauungen das Produkt aus all jenen Ideen und Theorien darstellen.«

Staudinger veröffentlichte 1932 ein Buch, das noch heute als historisches Standardwerk der Polymerwissenschaft gilt: *Die hochmolekularen organischen Verbindungen.* Im Krieg wurde am 27. November 1944 mit dem Stadtkern Freiburgs auch Staudingers chemisches Institut zerstört.

Am 4. November 1953 erreichte den mittlerweile emeritierten Professor ein Telegramm: »Die Schwedische Akademie der Wissenschaften hat Ihnen den Nobelpreis für Chemie zuerkannt. (Westgren, Sekretär).« Unter das Foto der folgenden Nobelpreisverleihung, das Staudinger mit König Gustav VI. zeigte, schrieb die chemische Fachpresse: »High polymers bring high honors« – »Mit Hochpolymeren zu hohen Ehren.«

33 Jahre hatte Staudinger auf diese Ehrung warten müssen. Besonders in den ersten Jahren stand er im heftigen Kreuzfeuer von bekannten Wissenschaftlern und mußte häufig verbale Angriffe auf seine Person erdulden. Daß er den Offensiven standhielt und seine Theorien mit äußerster Tatkraft verteidigte, weist Staudinger als große Forscherpersönlichkeit aus. Nach einem friedlichen Sommer in seinem geliebten Blumengarten starb er am 8. September 1965.

KUNGLIGA
SVENSKA VETENSKAPSAKADEMIEN
har vid sin sammankomst den 4 november
1953 i enlighet med föreskrifterna i det av
ALFRED NOBEL
den 27 november 1895 upprättade testamentet

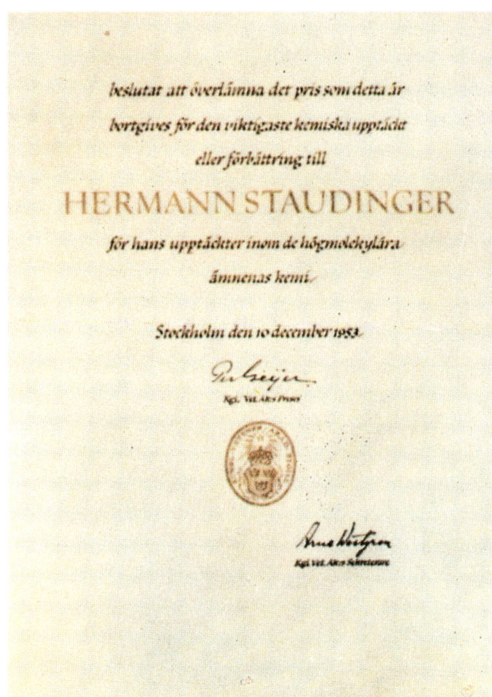
beslutat att överlämna det pris som detta år
bortgives för den viktigaste kemiska upptäckt
eller förbättring till
HERMANN STAUDINGER
för hans upptäckter inom de högmolekylära
ämnenas kemi.
Stockholm den 10 december 1953.

»Mit Hochpolymeren zu hohen Ehren«: Staudingers Nobel-Urkunde.

Doch zurück zu den zwanziger Jahren, der eigentlichen Gründerzeit der Polymerforschung. Ausländische Unternehmen folgten dem Beispiel der deutschen Chemie und schlossen sich zusammen. Das britische Gegenstück zur I. G. Farben wurde die ICI, Imperial Chemical Industries. Auch in Italien, in Frankreich und in den Vereinigten Staaten begannen die Konzernriesen, die chemische Forschung und Herstellung zu koordinieren. So heftig die einzelnen Trusts auch miteinander konkurrierten, so einig waren sie sich, wenn es um partnerschaftlich durchsetzbare Interessen und die Vergabe von Lizenzen für Verfahren und Produkte ging. Die internationale Zusammenarbeit gehörte zum Alltag der Chemie.

Deutschland wurde in diesen Jahren nach dem Ersten Weltkrieg von Krisen geschüttelt. Mit einer heute unvorstellbaren Geschwindigkeit galoppierte die Inflation allen Versuchen davon, sie unter Kontrolle zu bringen. Ein Pfund Butter, vormals für Pfennigbeträge erhältlich, kostete im Oktober 1923 einige hundert Milliarden Mark. Weil jeden Mittag der Kurs neu festgesetzt wurde, entlohnten viele Firmen ihre Angestellten bereits morgens, damit sie noch rechtzeitig zum alten Geldwert einkaufen konnten.

Die Inflation kam erst zum Stillstand, als man die Reparationszahlungen regelte und eine neue Währung schuf – die Reichsmark, gebunden an Gold und den Dollar. Doch am Horizont zog bereits eine neue Krisenwolke herauf. Getragen vom Auftrieb der Wirtschaft, zeigte sie 1929 ihre düstere Seite: am 25. Oktober, dem »Schwarzen Freitag«, stürzten die Börsenkurse in die Tiefe. In den folgenden Jahren brach die Wirtschaft vieler Staaten zusammen. Ein Heer von Arbeitslosen bevölkerte die Straßen der großen Städte; in Deutschland bezog nur jeder zweite Erwerbsfähige ein regelmäßiges Einkommen. In diesem Klima zunehmender Hoffnungslosigkeit gewannen radikale politische Ideen, die bislang im Abseits gestanden hatten, plötzlich an Popularität. Besonders für die Nationalsozialisten war die Krise ein willkommenes Geschenk. Hitler nutzte die Gunst der Stunde und leitete mit einer Serie dreister politischer Schachzüge seinen Aufstieg zum Führer ein.

Für Herman Mark bedeutete der heraufziehende Machtwechsel eine unmittelbare Bedrohung: »Eines Tages im Frühling 1932 führte ich ein Gespräch mit Dr. Gaus, dem Leiter des I. G.-Werks Ludwigshafen. ›Professor Mark, ich glaube, die politische Situation wird sich in eine andere Richtung bewegen. Bald werden die Nationalsozialisten am Ruder sein. Ich weiß nichts über Ihre Vorfahren, aber auf jeden Fall sind Sie ein Ausländer.‹ Ich antwortete, daß ich Halbjude sei, und Gaus reagierte mit einem verständnisvollen Lächeln: ›Sehen Sie!‹ Gaus schlug vor, ich solle mich um eine Stelle an einer Universität bemühen; die I. G. würde mich eine Zeitlang weiterbezahlen. Ich werde nie die ungewöhnliche Voraussicht und die Hilfe dieses Mannes vergessen. Im Oktober 1932 siedelte ich dann mit meiner Familie nach Wien über, wo ich an der Universität der Direktor des Ersten Chemischen Laboratoriums wurde.«

Dort konzentrierte sich Mark auf die theoretische Erforschung von hochmolekularen Stoffen. Innerhalb von fünf Jahren verwandelte er das Laboratorium in eine international bekannte Forschungsstätte der Polymerchemie. Doch dann wurde auch Wien gefährliches Terrain für einen prominenten Forscher jüdischer Abkunft. Am 12. März 1938 überschritten deutsche Truppen die Grenze nach Österreich, gefolgt von ihrem Führer, der durch dichtgedrängte Reihen jubelnder Menschen bis nach Linz fuhr. Am nächsten Tag wurde Herman Mark verhaftet.

Die folgenden Stunden und Tage waren eine Tortur. Die Gestapo verhörte Mark immer wieder – ohne Ergebnis. Informationen über jüdische Kollegen und Freunde rückte Mark nicht heraus. Erst mit Hilfe eines befreundeten Anwalts und 120 000 Schilling Bestechungsgeld gelangte er dann in den Besitz von Freiheit und Paß. In einer Biographie über Mark beschreibt Professor Dietrich Hummel die darauf folgenden Ereignisse: »Am nächsten Wochenende fuhr er mit Frau und Söhnen, zehn und acht Jahre alt, zum Klettern in die Schweiz, mit Pickel, Seilen und Rucksäcken – und einer Rolle Eisendraht, man weiß ja nie. In Zürich verwandelte sich die Familie in politische Flüchtlinge und der Eisendraht in Platindraht – so hatte sich das Vermögen konzentriert.«

Dort nimmt Mark das Angebot einer kanadischen Zellulosefabrik an. Die Familie siedelt kurz darauf nach Nordamerika über, wo Mark Forschungsleiter wird. Doch nach Ausbruch des Krieges gilt er wieder einmal als »alien enemy«, als ausländischer Feind. Obwohl er in Kanada bleiben darf, sind ihm weitere Berufschancen versperrt. Da bietet ihm 1940 das neugegründete Polytechnic Institute in Brooklyn eine Stelle an. Wieder zieht die Familie um, und sechs Jahre später richtet Herman Mark in Brooklyn das Polymer Research Institute ein, das er bis 1964 leitet.

Mark scheint in diesen Jahren überall gleichzeitig zu sein. Mit unerschöpflicher Energie reist er von einer Universität zur anderen, besucht Industrielabors, leitet Beratungsgespräche, bildet junge Chemiker aus. Mehr als einmal findet man ihn langgestreckt auf einer Sitzbank in einem Flughafen, wo er zwischen Landung und Start ein Nickerchen einlegt. Wie ein Prophet verbreitet er die Kunde von den neuen Kunststoffen, und es ist hauptsächlich seinem Einsatz zu verdanken, daß die Polymerforschung in den Vereinigten Staaten enorme Erfolge erzielen konnte.

STURM AUF HARRODS

Mit Bandalasta ins Grüne: Das bunte Plastikgeschirr war der Hit der Saison.

Der Andrang war phänomenal. In den Gängen der Abteilung für Drechslerwaren standen die Menschen dichtgedrängt, und durch die Eingänge des renommierten Kaufhauses Harrods in London strömten stetig weitere Besucher. Man schrieb den November des Jahres 1926. Was konnte es denn noch Unerhörtes geben in diesem Jahrzehnt, in dem jeden Tag atemberaubend Neues mit wahnsinniger Geschwindigkeit auftauchte, verging und augenblicklich durch neue Superlative ersetzt wurde? Was motivierte Tausende Londoner und eigens Angereiste, ihre Schritte zu Harrods zu lenken?

Die Antwort auf diese Frage wartete im ersten Stock des viktorianischen Kaufpalasts. In Vitrinen und auf Tischen, in Regalen und ziselierten Kistchen lagen sie, die Objekte der Begierde: Teller, Tassen, Brotkästen, Schalen, Eierbecher und Kerzenständer – allesamt aus Kunststoff! Und aus war für einem Kunststoff: Urea formaldehyde nannten ihn die britischen Chemiker, übersetzt: Harnstoff-Formaldehyd. Als sie den Namen zum erstenmal gehört hatten, war den Marketingstrategen ein Schauder über den Rücken gelaufen. Wie sollte man den Konsumenten davon überzeugen, Tassen und Teller zu kaufen, die ausgerechnet aus Harnstoff hergestellt waren? Die Werbegaukler ließen ihre Phantasie spielen. Das Resultat: Die Namen »Bandalasta« und »Linga-Longa« (Halt' dich länger) für die chicen Tischutensilien machten die Runde. Nach wenigen Monaten hatten sie die gesamte Insel infiziert und griffen nach den USA über.

Das Plastikgeschirr war der Hit der Saison. Es muß an den marmorierten Farbspielen gelegen haben und an dem ungewöhnlich funktionalen Design, und sicher lag es ebenfalls an der Bereitschaft der Verbraucher, neue Materialien in ihren Alltag einzuführen. In ihrem Buch *Art Plastic* schreibt Andrea DiNoto:

»Außer der Küche gab es vermutlich keinen anderen Raum im Haus, wo in den zwanziger und dreißiger Jahren die Vorstellungen von Funktionalismus und Modernismus so schnell und begierig aufgenommen wurden. Es war folgerichtig, daß in einem Bereich, in dem Nützlichkeit und nicht ›Dekor‹ immer die wichtigste Rolle gespielt hatte, Ideen greifen konnten, die Zeit und Aufwand zu sparen versprachen ... So mußten kaum Vorurteile gegen neue Materialien wie Kunststoffe überwunden werden ...

Mit dem allmählichen Verschwinden der ›Bediensteten-Klasse‹ nach dem Ersten Weltkrieg begannen enorme Veränderungen im Design von Küchen ... Die Küche ... wurde zunehmend zu einem multifunktionalen Raum, in dem sich Hausfrau und Familie lange aufhielten; oft diente sie auch als Eßzimmer.«

Das war die Stunde der Designer. Wo man wohnte, war Farbe gefragt, und wo gleichzeitig gearbeitet wurde, war ästhetische Funktionalität das Gebot der Stunde. Gegen Ende der zwanziger Jahre erfaßten die neuen Strömungen auch die Gilde der Industriedesigner. Ihre Gegenstände waren plötzlich die des Alltags und der Massen, nicht mehr die Einzelstücke des vergangenen Jahrhunderts. Ein Begriff wie »Machine Art« – »Maschinelles Kunsthandwerk« war über Nacht möglich geworden. Das Museum of Modern Art in New York präsentierte in den dreißiger Jahren mehrfach die Ausstellung: »Nützliche Haushaltsgegenstände unter 5 Dollar.« Die Exponate wurden aufgrund ihrer ansprechenden Form und nach ergonomischen Gesichtspunkten ausgewählt.

In den dreißiger Jahren hielten die Kunststoffe Einzug ins Haus.

Der heute kaum begreifbare Ansturm auf die Kunststoffartikel bei Harrods markierte eine radikale Abkehr von den bis dahin verwendeten Materialien. Holz – früher in der Küche oft anzutreffen – quoll, wenn es naß wurde, und verlor im Laufe der Zeit die aufgetragene Farbe. Geschirr aus Kunstharz hingegen behielt seine Form, ließ sich sogar in kochendem Wasser sterilisieren und versprach dauerhaft leuchtende Farben. Gegenüber Stahl hatte es die Vorteile, daß es preiswerter war, nicht rostete und wenig wog.

Der Sturm auf Harrods aber hatte noch andere Gründe. Bakelit war 1926 zwar bereits hoffähig, konnte sich aber wegen einiger Nachteile nur begrenzt in der Küche durchsetzen. Das lag vor allem an dem für seine Herstellung verwendeten Phenol. Spuren davon sonderten sich im Laufe der Zeit ab und wurden als stechender Beigeschmack spürbar, wenn Bakelit durch Getränke oder Essen erwärmt wurde. Für Tassen und Teller war das »Material für tausend Anwendungen« auch deshalb wenig geeignet, weil es sich nur in dunklen Tönen färben ließ. Für die hygienische Küche aber waren helle Pastellfarben gefragt.

Die Nachteile des Bakelits hatten also eine Marktlücke geöffnet. Zu dieser Zeit war das englische Chemieunternehmen British Cyanides in eine finanzielle Krise geraten. Der Geschäftsführer hoffte, die hochverschuldete Firma mit einem neuen Produkt aus dem Minus herausführen zu können. Dem Rat seines Chefchemikers Edmund Rossiter folgend, begann man mit Harnstoff und Formaldehyd zu experimentieren. Schon vor der Jahrhundertwende hatten Forscher eine Reaktion zwischen den beiden Chemikalien beobachtet und seit 1920 Kleb- und Imprägnierstoffe daraus hergestellt.

Dem Baekelandschen Vorbild folgend, führte Rossiter die Komponenten unter Druck und Hitze zusammen. Es gelang ihm aber nicht, die Ergebnisse seiner vielen Versuchsreihen korrekt zu deuten, denn die Erkenntnisse Staudingers waren noch nicht in die Laborpraxis umgesetzt worden. Dennoch zeigte sich der Cyanides-Chef zufrieden mit dem Produkt, einem hellen, im Reinzustand fast durchsichtigen Kunstharz, das leicht zu verarbeiten war. Es erwies sich auch unter Einwirkung von heißem Wasser als geruchs- und geschmacksneutral, war also wie geschaffen für Eß- und Trinkgeschirr. Was dieses »Aminoplast« aber besonders attraktiv machte, waren seine ungewöhnlichen Farbtöne. Zuerst wurden verschiedene Chargen des Kunststoffs mit Rot, Grün und Blau eingefärbt. Dann wurden sie unterschiedlich fein zermahlen, so daß sich die Farben in der Form nicht perfekt mischten, sondern in unregelmäßigen Mustern aneinanderlagerten. Das Ergebnis war beeindruckend: Künstlicher Marmor in zarten Pastellfarben, der je nach Drehung immer neue Lichteffekte erzeugte.

Dann kam die Verkaufsausstellung bei Harrods. Hatten die Bankiers der British Cyanides noch kurz zuvor mit Kontensperrung gedroht, so verhielten sie sich nach dem unglaublichen Erfolg in dem Londoner Kaufhaus geradezu devot. In den folgenden Monaten wurden auch andere Kaufhäuser mit einer Lawine von Bandalasta- und Linga-Longa-Nachfragen überrollt. Ihnen blieb nichts anderes übrig, als ähnliche Ausstellungen zu veranstalten. British Cyanides war saniert.

Der Boom schwappte nach Amerika über, dauerte aber auch dort nur wenige Jahre – so lange, bis man der Marmorkolorierung überdrüssig war. Zu diesem Zeitpunkt warteten die Chemiker außerdem mit einem verbesserten Kunstharz auf, Melamin. Es hatte den Vorteil, sich mit mineralischen Stoffen versetzen zu lassen, wodurch es hitze-, feuchtigkeits- und lichtbeständig wurde. Melaminharze waren ideal, um Papierbahnen schichtweise miteinander zu verbinden, und bald wurden Tische, Möbel, Kühlschränke und Wände mit den abwaschbaren Kunststoffplatten verkleidet.

In diesen Jahren zwischen 1925 und 1940 drangen künstliche Polymere rapide in die Lebenswelt der Europäer und Amerikaner ein. Zuerst versahen sie ihre Funktionen versteckt unter den Abdekkungen und in den Gehäusen technischer Geräte, dann jedoch arbeiteten sie sich an die Oberfläche vor, wurden selbst zu Gehäusen und Behältern, um schließlich Funktionen in den Zentralbereichen des menschlichen Lebens zu übernehmen – als Nahrungsutensilien, Toilettenartikel und Reinigungshilfen. Zur selben Zeit, als Staudinger, Mark und Meyer den Aufbau von Makromolekülen und die Vorgänge bei ihrer Entstehung erforschten, begannen die Kunststoffe, herkömmliche Materialien aus ihren angestammten Bereichen zu verdrängen. Sie zeichneten sich durch eine Mischung von Eigenschaften aus, wie sie in dieser Fülle kein natürlich vorkommendes Material in sich vereinigte. So ermöglichten sie die Konstruktion von vollkommen neuen Geräten, Maschinen und sogar Kunstwerken.

Des Plastiks hatten sich Kunstschaffende schon angenommen, als es noch aus natürlichen Ausgangsstoffen gewonnen wurde. Um 1850 stellte ein englisches Unternehmen Vasen und Körbe vor, die aus Gutta Percha gefertigt waren. Dieses dem Gummi verwandte Material, das unter Druck und Hitze geformt wurde, gilt unter Sammlern als Kostbarkeit. Besonders von den frühen Gutta-Percha-Objekten sind nur noch wenige erhalten. Nach heutigem Empfinden mit Ornamenten regelrecht überladen, zeugen die Behälter von einer verspielten Alltagskultur. Sie ließen noch nicht ahnen, daß bald die nüchternen, leicht reproduzierbaren Formen der Maschinen regieren würden.

Zur Zeit von Queen Victoria war in England ein pechschwarzer Edelstein weitverbreitet, der Gagat. Im Grunde ist er ein Stückchen Kohle. Den findigen Kunststoff-Forschern gelang eine fast täuschend echte Nachahmung des Gagats, indem sie Naturkautschuk bis ins Extrem vulkanisierten. Das Ergebnis nannten sie »Ebonit«. Kunsthandwerker loteten die neue Technik sofort aus. Sie stellten Ebonit-Medaillons her, die historische Persönlichkeiten und Ereignisse abbildeten: Die Queen mit Krone, Lorbeer und Halskette, der neugekrönte König Edward VII. mit hoher Stirn, sein Rock gespickt mit militärischen Orden. Optisch nicht von Gagat zu unterscheiden, verrät sich Ebonit, wenn man sich ihm mit der Nase nähert: Es riecht nach Schwefel.

Ein Jahrhundert alt: Bilderrahmen aus Ebonit, einem hochvulkanisierten Kautschuk.

Nach der Jahrhundertwende setzte eine Diskussion um die künstlichen Werkstoffe ein. Einer der berühmtesten Architekten dieser Zeit, Hermann Muthesius, zog ungehalten über das Kunst-

Innovatives Design und Funktionalität prägten den frühen Umgang mit Kunststoffen. Gegenstände aus der »magischen Materie« durchdrangen binnen weniger Jahre den Alltag und brachten ungewohnte Formen und ausgefallene Farben.

Lampen, Wärmflaschen, Schreib-Sets, Teller, Kaffeemühlen, Bügeleisen und Waagen: Solange die Hersteller kein edleres Material vortäuschen wollten, war der Werkbund mit der Verwendung von Kunststoffen einverstanden.

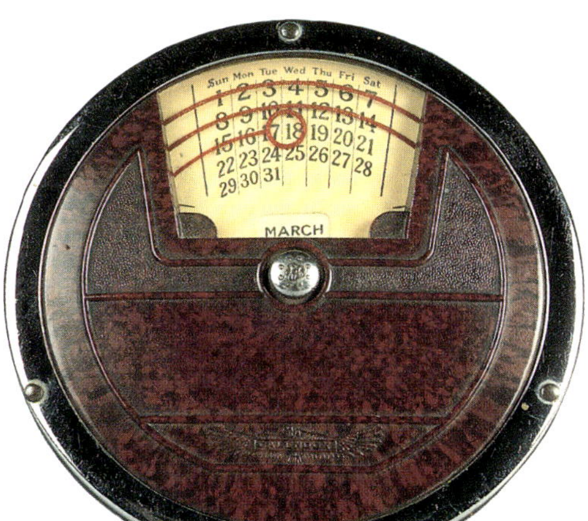

gewerbe her. Sein vernichtendes Urteil traf besonders die nachgeahmten Materialien. Da, wo Pappmaché mit einer Holzmaserung versehen wurde und wo Galalith edlen Marmor vortäuschen sollte, schlug Muthesius' Blitz ein: »Sinnwidriger Aufputz« schimpfte er, »schlimmste Verwirrungen!« Die Kunststoffe aber hielten seinem scharfen Blick stand – wenn sie gemäß den ihnen innewohnenden Eigenschaften verwendet wurden.

Besorgt um die Qualität des Kunsthandwerks gründete Muthesius mit Gleichgesinnten den Deutschen Werkbund. Als Kontrollorgan, das der »Veredelung der gewerblichen Arbeit« dienen sollte, wurde der Werkbund von vielen Herstellern ignoriert. Fleißig preßte man weiterhin kitschige Vasen aus marmorierten Surrogatstoffen, färbte Zelluloid, bis es aussah wie Elfenbein, und täuschte mit Rahmen aus Ebonit historische Stücke vor. Der Werkbund geißelte solche Verwendung von Imitaten als »unsittlich«. Mit der Zeit schuf er schon allein durch seine unüberhörbare Präsenz ein Bewußtsein für Stil und Qualität.

Kunststoffe zu verwenden, ausgiebig sogar, war keineswegs verpönt. Es mußte nur das Tabu der Materialvortäuschung beachtet werden. Dann jedoch war die Phantasie gefordert: Neubildungen sollten es sein, Formen und Farben, die den natürlichen Stoffen nicht zu entlocken waren. Erlaubt war mithin, was den Eigenschaften der Kunststoffe entsprach.

Auf Schmuckstücke aus Elfenbein, Bernstein, Perlmutt oder Schildpatt wurden damals tausend begehrliche Blicke geworfen, doch nur wenige Frauen konnten sich den Luxus leisten, die handgefertigten Naturstückchen zu erwerben.

Wen nimmt es da Wunder, daß die Imitate aus Kunststoffen – die man oft erst bei genauem Hinsehen als Imitate erkannte – sowohl in ärmeren als auch bürgerlichen Kreisen gut ankamen – allen Warnungen eines Muthesius zum Trotz. So lieh Zelluloid seine Verwandlungskünste für Kosmetikkoffer aus, deren Kämme, Spiegelchen und Bürsten wie das Bein der Elfen glänzten und doch so unglaublich preiswert waren. Edelnamen wie »DuBarry« verliehen den Schönheitsköfferchen einen mondänen Flair, wie ihn bis dahin nur echtes Elfenbein vermittelt hatte.

Mit der Pariser Ausstellung des Jahres 1925, der »Exposition Internationale des Arts Décoratifs et Industriels«, zelebrierte die bürgerlich-restaurative Kunstauffassung ihren Höhepunkt und gleichzeitigen Abschluß. Art déco, wie es heute heißt, mischte seine Motive ungeniert aus ganz unterschiedlichen Quellen zusammen: Orientalische Farben und kubistisch-abstrakte Formen waren im Art déco kein Widerspruch; Schnörkel aus Zelluloid behaupteten ihren Platz neben Intarsien aus Gold. Der durchaus willkommene Kunststoff floß in Pyramiden- und Zickzackformen, ließ sich von Top-Designern in Sonnen und Schlangen gießen. Als eines der meistverwendeten optischen Symbole zuckte der Blitz aus den Studios der Werbeagenturen. Er bezog seine Energie aus jener hochgespannten Atmosphäre, deren Elektrizität die zwanziger Jahre durchknisterte.

War Art déco das letzte Wetterleuchten einer fernen, längst vergangenen Epoche, so erschütterte die Vergötterung der Maschine wie der Donnerschlag eines heraufziehenden Gewitters die Kunstlandschaft. In ihrem Manifest hatten die Futuristen 1909 den Bruch mit der Vergangenheit vollzogen und den Takt der Maschinen als den Herzschlag der kommenden Epoche gepriesen. Damit waren Wegzeichen für Architektur und Kunst der Moderne gesetzt. Industrielle Werkstoffe und Verfahren der Massenproduktion begannen in den folgenden Jahren das Schaffen fortschrittlicher Designer zu dominieren. Das Bauhaus des Walter Gropius setzte diese Gedanken

Französische Tischuhr aus den dreißiger Jahren; das Gehäuse besteht aus Bakelit.

konsequent um. Seine Künstler entwarfen Gebrauchsgegenstände, die noch heute als funktional und ästhetisch gelungen gelten. Außerdem konnten diese Objekte tausendfach dupliziert werden. Wieder einmal kamen die Kunststoffe wie gerufen. »Diese neuen Materialien sind der Ausdruck unseres eigenen Zeitalters«, schrieb Paul Frankl, ein bedeutender, in die USA emigrierter Designer. »Ihre Sprache ist die der Erfindung, der Synthese. Die industrielle Chemie von heute macht der Alchimie den Rang streitig! Grundstoffe werden in Wunder neuer Schönheit umgeformt.«

Das Bauhaus wurde zum Sprachrohr einer neuen Sachlichkeit. Mit seiner kühlen Funktionalität verlieh es der Industriegesellschaft jenen klaren Stil, mit dem sie sich identifizieren konnte. Wie Frankl, so erkannten auch andere führende Designer die Vorteile von Kunststoffen für diese stilistischen Vorgaben. Ihre flächige Präsenz, ihre runden, bis hin zur Stromlinie dehnbaren Formen veränderten Bleistiftspitzer ebenso wie Kaffeemühlen; ihre nie dagewesenen Farben setzten Akzente, die Lebens- und Arbeitsräume neu definierten.

Ist es nur der von nostalgischer Wehmut gefärbte Blick, der die historische Kunststoffkunst in verklärtem Licht erscheinen läßt? Gewiß nicht. Manche der frühen Plastikkünstler haben Material und Form in Objekten vereinigt, deren ausgewogene Ästhetik uns heute mehr denn je anspricht. Unvoreingenommen und experimentierfreudig haben sie die Grenzen und Möglichkeiten der synthetischen und halbsynthetischen Materialien genau erkundet. Als Hyatt sein Zelluloid der Welt vorstellte und Baekeland sein Bakelit, da gehörten die Designer und (Kunst-)Handwerker zu den ersten, die den neuen Materialien angemessene Formen schufen.

Kunststoffe haben nämlich ihre eigenen Gesetze. Um sie zu »objects d'art«, zu kunstvollen Gebrauchsgegenständen zu gestalten, mußte man sich zuerst mit dem Diktat ihrer Materialeigenschaften vertraut machen. So galt es herauszufinden, wie man polymere Werkstoffe durch unterschiedliche Temperaturen verändern kann. Die meisten Kunststoffe werden erst bei 150 Grad und mehr flüssig, besser gesagt: zähflüssig. (Wissenschaftler sagen: Geschmolzene Polymere haben eine hohe Viskosität, Wasser hingegen eine niedrige.) War in langwierigen Versuchen erst einmal die richtige Verarbeitungstemperatur gefunden, galt es, geeignete Zusatzstoffe auszuprobieren. Farben waren da besonders kritisch, war ihr Verhalten beim Mischen und Formen doch unvorhersehbar. Selbst die Designer von Bandalasta-Geschirr wußten vor der Herstellung nie, welche Farbkombinationen ihnen beschert würden.

Am wichtigsten war für die Kunstschaffenden jedoch die Form aus Metall: Sie war das eigentliche Hand-Werk, ohne das die nachfolgende Massenproduktion nicht möglich war. In sie wurde die hochviskose Polymerschmelze hineingegossen oder gedrückt, bis sie den Hohlraum der Form vollkommen ausfüllte. Die Form war und ist es, in die Hersteller von Kunststoffartikeln Zehntausende Mark oder Dollar investieren müssen. Unikate sind eben teuer.

Zu Beginn des Kunststoffzeitalters wurden viele Gegenstände mit hydraulischen Pressen hergestellt. Noch vor der Jahrhundertwende aber begann sich der Extruder durchzusetzen, eine Art großer Fleischwolf, in dem sich eine beheizte Metallschnecke dreht. Sie schmilzt den oben eingefüllten Kunststoff und befördert ihn nach vorne. Dort kommt er – je nach verwendeter Öffnung – als Strang, Rohr, Platte oder Folie heraus und erstarrt beim Erkalten. Anders beim Spritzgießen. Dafür wird an der Vorderseite eines abgewandelten Extruders eine Form angebracht. Dort »schießt« man die Polymerschmelze unter Druck hinein. Weil die Schmelze schnell abkühlt, kann die Form binnen Sekunden geöffnet und das fertige Kunst-Stück ausgeworfen werden.

Besonders dem Erfinder des Zelluloids, John Wesley Hyatt, ist die Erkenntnis zu verdanken, daß Kunststoffe mit speziell zu konstruierenden Maschinen verarbeitet werden müssen. Zusammen mit dem Büromaschinen-Ingenieur Charles Burroughs baute er die ersten Vorläufer moderner Spritzgießapparaturen. Den beiden ist auch das Blasformen zu verdanken. Dabei preßt ein Extruder einen noch formbaren Polymerschlauch in eine Hohlform. Wenn dann heiße Luft eingeblasen wird, legt sich die dünne Kunststoffhaut an die Innenwände der Form und nimmt deren Gestalt an. Mit dem Blasformen lassen sich fein ausgearbeitete Hohlkörper herstellen.

In den Vereinigten Staaten und in Europa entdeckten die Designer, daß die Zusammenarbeit mit den Ingenieuren funktionieren mußte, wenn man ein rundum gelungenes Produkt schaffen wollte. Nur so konnten Form und Funktion aufeinander abgestimmt werden. Außerdem konnte selbst ein Multitalent wie Raymond Loewy, der nach eigenem Bekunden »alles – vom Lippenstift bis zur Lokomotive« entwarf, nicht mit den Möglichkeiten und Grenzen der jeweils verwendeten Materialien vertraut sein.

Für viele Designer war die Welt (fast) nur noch eine Frage des richtigen Entwurfs. Ungeniert – aus heutiger Sicht würden wir sagen: naiv – gab man sich den Träumen von einer total durchgestylten Zukunft hin. Und besonders Träume stehen ja zu Recht in dem Ruf, viel über den Träumer auszusagen. Der Engländer Frank Paul schrieb damals über das London der Zukunft: »Eine Stadt aus Kunststoffen in leuchtenden und wunderbaren Farben, eine Stadt der Bögen und Stromlinien, voll großzügiger und abgerundeter Schönheit, ein Wunder der Architektur. Endlich ist es da, das Utopia der Menschheit.«

BUNA, STYROL UND DIE SCHATTEN DES KRIEGES

Rarität im Glas: Ein Stück Methylkautschuk aus Leverkusen, um 1912 in einer Blechdose hergestellt.

Es ist erst wenige Jahre her, da beschlossen die Manager einer großen Getränkefirma, ihren Marktrenner – ein Instantgetränk – neu zu verpacken. Bisher hatte man den Schnelldrink in einer »Wickeldose« aus Karton verkauft, die mit Aluminium wasserdicht gemacht worden war. Nun aber wollte man es mit Polystyrol versuchen. Dieser Kunststoff hatte sich bereits Jahrzehnte bewährt und versprach eine erhebliche Kostensenkung.

Gesagt, getan. Um herauszufinden, ob die neue Verpackung den Geschmack nicht veränderte, füllte man das Getränk in drei verschiedene Behälter ab: Der erste war – wie gehabt – aus Pappe, der zweite – als neutrale Vergleichsmöglichkeit – aus Glas, der dritte aus Polystyrol. Das Ergebnis, so erinnert sich Dr. Anton Weber von der BASF, war schockierend. Der Instantdrink aus dem Kunststoffbehälter schmeckte genauso wie der aus der Glasflasche; das Getränk aus der bis dahin verwendeten Pappdose aber schmeckte deutlich anders. Weber: »Schließlich stellte sich heraus, daß der seit Jahren als charakteristisch gerühmte Eigengeschmack des Getränks durch die Pappe seine ›besondere Note‹ erhielt.«

Polystyrol war jahrzehntelang ein verkanntes Genie. Obwohl man es bereits im vergangenen Jahrhundert herstellen konnte, wußte man nichts damit anzufangen. Um 1835 kaufte Eduard Simon, Apotheker in Berlin, eine größere Menge Styrax-Balsam. Die wohlriechende Essenz kam aus Vorderasien, wo sie aus der Rinde des Styraxbaumes *Liquidamber orientalis* gewonnen wurde. Schon seit Jahrhunderten, wenn nicht sogar seit Jahrtausenden, half das Balsam gegen eine juckende Hautkrankheit, die Krätze. Auch Duftmischer schätzten den Rindenextrakt, denn er verfeinerte ihre Parfüms. Archäologen entdeckten Styrax, als sie Mumien untersuchten; es ist eines der Harze, mit denen altägyptische Bestattungsunternehmer die Toten salbten.

Der Apotheker Simon experimentierte mit dem Balsam. Diese Versuche sind im Detail bekannt, weil er sie in der renommierten Fachzeitschrift *Annalen der Chemie* beschrieb. Als er das Styrax mit Wasserdampf destillierte, schied es ein ätherisches Öl ab, dem er den Namen Styrol gab. Nach einigen Tagen wollte er das Styrol genauer untersuchen, doch es hatte sich zu einer gallertartigen Masse verdickt. In der Meinung, daß sich das Duftöl mit Sauerstoff verbunden hatte, nannte Simon es »Styroloxyd«.

Wenige Jahre später entdeckten die beiden englischen Chemiker Hofmann und Blyth, daß Simon sich geirrt hatte. Als sie Styrol in einem geschlossenen Glasbehälter erhitzten, verwandelte es sich in die von Simon beschriebene feste Masse. »Die Umwandlung des Styrols«, so schrieben Hofmann und Blyth in den *Annalen,* erfolge »ohne Aufnahme oder Abgabe irgendeines Elementes«; sie sei lediglich bedingt »durch eine von der Wärme bewirkte Veränderung der molekularen Konstruktion dieses Körpers«. Die beiden Formen des Styrols unterschieden sich also nicht in ihrer stofflichen Zusammensetzung; das einzige, was die Hitze bewirkte, war offenbar eine Veränderung der Styrolmoleküle.

Erst acht Jahrzehnte später setzte sich dank Staudinger die Erkenntnis durch, daß die Erwärmung des Styrols im wahrsten Sinne des Wortes eine Kettenreaktion auslöst. Wenn man sie erhitzt, lagern sich die Styrolmoleküle aneinander und bilden lange Ketten: Makromoleküle. Das konnten Hofmann und Blyth ebensowenig wissen wie Marcelin Berthelot, der Styrol in der Retorte herstellte. Dazu leitete er Ethylen und Benzol durch glühende Röhren.

Berthelot gilt übrigens als der bedeutendste französische Chemiker des 19. Jahrhunderts. Er untersuchte Explosivstoffe, schrieb Abhandlungen über die Alchimie und wurde sogar Außenminister seines Landes. In seinem Werk *Chimique organique fondée sur la synthèse* wies er nach, daß man organische Substanzen im Labor herstellen kann. Dazu – so Berthelot – seien keineswegs Lebewesen vonnöten, wie man bis dahin angenommen hatte.

Im Jahre 1911 machte das Polystyrol seinen nächsten Schritt ins industrielle Leben. Ein englischer Erfinder ließ es sich als Rohstoff für Lacke und als Ersatz für Hartgummi und Zelluloid patentieren. Er schlug vor, dem Polystyrol ein zweites hochmolekulares Material beizumischen, Kautschuk. Dieser Gummi sollte das Styrol zäher machen. Seine Idee wurde aber erst Jahrzehnte später aufgegriffen und führte schließlich zu dem »schlagfesten Polystyrol«, das heute zu den erfolgreichsten Kunststoffen zählt.

Wissenschaftliche Berühmtheit erlangte Polystyrol allerdings schon vorher, im Jahre 1920. Hermann Staudinger hatte sich den Stoff als Modellsubstanz auserkoren, mit der er seine Theorie von den Kettenmolekülen beweisen wollte. Er gab dem Polystyrol seinen heute gültigen Namen, und er erklärte auch zum ersten Mal korrekt, wie sich die Monomere – die einzelnen Styrolmoleküle – bei der Polymerisation zu Ketten formieren. Zumindest war nun theoretisch geklärt, wie die Reaktion, die aus dem Styrol den Kunststoff Polystyrol macht, ablaufen mußte.

Doch Theorie ist nicht alles. Um Polystyrol industriell herzustellen, mußte man zuerst eine Methode erfinden, mit der man das Monomer Styrol in ausreichender Menge und preiswert erzeugen konnte. Bei der I.G. Farben lief zu dieser Zeit die Erforschung neuer Kunststoffe bereits auf Hochtouren. Die Ludwigshafener Labors hatten die besten Chancen, den erhofften Durchbruch zu schaffen. Dort arbeitete seit 1927 Herman Mark: »Es galt damals, ein riesiges neues Kunststoffgebiet zu erobern: das der Thermoplaste. Natürlich gab es nitrierte Zellulose und Zelluloseacetat, aber das eine war feuergefährlich, und das andere hatte die Tendenz, sich zu zersetzen. Wir brauchten ein neues Harz, das vollkommen synthetisch war – das also nicht auf Zellulose basierte, sondern auf Kohle und Öl.

Als ich diese Pläne mit Carl Wulff und

Die Zentrale des Chemiekonzerns, erbaut zwischen 1928 und 1938. Von Frankfurt aus wurde die I.G. Farben verwaltet – in einem Gebäude von außerordentlichen Dimensionen und wegweisendem Design.

Benzin aus Kohle: Um von Importen unabhängig zu werden, wollte Hitler einheimische Rohstoffe nutzen.

anderen Kollegen besprach, fiel der Name ›Polystyrol‹. Dieses Wort wirkte wie ein Funke. Die Synthese des Monomers würde keine technischen Schwierigkeiten bereiten, und die Polymerisation war bereits von Staudinger und auch von uns durchgeführt worden. Polystyrol war trotz dieser Erfolge nichts weiter als ein Kuriosum, und es würde erheblicher Anstrengungen bedürfen, um es zu einem kommerziellen Kunststoff weiterzuentwickeln.

Schließlich suchte einer unserer Kunden nach einem Material, das man für die neue Technik des Spritzgießens verwenden konnte. Wir beschlossen also, eine Anlage zur Herstellung von einer Tagestonne Styrol und eine entsprechende Polymerisationsanlage zu bauen. In diesem Zeitraum – es waren vier bis sechs Wochen dafür angesetzt – vervielfachten wir unsere Bemühungen in den Labors, um das richtige Material für praktische Tests zu liefern. Zwei Monate später kam die Nachricht, daß dem Kunden das neue Material ausgezeichnet gefiel, daß wir aber noch einiges daran verbessern sollten. Nach einem Jahr nahmen wir dann eine größere Anlage in Betrieb; anschließend konnten wir das neue Harz einer unserer Produktionsabteilungen in die Hände geben. Polystyrol wurde ein Riesenerfolg.«

Bevor es aber zu diesem Erfolg kommen konnte, mußten Mark und Wulff knifflige chemische Probleme lösen. Zwar ließ sich das Styrol ohne große Schwierigkeiten erzeugen, doch gab es unglücklicherweise allzuoft seiner Neigung nach, vorzeitig zu polymerisieren. Die Rettung kam in Form von Metallverbindungen: Besonders der Zusatz von Calciumoxid half, die unerwünschte Reaktion zu verhindern.

Hatte zuerst das Monomer Probleme bereitet, so spielte anschließend das Polymer nicht mit. In riesigen Kesseln wurde das Styrol erhitzt und durchgerührt, bis es zu Polystyrol geworden war. Das aber war eine derart zähe Sauce, daß sich die Kessel nur gegen den erheblichen Widerstand des Kunststoffs leeren ließen. Erst eine Rohrschlange, die nach unten hin mit immer höheren Temperaturen aufgeheizt wurde, schaffte Abhilfe. Bald wuchsen die anfangs kleinen Rohrspiralen in den Himmel, bis sie schließlich als sogenannte »Styrolreaktoren« Fabrikgröße erreicht hatten. Dieser Prozeß wird in der Industrie »Upscaling« genannt: Man vergrößert die Anlage schrittweise vom kleinen Glaskolben im Labor bis hin zur kompletten Produktion in einer mehrstöckigen Fabrik.

Für das Spritzgießen kam Polystyrol wie gerufen. Unter der Leitung der Dynamit Nobel AG in Troisdorf bei Köln wurden Spritzgießmaschinen, die bisher zur Metallverarbeitung verwendet worden waren, nun für Kunststoffe umgebaut. Das in Ludwigshafen hergestellte Styrol-Polymer wurde nach Troisdorf verfrachtet. Dort drückte ein Kolben das heißverflüssigte Polystyrol in eine Form, wo es dann erhärtete und als fertiges Teil ausgestoßen wurde.

Herman Mark und Carl Wulff hatten das Styrolverfahren für die I.G. patentieren lassen. Mit dem Polystyrol war auch die Hoffnung verbunden, einen preiswerten Ersatz für das teure Plexiglas zu finden. Ebenso wie dieses neue Material – dessen wechselvolle Geschichte im folgenden Kapitel erzählt wird – war es durchsichtig. Doch im Gegensatz zu Plexiglas neigte Polystyrol zum Splittern, und anfangs bildeten sich bereits in der Lagerhalle oft feine Risse in den Formteilen.

Erst später entdeckten Forscher, daß dieses unerwünschte Verhalten auf Resten von unpolymerisiertem Styrol beruhte.

Bis 1936 war dann Polystyrol so weit verbessert, daß die Produktion in großem Maßstab ausgeweitet werden konnte. Mit seinen hervorragenden Isoliereigenschaften eroberte es sich bald einen festen Platz in der Radio- und Elektrotechnik. Besonders nach dem Krieg wurde es das beliebteste »Küchenpolymer«, aus dem neben vielen anderen Gegenständen auch Schüsseln und Eierbecher, Sahnespritzen und Salzstreuer hergestellt wurden.

Doch zurück zu jener Zeit, in der Styrol seine industrielle Premiere feierte. Im September 1930 stimmten 6,4 Millionen Wähler für die NSDAP, und Herman Mark verfolgte mit Sorge die Aktivitäten der Nationalsozialisten: »In diesen Jahren mußten wir uns regelmäßig mit unseren Kollegen in den I.G.-Werken Hoechst und Leverkusen besprechen. Wir fuhren also mit dem Zug von Mannheim nach Frankfurt, wo die Treffen stattfanden. Am Mannheimer Bahnhof kaufte sich jeder eine Zeitung für die Fahrt. Die meisten meiner Kollegen nahmen die *Frankfurter Zeitung* oder die *Mannheimer Nachrichten,* aber ich kaufte immer den *Völkischen Beobachter,* das Organ der nationalsozialistischen Partei. Wenn sie mich fragten: ›Warum liest du denn dieses fürchterliche Blatt?‹ antwortete ich immer: ›Wenn ich wissen will, was heute in Deutschland passiert, dann lese ich eure Zeitungen, aber wenn ich wissen will, was in vier oder fünf Jahren hier passieren wird, dann lese ich den *Völkischen Beobachter.*‹ Unglücklicherweise sollte ich recht behalten.«

Am 30. Januar 1933 übertrug Hindenburg dem Chef der NSDAP, Adolf Hitler, den Posten des Reichskanzlers. In den folgenden Jahren setzte Hitler ein politisch-industrielles Programm von gigantischen Ausmaßen in Gang: Deutschland sollte unabhängig von ausländischen Rohstoffen und Gütern werden. Gordon A. Craig, einer der führenden Historiker des

Die I.G. schickte speziell geschulte Vertreter aus, um ihre Kunststoffe zu verkaufen.

Was ausländische Beobachter schon vorher vermutet hatten, wurde 1939 in Deutschland bittere Wirklichkeit: Alle wirtschaftlichen Anstrengungen hatten dem Krieg zu dienen.

20. Jahrhunderts, schreibt in seinem Buch *Deutsche Geschichte 1866-1945:* »Ohne Zweifel waren es die Erinnerung an die katastrophalen Folgen der englischen Seeblockade für die deutsche Wehrkraft im Ersten Weltkrieg und die Einsicht in die Abhängigkeit Deutschlands vom Import strategisch wichtiger Stoffe wie Kautschuk, Kupfer, Rohmetalle und Mineralöle, die Hitler zu dieser Einstellung bewegten. Er interessierte sich schon seit langem für die Herstellung von Ersatzstoffen.« Das Wort »Ersatz« machte auch bald jenseits der Grenzen die Runde und wurde dort oft scherzhaft auf Deutschland und die Deutschen angewandt.

Angekurbelt durch staatliche Unterstützung begann die Maschinerie der I.G. Farben zu arbeiten. In ihren Fabriken wurde Kohle in synthetisches Benzin umgewandelt und Zellulose in glänzende Textilfäden. Aus Butadien und mit Hilfe von Natriummetall zauberten die Chemiker künstlichen Kautschuk – nach den ersten Buchstaben seiner beiden Ausgangsstoffe »Buna« genannt. Im Ausland wurden die Anstrengungen der deutschen Chemie mit Staunen registriert. »Unbeeindruckt von Regierungswechseln, wirtschaftlichen Stürmen und sogar Kriegen erweiterten deutsche Chemiker die Grenzen der organischen Chemie«, schrieben Historiker der ICI (Imperial Chemical Industries, das britische Gegenstück zur I.G. Farben) anerkennend. »Es herrschte ein nicht zu unterdrückendes Verlangen, neue Ideen und neue Produkte zu entwickeln … Deutsche Wissenschaftler verloren zu keinem Zeitpunkt ihren Glauben an den letztendlichen Erfolg von synthetischen Werkstoffen.«

Was die ICI-Historiker den »Druck des Krieges« nannten, bekamen die Forscher der I.G. hautnah zu spüren. Hier der ICI-Kommentar:

»Zum einen wurde diese Industrie gezwungen, einen großen Teil ihrer Energie für die Herstellung von Materialien zu verwenden, mit denen die in Deutschland nicht verfügbaren Stoffe ersetzt werden sollten, zum anderen wurde die Öffentlichkeit aufgefordert, diese Ersatzstoffe zu kaufen und zu ›mögen‹ – Ersatzstoffe für Leder, Wolle und Baumwolle und sogar für Butter. … Es gibt genügend Beweise dafür, daß einige – wenn nicht sogar alle – dieser chemischen Ersatzma-

terialien ihre Aufgaben ganz hervorragend erfüllten. Die Bestimmtheit, mit der die deutschen Wissenschaftler ihre neue chemische Industrie auf reichlich vorhandene, heimische Rohstoffe gründeten, spiegelte sich in den Reden ihrer politischen Führer, in ihren Büchern und Filmen und auf den internationalen Ausstellungen wider. Auf der Düsseldorfer Messe von 1937 gab es eine höchst beeindruckende Halle, die ausschließlich den Kunststoffen gewidmet war; eine große, beleuchtete Wandkarte machte deutlich, daß Kohle, Luft, Kreide und Wasser im Verbund mit den wissenschaftlichen Fähigkeiten der Deutschen das Land autark machen konnten.«

Schon um 1935 hatten ausländische Beobachter erkannt, daß die Vorbereitungen für einen bewaffneten Konflikt in den Laboratorien angelaufen waren. Doch weder England noch die Vereinigten Staaten unternahmen auf dem Sektor der Kunststoffe nennenswerte Anstrengungen, mit den Deutschen gleichzuziehen. Im Jahre 1939 produzierte England 30 000 Tonnen Kunststoffe, Deutschland 75 000 Tonnen und das vielfach größere Nordamerika 125 000 Tonnen.

Einem dieser Kunststoffe wurde die ganz besondere Aufmerksamkeit von Politikern und Forschern zuteil: Buna. Man mußte Buna schon fast ein Kunstobjekt nennen, soviel Arbeit und Phantasie hatten im Laufe der Jahrzehnte zu seiner Entwicklung beigetragen. Die über große Strecken enorm schwierige Forschung war in Hoechst, Leverkusen und Ludwigshafen durchgeführt worden. 1929 entdeckten Forscher des I.G.-Werks in Leverkusen, daß man ein besonders widerstandsfähiges und haltbares Material erhielt, wenn man Butadien gemeinsam mit Styrol polymerisierte. Das Produkt bekam einen Namen, der bald um die Welt ging: Buna S. Ein Autoreifen aus Buna S hielt 35 000 Kilometer – einige tausend Kilometer mehr als ein Pneu aus Naturgummi.

In dem Chemie-Geschichtsbuch *Meilensteine* steht: »Noch 1937 konnte die Verarbeitbarkeit von Buna S entscheidend verbessert werden. Im folgenden Jahr wurde in Leverkusen das Kautschuk-Zentrallaboratorium eingerichtet . . . Erich Konrad schuf hier mit einem Gummiversuchsbetrieb, einer Versuchsabteilung für Reifen und einer optimal ausge-

Synthetischer Kautschuk war von kriegsentscheidender Bedeutung. Hier die Entwicklung vom Rohstoff zum Reifen.

statteten Prüfabteilung einen für die damalige Zeit wissenschaftlich und technisch einmaligen Komplex.« Wie aufwendig und schwierig die Arbeit mit Buna war, mag man an einem Kommentar Konrads ermessen. Er berichtete später, daß die Probleme mit dem Kautschuk »dauernd die Arbeiten überschatteten, zu manchen Zeitpunkten in einer geradezu lähmenden Art«.

Styrol tanzte damals auf zwei Hochzeiten: In Ludwigshafen, wo es zu immer weiter verbessertem Polystyrol verarbeitet wurde, und in Leverkusen, wo man es gemeinsam mit Butadien zu künstlichem Kautschuk polymerisierte. Bis 1943 war die Buna-Produktion auf fast 119 000 Jahrestonnen hochgedrückt worden, und für 30 000 Menschen war der Kunstkautschuk gleichbedeutend mit Arbeit und Brot. Styrol war das wichtigste Copolymer für den Buna-Gummi. Aus ihm entwickelten die I.G.-Forscher eine Reihe von Spezialtypen, die sie mit Buchstabenkürzeln kennzeichneten: Buna SSGF zum Beispiel stand für einen Kautschuk mit 40 Prozent Styrolanteil, der geruchsfrei (GF) und damit für Lebensmittelverpakkungen geeignet war; hingegen enthielt Buna SW nur zehn Prozent Styrol und bewährte sich bei tiefen Temperaturen (Winter). Die zweite große Kautschuk-Palette basierte auf Buna N, das Acrylnitril als Copolymer enthielt. Buna N hatte gegenüber natürlichem Gummi den gewaltigen Vorteil, daß es von Öl und Benzin nicht angegriffen wurde.

Franklin Delano Roosevelt, der Präsident der Vereinigten Staaten, sah erst kurz vor dem großen Krieg die Notwendigkeit, die amerikanische Industrie zu ähnlichen Anstrengungen zu motivieren, wie Hitler es mit der deutschen Industrie tat. Ende 1941 nahm die weltpolitische Entwicklung eine für die USA dramatische und bedrohliche Wende. Japan begann sich im pazifischen Raum als Supermacht zu etablieren. Die Pläne von einem »Groß-Ostasien« unter der Führung Nippons schienen Realität zu werden.

Die Nachricht von der Besetzung Indochinas durch japanische Truppen löste bei den Alliierten einen Schock aus. Am Montag, dem 8. Dezember 1941 kam dann die Nachricht, daß Amerika in den Krieg eintreten werde. An diesem Tag verkündeten die Schlagzeilen der New York Times: »Japan Wars on U. S. and Britain; Makes Sudden Attack on Hawaii; Heavy Fighting At Sea Reported« (Japanische Kriegshandlungen gegen die USA und Großbritannien; Japanischer Überraschungsangriff auf Hawaii; Berichte von schweren Seekämpfen). Die Japaner hatten tags zuvor Pearl Harbour überfallen. Ohne Vorsorge getroffen zu haben, waren die Amerikaner nun von den asiatischen Kautschukplantagen abgeschnitten, deren Rohstoff sowohl für den Krieg als auch für den Frieden unentbehrlich schien. Denn in Amerika war das Automobil zum Transportmittel Nummer Eins aufgestiegen, und ohne Kautschuk würden keine Reifen rollen. Wenn man zudem an einem Krieg teilnehmen wollte, mußten zahllose Jeeps, Trucks und Flugzeuge mit zuverlässigen Gummireifen bestückt werden. Mit mehr als einer halben Million Jahrestonnen war Kautschuk 1939 noch der größte Einzelposten auf der Importliste der USA gewesen.

Das Baruch Komitee, das mit der Untersuchung der Situation beauftragt war, schrieb 1942 in einem Bericht an den amerkanischen Präsidenten:

»Von allen strategisch entscheidenden Materialien ist Kautschuk dasjenige, das die größte Bedrohung für unsere Nation und die Sache der Aliierten darstellt. Wenn es uns nicht bald gelingt, eine ergiebige neue Quelle für Kautschuk aufzutun, werden unsere Kriegsanstrengungen und die Wirtschaft unseres Landes zusammenbrechen. ... aus der Kautschuksituation erwächst unser gefährlichstes Problem.«

Nun galt es zu handeln. Roosevelt ernannte William Jeffers, den Präsidenten der Union Pacific Railroad, zum »Kautschuk-Zaren«. Am 29. Dezember 1942 einigte man sich darauf, einen dem deutschen Buna S fast gleichen Kautschuk zu produzieren. Binnen kurzem wurden bürokratische Hindernisse mit typisch amerikanischem Elan aus dem Weg geräumt. So stellte man einfach allen beteiligten Industrieunternehmen die nötigen Lizenzen für die Produktionsverfahren zur Verfügung.

Für das, was dann folgte, gab es kein Vorbild in der Geschichte. Ein Beteiligter schrieb nach dem Krieg: »Die Entwicklungen von zehn Jahren wurden in einen Zeitraum von weniger als einem Jahr zusammengedrängt. Die Zusammenarbeit zwischen allen beteiligten Firmen und den Regierungsstellen war perfekt. Das Vorhaben zeichnete sich durch maximale Unterstützung und gleichzeitig eine minimale Einmischung seitens der Regierung aus.«

Das amerikanische Buna wurde »GR-S« genannt, Government Rubber-Styrene (Regierungs-Styrol-Kautschuk). Die Produktionszahlen sprechen für sich: Wurden 1941 nur 8000 Tonnen GR-S hergestellt, so waren es 1943 bereits 182 000 Tonnen; 1945, als die Anstrengungen ihren Höhepunkt erreichten, verließen fast 750 000 Tonnen Styrolkautschuk die amerikanischen Fabriken. Übrigens hatte die Lobby der Farmer durchgedrückt, daß auch Getreidealkohol zur Herstellung des Ausgangsstoffs Butadien verwendet wurde.

Das gigantische Vorhaben wurde zum industriellen Renommierobjekt. Die ausgezeichnete Kooperation zwischen sonst konkurrierenden Unternehmen, der enorme zeitliche Druck und die freizügig fließenden Mittel spornten die Wissenschaftler zu ungewohnten Leistungen an. Dennoch war besonders der Beginn des Programms von Problemen geprägt. So ließ sich das Butadien nur unter Schwierigkeiten von anderen Gasen trennen. Die Forscher in den Universitätslabors reagierten augenblicklich. Sie entwickelten Geräte, mit denen man die »Fingerabdrücke« der einzelnen Gase genau identifizieren konnte. 1942 kam das erste dieser Geräte auf den Markt, das von der Firma Beckman hergestellte Infrarot-Spektrophotometer »IR-1«. Fortan sollte die Analyse von Gasen mit diesem Gerät und seinen Nachfolgern eine zentrale Rolle für die Erforschung von Polymeren spielen.

Der Erfolg dieser Anstrengungen war überwältigend. In ihrer historischen Untersuchung zum amerikanischen Kautschuk-Programm schreibt die Washington Rubber Group:

»So überrollten die Panzer von Pattons Dritter Armee Süddeutschland auf Gummilaufflächen. Die LKW des Red Ball Express transportierten auf GR-S-Reifen tonnenweise Nachschub von den Atlantikhäfen nach Paris..., und über dem Pazifik abgeschossene Flugzeugbesatzungen wurden aus ihren sicheren Butylkautschuk-Flößen geborgen. Zumindest ist die Frage offen, ob man den Krieg ohne das Kautschukprogramm hätte gewinnen können.«

Gegen Ende des Krieges sahen sich die Vereinigten Staaten mit Überkapazitäten sowohl für Kautschuk als auch für Styrol konfrontiert. Dann aber begannen wieder die Gesetze der freien Marktwirtschaft zu wirken. Styrol, das während des Krieges im Schatten des Kautschuk gestanden hatte, wurde 1946 von seinen amerikanischen Herstellern mit einem Trompetenstoß ins Rampenlicht gehoben. Ein Rundumschlag, und das aus ihm hergestellte Polystyrol hatte viele Konkurrenten vom Markt vertrieben. Es war der ideale Werkstoff für den Spritzguß, und Spritzguß war das ideale Medium für preiswerte Gebrauchsgegenstände. Aus Polystyrol waren nun die Radiogehäuse, aus Polystyrol waren die so beliebten Wandkacheln, und aus Polystyrol war all das billige Spielzeug, das nach dem Krieg den Markt überschwemmte. Weil es selbst bei hoher Luftfeuchtigkeit kaum Wasser aufnimmt und elektrisch hervorragend isoliert, war der in Ludwigshafen entwickelte Kunststoff auch bald der konkurrenzlose Liebling der Elektroniker. Einige Jahre später fügte man ihm kleine Mengen Kautschuk bei und stattete es so mit einer enormen mechanischen Widerstandsfähigkeit aus.

Millionen-Erfindung in der Schuhcremedose: So entstand das Styropor.

In Deutschland bereitete das Styrol allerdings noch eine ganz besondere Überraschung. Man schrieb den 2. Dezember 1949. Fritz Stastny, Chemiker bei der BASF, hatte am Abend zuvor vergessen, einen Styrol-Ansatz aus dem Trockenschrank zu holen. Stastny war auf der Suche nach einem Schaumstoff. Er sollte alle Vorteile des herkömmlichen Polystyrols aufweisen, aber gleichzeitig ein Superleichtgewicht sein. Dazu setzte Stastny verschiedene Mischungen mit Petroläther an. Dieser Stoff dehnt sich beim Erwärmen stark aus und sollte dabei das Styrol aufschäumen. Die Mixturen goß Stastny nicht etwa in ordentliche chemische Experimentiergefäße, sondern in – Schuhcremedosen. Die Dosen waren preiswert und schlossen zudem so dicht, daß kein Gas austreten konnte.

Von Stastny liegt noch ein Eintrag in sein Laborjournal vor: »Klare Lösung, bei Raumtemperatur bis 1. 12. 1949 gelagert. Durchsichtige, harte Scheibe entnommen.« Diese Scheibe, die in einer Schuhcremedose im Trockenschrank vergessen worden war, verwandelte sich in den folgenden 36 Stunden zu einem kleinen Schaummonster. »Die durchsichtige, harte Scheibe war nicht wiederzuerkennen«, schreibt Fritz Störi in seinem Buch *Der Stoff, aus dem die Schäume sind* (nach Aufzeichnungen von Fritz Stastny). »Der Dosendeckel saß neckisch wie eine Baskenmütze auf einem 26 cm hohen

Schon bald nach seiner Erfindung steuerte der leichteste Kunststoff der Welt auf Erfolgskurs.

Schaumstrang. Das Gebilde war starr und sah aus wie länglich verzogene Bienenwaben. Beim Aufschneiden zeigten sich mehr oder weniger stark gestreckte neben feineren Zellen.«

Das war die Geburtsstunde des Styropor. Stastny war glücklich, aber noch nicht zufrieden, der Schaum war noch zu unregelmäßig. Außerdem verlangte die Bundespost – die landesweit Telefonleitungen legen wollte, um den Selbstwähldienst einzuführen – nach einem perfekten Schaumstoff-Isoliermaterial für die Drähte. Binnen weniger Monate hatte Stastny zwei interessante Lösungen gefunden: Heißes Wasser sowie ein Dampfbad bekamen dem Styrol so gut, daß man es fortan fast ausschließlich mit diesen beiden Verfahren aufschäumte. Die Kabelisolierung schien perfekt.

In Erwartung eines großen Auftrags hatte sich die Fabrikationsabteilung sage und schreibe 10 000 Konservendosen mit Ausgangsmaterial für Styropor ins Lager gestellt. Doch es sollte anders kommen. Beim Umwickeln der Drähte stellte sich der Schaum so widerspenstig an, daß man dafür dreimal länger brauchte als veranschlagt. Außerdem gab das Styropor den Dutzenden von Drähten in den Kabeln nicht genügend Halt. Der Traum vom Schaum war geplatzt, und der Leiter der Fabrikation saß auf 10 000 Konservendosen voll nutzlosem Styrolgemisch ...

Um Ostern 1952 bemerkte Stastny zu seinem Erstaunen, daß sich abgesplitterte Styroporteilchen im Wasserbad zusammenlagerten und aneinanderklebten. Konnte man da nicht Styrolpartikel in einer Form zu einem festen Körper schäumen lassen? Gesagt, getan. Störi:

»Als perforierter Hohlraum diente die bewährte Schuhcremedose, in die man mit einem Nagel ein paar Löcher geschlagen hatte. Sie wurde zu einem Fünftel mit Splittern von einem ungeschäumten Block gefüllt, mit einem Bindfaden umwickelt, 20 Minuten in Wasser von 95 bis 100 Grad C getaucht, mit kaltem Wasser abgeschreckt und geöffnet: Der erwartete geschlossene Schaumstoffkörper war da. Er sah prächtig aus, wie die realistische Plastik einer Schuhcremedose.«

Für eine Mark fünfzig kaufte Stastny eine für diese Jahreszeit passende Guß-

Vorbild Mickey-Maus: Die gesunkene »Al-Kuwait« wird mit Styropor gehoben.

form und begann damit eine kleine Serienproduktion von weißen, luftig-leichten Osterhasen. Bald folgte der erste Auftrag: Ein Kriegsversehrter schäumte das Styrolgemisch zu Weihnachtsglocken auf. Als nächstes meldete sich die schwedische Firma Carmarin und bestellte Styropor für Rettungsringe. Auf der Düsseldorfer Kunststoffmesse im Jahre 1952 ließ dann die BASF das »Leichteste Schiff der Welt« vom Stapel laufen – ein 15 Zentimeter langes und nur 5 Gramm schweres Spielzeugbötchen, das man den Standbesuchern als Souvenir präsentierte.

1964 wurde Styropor dann tatsächlich auf See eingesetzt. Im Hafen von Kuwait war ein Frachter gesunken. Nach langen Vorbereitungen wurden 2500 Raummeter Styropor in die Laderäume des Schiffes gepumpt. Die Bilder des Wracks, das wie ein U-Boot aus den Fluten auftauchte, wurden in allen Zeitungen abgedruckt. Die Idee stammte übrigens aus einem Mickymaus-Heft: Darin hatten Tick, Trick und Track zusammen mit Onkel Donald ebenfalls ein Wrack gehoben – wenn auch mit Tischtennisbällen.

Heute steht der Name Styropor für Wärmedämmung schlechthin. Die energiesparenden Eigenschaften des Hartschaums geben sogar die Standardwerte vor, an denen andere Materialien gemessen werden. Zerbrechliche Güter wie Eier und landwirtschaftliche Erzeugnisse sind in Styropor bestens aufgehoben.

Und neuerdings hilft der Stoff, aus dem die Schäume sind, mit erstaunlichem Erfolg bei der Bekämpfung von Mücken und den von ihnen übertragenen Tropenkrankheiten. Wissenschaftler der University of London, die in Ostafrika forschen, schütteten kleine Styropor-Kugeln in Brunnen, Latrinen und Sickergruben. Danach waren diese Brutstätten für Moskitos mit einer schwimmenden Kugelschicht abgedeckt. Anstatt auf dem Wasser legten die Mücken ihre Eier nun auf dem Styropor ab. Dort war die Brut ungeschützt der heißen Sonne ausgesetzt und vertrocknete.

Das Ergebnis dieser Versuche wurde Anfang 1989 bekannt. Die Wasserlöcher, aus denen sonst Nacht für Nacht fast 10 000 Moskitos schlüpften, blieben nach dem Abdecken mit Styropor fast vollkommen mückenfrei. Die Forscher registrierten bald einen deutlichen Rückgang der Moskitoplage und damit auch ein Absinken der von den Tieren übertragenen Krankheiten. Allein die Zahl der neuen Malariaerkrankungen nahm deutlich ab. Als Vorteil des Styropors merkten die Forscher an: Die Kugeln können jahrelang in den Wasserstellen bleiben. Sie sind haltbar und biologisch vollkommen unbedenklich.

Oster-Überraschung aus Geschäumtem: Erfinder Fritz Stastny verarbeitete das erste Styropor zu leichten Hasen.

OTTO RÖHM: DURCHBLICK MIT PLEXIGLAS

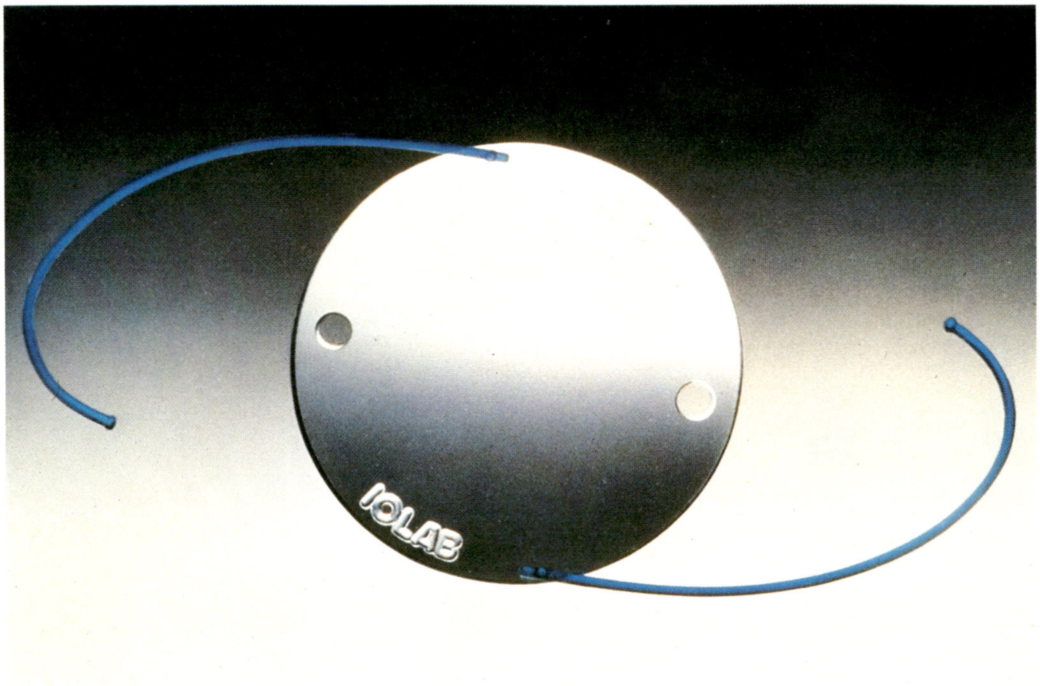

Plexiglas-Linse gegen den Grauen Star: Sieben Millimeter Kunststoff, die das Augenlicht retten.

Hilda Bender war 63 Jahre alt, als sie bemerkte, daß sich ihre Wahrnehmung veränderte. Die Lichthöfe der Straßenlaternen wurden immer größer, und die Scheinwerfer von entgegenkommenden Autos blendeten sie so stark, daß es schmerzte. Sie führte diese Erscheinungen auf eine zunehmende Alterssichtigkeit zurück. In den folgenden Jahren trübte sich ihre Sicht aber zunehmend ein. Schließlich ging sie zu ihrer Augenärztin.

Die Diagnose war ein Schock für die 66jährige: Grauer Star. Doch die Ärztin beruhigte sie. Früher habe der Graue Star zur Erblindung geführt, weil es gegen die zunehmende Eintrübung der Linse im Auge kein Mittel gegeben habe. Heute könne man es jedoch mit dem Grauen Star aufnehmen. Wenn die Beeinträchtigung der Sehfähigkeit ein unangenehmes Maß erreicht habe, dann solle sich Frau Bender einer kurzen und ungefährlichen Operation unterziehen.

Am Tag nach ihrem 68. Geburtstag wurde Frau Bender von ihrer Tochter gefragt, warum sie nur noch so selten Bücher lese. »Das fällt mir so schwer«, war ihre Antwort. Kaum hatte sie den Satz ausgesprochen, da wußte sie, daß die Zeit für die Operation gekommen war.

In der Augenklinik der Mainzer Universität schwenkte Professor Arno Nover das Mikroskop über Frau Benders örtlich betäubte Augenpartie. Mit den präzisen Handgriffen eines erfahrenen Mikrochirurgen öffnete er die Hornhaut ihres rechten Auges; dann richtete er Ultraschallimpulse auf die dahinterliegende, eingetrübte Linse. Die unhörbaren Wellen zerkleinerten gezielt das Gewebe der Linse. An ihrer Stelle verklammerte Nover anschließend ein sieben Millimeter großes Scheibchen aus Plexiglas, eine künstliche Linse mit einer genau für dieses Auge berechneten Stärke. Zuletzt vernähte der Operateur den Schnitt mit fast unsichtbaren Nylonfäden. Nach der gleichen Operation am linken Auge – einige Tage später – dauerte es nur wenige Wochen, da sah man Hilda Bender wieder mit ihren Lieblingsbüchern im Lehnsessel sitzen. Der Ausdruck auf ihrem Gesicht war eine ganz eigene Mischung aus Genuß, Freude und Aufmerksamkeit. Zwei kleine Stückchen Plexiglas hatten die drohende Erblindung abgewendet.

Die alte Dame und Zehntausende weiterer vom Star befreiter Patienten wissen nicht um die seltsamen, weit zurückliegenden Ereignisse, denen sie ihr Augenlicht verdanken. Ein deutscher Erfinder und ein britischer Bomberpilot spielen darin die wichtigsten Rollen.

Man schrieb das Jahr 1928. Was in der Abteilung Beta der Darmstädter Chemiefabrik Röhm & Haas A.G. vor sich ging, darüber wurde nur hinter vorgehaltener Hand gemunkelt. Dr. Otto Röhm, der Chef des Unternehmens, hatte dem freien Mitarbeiter und Leiter von »Beta«, Professor Plauson, sein volles Vertrauen ausgesprochen. Soviel wußte man zumindest: Das Laboratorium von »Beta« war mit den modernsten Geräten ausgestattet. Neben dem üblichen Sortiment an chemischen Glasgefäßen gab es dort ein Ultramikroskop, mit dem man sogar molekulare Strukturen sehen konnte. Außerdem verfügte »Beta« über eine ebenso komplizierte wie teure Röntgenapparatur sowie einen Kompressor, mit dem sich ein Druck von 2000 Atmosphären erzeugen ließ.

Der Firmengründer Otto Röhm war als erfolgreicher, weitherziger Unternehmensleiter und kreativer Chemiker bekannt. Röhm hatte seine Fabrik auf einer seiner Erfindungen aufgebaut, einer Beize für Leder. Doch vielseitig wie er war, richtete er sein Interesse auch auf einen ganz anderen Stoff: die Acrylsäure. Über sie hatte er seine Doktorarbeit geschrieben, und von ihr erhoffte er sich einen Kunststoff, der Gummi ersetzen würde. Röhm hatte bei Versuchen herausgefunden, daß sich mit Estern der Acrylsäure eine Art durchsichtiger Gummi herstellen ließ. Manchmal war dieser Gummi so fest, daß er sich wie biegsames Glas verhielt. Röhm war von den Möglichkeiten der Acrylverbindungen fasziniert.

Vor dem Ausbruch des Ersten Weltkrieges meldete er die Herstellung eines Acrylsäureesters zum Patent an. Seine Produktion war jedoch zu umständlich und deshalb unwirtschaftlich. Dann kam die Durststrecke: Jahrelange, meist erfolglose Versuche, die Röhm nur mit Hilfe seiner florierenden Beizen- und Enzymproduktion finanzieren konnte. Im Jahre 1928 lernte er den Erfinder Professor

Otto Röhm experimentierte jahrzehntelang mit Acrylverbindungen, ehe er das Plexiglas entdeckte.

Plauson kennen. Plauson hatte geheimnisvolle Helfer: Chemiestrahlen. Mit ihnen, so stellte er Röhm in Aussicht, würde es gelingen, den Grundstoff für die geplanten Acrylverbindungen zu produzieren – einfach und preiswert.

Drei Jahre lang mimte Plauson den chemischen Magier. Er zog eine Erfindung nach der anderen aus dem Hut, so daß Röhm mit den Patentanmeldungen kaum mehr nachkam. Doch Plausons Kunststücke hatten einen entscheidenden Nachteil: Sie kosteten Unsummen und brachten nichts ein. Aus diesem Grund beendete Röhm 1932 die Zusammenarbeit. Die »Abteilung Beta« existierte nicht mehr.

Wenige Jahre zuvor, 1927, hatte Röhm eine interessante Entdeckung gemacht. Er wollte versuchen, einen glasklaren Acryl-Kunststoff als Dichtungsmaterial zu verwenden. Ein Mitarbeiter hatte die Idee, die flüssige Masse zwischen zwei Glasscheiben zu gießen. Das Resultat sollte eine Platte aus Polyacrylsäureester sein. Als man aber nach dem Aushärten die verklebten Scheiben voneinander trennen wollte, erwies sich das Polyacryl als stärker: Es hatte die beiden Glasstücke untrennbar miteinander verbunden. »Auch beim Zerschlagen der Gläser waren die Splitter nicht mehr vom Polymerisat zu trennen«, erinnert sich ein Mitarbeiter. Schließlich »konnten Nägel durch den erkalteten Preßling geschlagen werden, wobei die Glasscheiben vom Durchschlagloch aus strahlenförmig sprangen, die Scheiben im übrigen aber vollkommen fest verbunden blieben.«

Diese Beschreibung kennt jeder Autofahrer: Wenn bei hoher Geschwindigkeit ein Stein gegen die Frontscheibe prallt, entsteht häufig ein derartiges Strahlenmuster. Röhm und seine Mitarbeiter hatten die erste industriell verwendbare Verbundglasscheibe geschaffen: Weder löste sie sich beim Gebrauch in ihre Schichten auf noch verfärbte sie sich nach einiger Zeit gelb. Röhm ließ das splittersichere »Luglas«, wie es dann genannt wurde, zuerst in Schutzbrillen und Gasmasken einsetzen, die in seinem eigenen Werk bei der Verwendung gefährlicher Chemikalien getragen wurden.

In seinem Buch *Dr. Otto Röhm – Chemiker und Unternehmer* schreibt der ehemalige Forschungsleiter des Unternehmens, Dr. Ernst Trommsdorff:

»Bald ging man auch zur Herstellung von Luglas in größeren Abmessungen über, das für Verkehrsfahrzeuge rasch Absatz fand. Die ersten Lieferungen sind wohl an die Auto-Union gegangen. Auch Panzerglas wurde hergestellt und z. B. für ein Auto des Mikado geliefert. ... Das Geschäft bekam aber bald die Folgen der Wirtschaftskrise 1930/31 zu spüren. Kennzeichnend für die Situation war, daß die Auto-Union zur Abtragung ihrer Schulden zwei Autos an Röhm & Haas lieferte, die in einer Garage abgestellt wurden, ohne zunächst verwertet werden zu können. 1933 kam es zu einem Lizenzvertrag mit der ›Sicherheitsglas GmbH‹ … dieses Unternehmen wurde mit Polymerisatlösungen und mit Filtern beliefert und verkaufte sein Mehrschichtglas für Verkehrsflugzeuge und Flugzeuge unter dem Namen ›Sigla‹.«

Röhms Partner Otto Haas hatte 1909 eine Filiale der Firma in Philadelphia gegründet. 1931 begann Haas dort, seine eigene Version des Verbundglases zu produzieren. In Darmstadt liefen derweil die Versuche mit Acrylverbindungen weiter – teure Versuche, deren Finanzierung Röhm nur teilweise mit dem Verkauf des Verbundglases gelang. Trotz einer enormen Arbeitsbelastung blieb Röhm am Ball.

Eines Tages im Jahre 1933 ereignete sich bei einem Versuch mit dem Ester der Methacrylsäure – einer der Acrylsäure nahestehenden Verbindung – etwas Seltsames: Die beiden Glasscheiben, zwischen die man die Flüssigkeit gegossen hatte, ließen sich nach deren Erstarren ohne Schwierigkeiten voneinander trennen. Eine durchsichtige Scheibe fiel heraus. Aber was war das für ein eigenartiges Material: Es sah aus wie Glas, aber selbst ein fester Schlag ließ es nicht zersplittern; es war fest und trotzdem erstaunlich leicht, ein Glas, das geradezu das Gegenteil von einem Glas war. Die enorme Stoßfestigkeit der Scheibe lag vermutlich in der Elastizität ihrer langen Molekülketten begründet. Die chemische Bezeichnung für den seltsamen Kunststoff lautete: Polymethylmethacrylat, PMMA. Röhm, der nicht nur in wissenschaftlichen Begriffen denken konnte, fand ei-

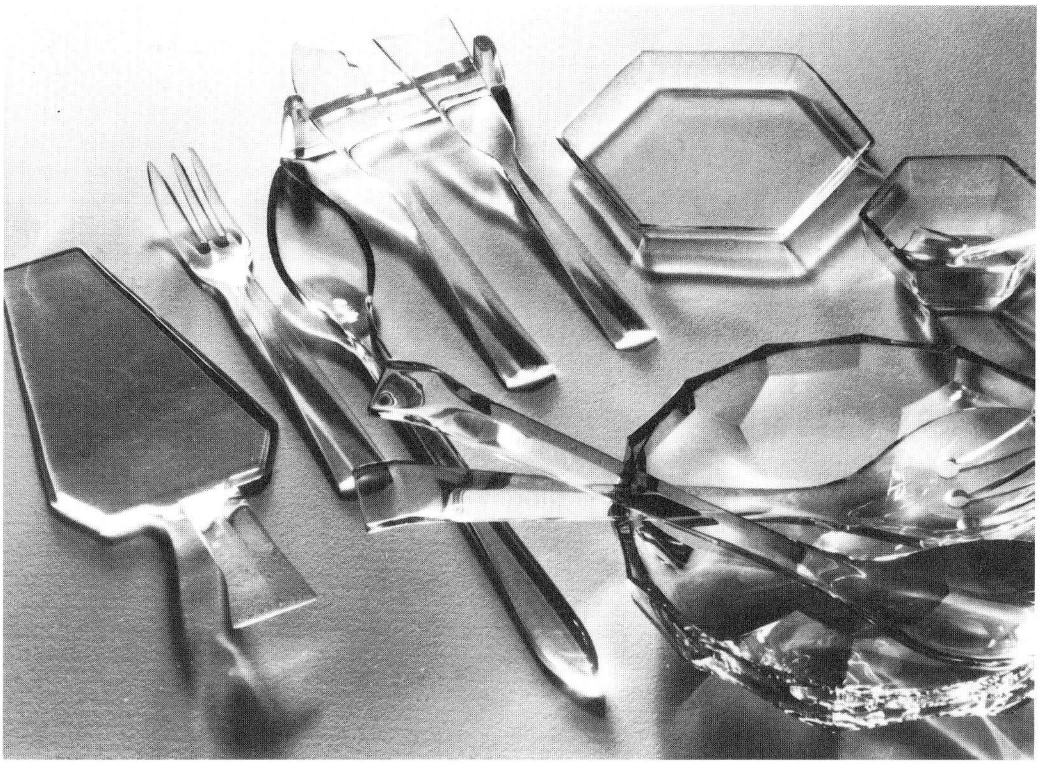

Innovation: Für Designer war das durchsichtige PMMA eine willkommene Abwechslung.

nen einprägsamen Namen für das Material: Plexiglas.

So gut der Markenname auch ankam, so viele Konflikte brachte er Röhm anfangs ein. Denn die traditionelle Glasindustrie wollte das Wort »Glas« im Zusammenhang mit Kunststoffen nicht gelten lassen. Ihrer Meinung nach sollte es nur für Silikatglas verwendet werden. Röhm ließ sich jedoch nicht von seiner Wortwahl abbringen; in Vorträgen bezeichnete er seine Erfindung sogar als »organisches Glas« – ein Begriff, der bald Schule machte.

Kaum war das Plexiglas erfunden, da hatte Röhm auch schon die ersten Ideen für seine Verwendung. Mitte 1933 ließ er sich Brillengläser daraus herstellen, die er dann jahrelang trug. Sie wurden das Vorbild für künftige Generationen extrem leichter und bruchsicherer Gläser. Ihre durch den Kunststoff eingebaute Sicherheit bewahrte viele Menschen vor Augenverletzungen, besonders bei gefährlichen Arbeiten und beim Sport. Dann ließ Röhm die Front- und Seitenscheiben seines Wagens auf die Sicherheitsgläser umrüsten. Die Erfahrungen, die er dabei machte, kamen später der gesamten Firma zugute. Während sich Plexiglas bei den Seitenscheiben bewährte, war die Windschutzscheibe nach wenigen Wochen von Sand- und Staubkörnern zerkratzt.

Vorbild Natur: Meta Deutsch fräste feinste Strukturen in das organische Glas.

Bald wurden gebogene Oberlichtscheiben aus Plexiglas in Omnibussen eingesetzt. In den kommenden Monaten entstanden durchsichtige Lineale, Zeichengeräte, Salatbestecke, Eierlöffel, Kleiderhaken und Schmuck aus dem organischen Glas. Um gebogene Objekte zu produzieren, erwärmt man eine Plexiglasplatte im Heißluftschrank, bis sie weich ist. Dann stülpt man sie über die Form und paßt sie ihr an. Weiches Plexiglas läßt sich ziehen, biegen oder pressen und mit Heißluft an die Innenwände einer Form blasen. Ist es erkaltet, kann es gesägt, gefräst oder auf einer Drehbank verarbeitet werden.

Noch mehr als die anderen Kunststoffe zeigte Plexiglas bald seine ästhetischen Qualitäten. Als unermüdlichem Firmenvater lag Röhm auch die Anwendung im künstlerischen Bereich am Herzen. Er fügte seinem Betrieb ein Atelier an, das er »Neue Darmstädter Glaskunst« nannte. Ernst Haller, einer der darin arbeitenden Künstler, entwickelte mit Plexiglas eine neue Technik: Er verschweißte mehrere Scheiben, die farbig und durchsichtig waren, übereinander. Als farbige Verglasungen ersetzten sie herkömmliche Bleifenster in Kirchen und öffentlichen Gebäuden.

Die Graphikerin Meta Deutsch experimentierte so lange mit Plexiglas, bis sie eine dem Material angemessene Bearbeitungstechnik entdeckt hatte. An einer biegsamen Welle ließ sie eine Fräse anbringen. Damit gravierte sie ihre Objekte und verwandelte sie in eine Art Radierung. Fein nuancierte Farben und eine ungewöhnliche Tiefe machten ihre Arbeiten so attraktiv, daß sie weit über die Grenzen Deutschlands hinweg Anerkennung und Käufer fanden.

In seiner Röhm-Biographie schreibt Ernst Trommsdorff: »Röhm interessierte sich auch für Musikinstrumente aus Plexiglas. Von einem führenden Geigenbauer ließ er einige Streichinstrumente herstellen. Auf der Berliner Ausstellung ›Deutschland‹ im Jahre 1936 wurde in der Ehrenhalle eine ›gläserne Geige‹ gezeigt, die neben Plexiglas-Fenstern des Zeppelinluftschiffs Hindenburg und einigen anderen Plexiglas-Teilen Aufsehen erregte. Die Streichinstrumente waren … nur für Kammermusik geeignet … Flöten und Klarinetten daraus waren jedoch Instrumenten aus Holz oder Metall im Klang durchaus gleichwertig und wurden auch von Militärkapellen benutzt. In Berlin spielte in den Jahren vor dem Kriegsausbruch im Dachgarten des Hotels ›Eden‹ ein ›Plexiglas-Quartett‹, an dessen Klängen sich Röhm, der selber musikalisch war, gern erfreute, wenn er in Berlin zu tun hatte.«

In diesen Jahren war der klare Kunststoff immer wieder für kleine, ausgefallene Überraschungen gut. So wurden winzige Erinnerungsbildchen auf Linsen aus Plexiglas aufgeklebt, die ihrerseits in Schreibstifte eingesetzt wurden. Die Stifte mit den vergrößerten Bildchen wurden schnell zu beliebten Souvenirs. Sogar in Fahrradpedalen tauchte der neue Kunststoff auf: als gelbe Katzenaugen, die aufgrund ihrer genauen Verarbeitung im Spritzguß das Licht noch besser reflektierten als Glas.

Trio in Plexiglas: »Die Streichinstrumente waren für Kammermusik geeignet«.

Röhm schien überall gleichzeitig zu sein. Trotz Reisen, Besprechungen, Vorträgen, Laborbesuchen, Diskussionen mit Kollegen und Kunden nahm er sich die Zeit, einen vorbildlichen Sozialplan für seine Angestellten zu verwirklichen. Er notierte Hunderte Ideen und setzte viel in die Tat um. Daß er außerdem ein harmonisches Privatleben führte, wird von vielen seiner Freunde bestätigt. Um so heftiger traf ihn der Tod seiner Frau am 29. Februar 1936. »Die Einsamkeit drückt mich sehr«, schrieb er in sein Tagebuch. »Wenn ich nach Hause komme am Nachmittag, sitze ich an meinem Schreibtisch bis zum Schlafengehen. Wenn ich morgens erwache, empfinde ich die Einsamkeit wieder. Meine Arbeit mache ich nur wegen meiner Kinder. Eine besondere Freude daran wie früher habe ich nicht.«

Mit den Nationalsozialisten und ihrer Ideologie konnte sich Röhm nicht anfreunden. »Ich kann mich nicht erinnern, jemals größere Widersprüche gesehen zu haben als in den jetzigen Zeiten«, schrieb er im Juli 1934 in sein Tagebuch. »Einerseits singt man in Deutschland: ›Einigkeit und Recht und Freiheit‹, andererseits wurden in diesen Tagen etwa zwanzig Menschen erschossen, ohne sie vor Gericht zu stellen, und man verbietet, darüber zu reden.« Ein halbes Jahr später zieht er Bilanz: »Bis jetzt zeigt der Nationalsozialismus: Absolutismus gegen die Ohnmächtigen, Liberalismus gegen die Übermächtigen.« So blieb Röhm auch dem Nationalfeiertag am 1. Mai 1935 fern: »Ich habe heute den Schwur auf Hitler konsequenterweise nicht geleistet.«

Plexiglas für den Krieg: Aus dem bruchsicheren PMMA wurden die Kanzeln der Bomber hergestellt.

Doch die Kriegsmaschinerie war angelaufen. Ob Röhm wollte oder nicht: Für die Rüstung war Plexiglas ein besonders interessantes Material, verband es doch Leichtigkeit mit einer bis dahin unerreichten Unfallsicherheit. Im Winter 1935/36 kam ein junger Wissenschaftler von der Rohm and Haas Corporation, Philadelphia – wie das amerikanische Unternehmen mittlerweile hieß –, nach Darmstadt, um mehr über Plexiglas zu erfahren. Zu diesem Zeitpunkt hatte die deutsche Regierung dem Export von Know-how bereits die ersten Beschränkungen auferlegt. Doch der amerikanische Chemiker war ein ebenso genauer Beobachter wie neugieriger Gesprächspartner. Bereits nach zwei Monaten gelang ihm der Technologietransfer, so daß Rohm and Haas bereits im April 1936 die ersten Plexiglas-Scheiben à la USA herstellen konnte.

Von da ab wurde fast die gesamte PMMA-Produktion für Flugzeuge verwendet. Kanzeln aus Plexiglas waren durchsichtig wie Kristallglas, aber um ein Vielfaches leichter und bruchsicherer. Haas, der oft in Darmstadt zu Gast war, ahnte, daß bald ein Krieg ausbrechen würde. In den kommenden Jahren erhöhte er die Produktion von PMMA drastisch: Wurden in den USA im Januar 1937 noch 5000 Platten hergestellt, so waren es 1940 bereits 70 000. Als 1942, nach dem Eintritt Nordamerikas in den Krieg, fast 48 000 Flugzeuge aus amerikanischen Fabriken rollten, wurden Monat für Monat 50 000 Quadratmeter Plexiglas produziert.

Am 21. Mai 1942 traf ein Telegramm bei Rohm and Haas ein. Brigadegeneral

James H. Doolittle bedankte sich darin überschwenglich für die »große Hilfe«, die alle Mitarbeiter des Unternehmens beim Bau der B-25-Bomber geleistet hätten. Vermutlich wußte der General nicht, warum Plexiglas bei den Arbeitern doppelt beliebt war: Es sicherte ihnen nicht nur einen Arbeitsplatz, sondern ließ sie auch – weil durchsichtig – die konkurrenzlos schönsten Flugzeugmodelle basteln.

In Deutschland hatte das Reichsluftfahrtministerium beschlossen, die bestehende Plexiglas-Produktion zu erhöhen. Nach einer Erweiterung des Werks in Darmstadt wurde eine PMMA-Fabrik in der Mark Brandenburg gebaut, anschließend ein Werk im Sudetengau. Otto Röhm erlebte den phänomenalen wirtschaftlichen Erfolg seiner Erfindung nur noch in den Anfängen. Er starb kurz nach dem Ausbruch des Krieges am 17. September 1939.

Die Unternehmensleiter sowohl in Deutschland als auch in den USA wurden inmitten der Hektik ab und zu von Sorgen überfallen: Wie sollte es weitergehen, wenn der Krieg zu Ende ging? Doch bevor man dazu kam, neue Strategien für Friedenszeiten zu entwickeln, unterbrachen Anrufe und Telegramme der militärischen Führung die Gedankengänge und forderten zu neuen Rüstungsanstrengungen auf. Am 14. August 1945, wenige Tage nach dem Abwurf der Atombomben auf Nagasaki und Hiroshima, kapitulierte Japan. Am selben Tag überschwemmte eine Flut von Auftragsstornierungen Rohm and Haas. PMMA schien nicht mehr gefragt zu sein.

Während die deutschen Werke vollauf damit beschäftigt waren, den Wiederaufbau zu organisieren und sich mit den Verordnungen der Besatzungsmächte zu arrangieren, bewegte sich das Unternehmen in Philadelphia scheinbar unaufhaltsam auf den Abgrund zu. Wären nicht die Jukeboxes gewesen, dann hätte Rohm and Haas vielleicht Konkurs anmelden müssen. Die Hersteller der Musikautomaten flogen auf Plexiglas, weil es den Blick auf das interessante Innere der Plattenspieler freigab und sich poppig be- und durchleuchten ließ. Doch von den 750 000 Dollar, die dadurch in die Kasse flossen, konnte man bei Rohm and Haas nicht leben.

In dieser Notlage besann man sich auf die anderen Kunden, die man im Trubel des Krieges vernachlässigt hatte: die Schildermacher und Architekten, die Automobilhersteller und Elektrofabrikanten. Der Historiker Professor Sheldon Hochheiser schreibt dazu: »Wenn man auch alle diese industriellen Märkte bearbeitete, so wurden doch Schilder das wichtigste Ziel. ... Innerhalb weniger Jahre wurde Plexiglas das Material der Wahl für Leuchtreklame ... Mit Schildern aus Plexiglas als Wegweiser war Amerika dabei, ein Land zu werden, dessen Straßen von hell erleuchteten Baken gesäumt wurden, die für Hamburger und Benzin warben.«

In Deutschland hatte sich Plexiglas im medizinischen Bereich bestens bewährt. Besonders der Reichsverband Deutscher Dentisten förderte die Erprobung des PMMA. Bald wurden die »Dritten Zähne« daraus geformt. Auch für Zahnfüllungen und künstliche Gaumenplatten eignete sich das leicht zu reinigende und robuste PMMA besser als der bis dahin gebräuchliche Kautschuk.

In England, wo die ICI das PMMA unter dem Namen »Perspex« vertrieb, machte ein Augenarzt eine folgenreiche Entdeckung. Er untersuchte einen Bomberpiloten, der unter Feindbeschuß geraten war.

Bei dem Kampf war die Perspex-Kanzel seiner »Hurricane« getroffen worden. Im linken Auge des Mannes entdeckte der Arzt einen kleinen Splitter des Kunststoffs. Zu seinem Erstaunen war keine Entzündung zu sehen, wie sie ein Holz- oder ein Metallteilchen unweigerlich hervorgerufen hätte. Auch die Sehfähigkeit des Piloten war nicht beeinträchtigt.

Das Ergebnis dieser Untersuchung machte in einschlägigen Kreisen Furore. Wenn dieser glasklare Kunststoff nicht vom Immunsystem abgestoßen wurde, dann konnte man ihn also auch innerhalb des Körpers verwenden – für Ersatzteile. Eine der ersten Anwendungen aber richtete mehr Schaden an, als daß sie half: die Hüftprothese der Brüder Judet. Die beiden Pariser Orthopäden galten als Spezialisten für Hüftgelenke. Sie glaubten, daß die meisten Erkrankungen dieser Gelenke eher den Kopf des Oberschenkelknochens schädigten als die Gelenkpfanne. Mithin – so ihre Theorie – sollte bei unerträglichen Hüftschmerzen der verschlissene Oberschenkelkopf entfernt und ein künstliches Knochenstück eingesetzt werden. Weil sie PMMA für den Werkstoff hielten, der dieser Aufgabe gewachsen war, konstruierten sie ein Kopfstück aus Plexiglas. Dieses pilzförmige Ersatzteil wurde von Orthopäden bald »Le petit champignon Judet« genannt – mit einem anerkennenden Unterton, weil es einfach und schnell zu implantieren war.

Doch der Stift, mit dem das Plexiglasstück im Knochen verankert war, hielt nicht. Außerdem zeigte sich das damals verwendete PMMA den Belastungen nicht gewachsen; es war bald mit Abriebstellen übersät. In einer endlosen Serie von Nachoperationen versuchten Chirurgen, die Patienten mit Judet-Prothesen von ihren Schmerzen zu befreien – oft vergeblich.

Der Mißerfolg war nicht auf das Material, sondern auf seine ungenügende Erprobung und die falsche Anwendung zurückzuführen. So konnten die Acrylkunststoffe trotz des Judetschen Kunstfehlers ihren guten Ruf bei den Ersatzteilmedizinern bewahren. Heute steht PMMA nach wie vor hoch im Kurs: Viele erfolgreiche Hüftchirurgen verwenden es als Zement, der die metallenen Ersatzgelenke mit dem Knochen verbindet. Diese Nahtstellen zwischen lebendem Körpergewebe und künstlichem Material sind extremen Belastungen ausgesetzt und erfordern deshalb die besten Biomaterialien.

Damit schließt sich der Kreis. Hilda Bender, die 68jährige, der ein Stückchen Plexiglas das Augenlicht gerettet hat, lebt ohne Komplikationen, weil ihr Immunsystem nicht auf den Kunststoff reagiert. Ohne Verzerrungen dringen die Lichtstrahlen durch das Plexiglas hindurch und erzeugen ein Abbild der Außenwelt, an dessen Qualität Frau Bender nichts auszusetzen hat.

DIE VÄTER DES PVC

Ob die Idee bei einem Brainstorming auftauchte oder ob sie dem Mitarbeiter von Carbide and Carbon Chemicals beim Zähneputzen einfiel, ist nicht mehr bekannt. Jedenfalls hatte dieser Mann irgendwann im Jahre 1933 den glänzenden Einfall, aus dem noch jungen Kunststoff PVC etwas ganz Besonderes herzustellen: Zahnbürstenstiele. PVC war schon seit mehreren Jahren da, aber eigentlich wollte niemand es so recht haben. Zahnbürstenstiele – die sollten den langersehnten Durchbruch für PVC bringen.

Begeistert von der Vorstellung vieler bunter Bürsten kauften die Manager des Werks in West Virginia gleich mehrere Spritzgießmaschinen und ließen sie auf Hochtouren laufen. Schließlich hatten sie damit ein paar tausend nagelneue Zahnbürstenstiele hergestellt. Dann wollte man den kahlen Stielen Borsten verpassen. Dieser Arbeitsgang wird mit schnelldrehenden Bohrern ausgeführt. Doch schon beim ersten Stiel versagte die altbewährte Methode. Das PVC wurde weich und verklebte die Bohrer. Die unfertigen Zahnbürsten landeten auf dem Abfall – aus der glänzenden Idee war ein Chemikerwitz geworden.

Der Zufall stand Pate: Im Jahre 1835 entdeckte Henri Victor Regnault das PVC.

Diese Begebenheit ist typisch für PVC. Im Laufe seines Werdegangs hat sich dieser Kunststoff immer widerspenstig verhalten, und häufig war er sowohl bei den Forschern als auch bei den Verbrauchern wenn nicht unbeliebt, so doch nur geduldet. Kein anderer Kunststoff wurde und wird so häufig mit Füßen getreten wie PVC: Aus ihm bestehen die meisten Bodenfliesen. Trotz alledem gibt es Menschen, die PVC ohne Einschränkungen akzeptieren: die Kaufleute der chemischen Werke. PVC macht nach Polyethylen die besten Umsätze.

Fritz Klatte ließ als erster einen Prozeß zur Herstellung von PVC patentieren.

Dabei hatte PVC ganz unauffällig begonnen, in einem kleinen Röhrchen, das zwischen vielen anderen Röhrchen auf einer Fensterbank stand. Das war im Jahre 1835 in Lyon. Henri Victor Regnault, Chemiker und Bergbauingenieur, hatte wenige Monate zuvor in Liebigs Laboratorium in Gießen gearbeitet und seine Forschungen dann in Frankreich fortgesetzt. Er mischte alkoholische Kalilauge mit einem Lösungsmittel. Das Reagenzglas mit der Mixtur stellte er auf die Fensterbank.

Als er es nach einigen Tagen wieder in die Hand nahm, hatte sich sein Inhalt vollkommen verwandelt: Es enthielt nun ein weißes Pulver. Offenbar spielte das Sonnenlicht bei dieser Umwandlung die entscheidende Rolle. Regnault untersuchte das Pulver, aber es ließ sich weder auflösen noch für irgendeine nützliche Reaktion verwenden. Gewissenhaft notierte und veröffentlichte er den Versuch seiner Resultate. Alles weitere überließ er dem Schicksal.

Warnung vor dem Forscher: In diesem Labor experimentierte Reppe mit dem Acetylen – unter Hochdruck.

Ohne es zu wissen, hatte Regnault Polyvinylchlorid hergestellt. Doch widerspenstig wie es war, wollte das PVC seine Identität nicht preisgeben. Trotz mehrerer Annäherungsversuche seitens Regnaults lieferte es auch nicht den geringsten Hinweis darauf, daß es das Zeug zu einem erfolgreichen Kunststoff in sich trug. In den folgenden Jahrzehnten beschäftigten sich Chemikergrößen wie Kekulé mit dem Vinyl, aber keiner dachte darüber nach, wofür man das sonnenpolymerisierte PVC-Pulver verwenden könnte.

Diese Überlegungen waren Forschern des 20. Jahrhunderts vorbehalten. Sie verfügten über erheblich größere technische und wissenschaftliche Möglichkeiten als ihre Vorgänger. Am 11. Oktober

1912 ließ Dr. Fritz Klatte ein Verfahren zur Herstellung von PVC patentieren. Klatte war Forscher in der chemischen Fabrik Griesheim-Elektron bei Frankfurt. Er hatte den Ausgangsstoff für das PVC, das Vinylchlorid, aus Acetylen und Salzsäure gewonnen.

Sein Patent beschrieb nur eines von mehreren Acetylen-Verfahren, die Griesheimer Forscher in dieser Zeit anmeldeten. Acetylen stand damals erst am Anfang seiner industriellen Karriere. Seine Erzeugung war denkbar einfach: Man brauchte nur Wasser auf Karbid zu träufeln. Seit 1895 hatten viele Firmen der Beleuchtungsindustrie ihre Produkte auf Acetylen aufgebaut, und bald erhellte seine intensive Flamme Tausende Straßen in mehreren Städten Europas. Um 1910 aber hatte die Acetylen-Euphorie sichtlich nachgelassen, und Karbid wurde fast nur noch in mobilen Lichtquellen verwendet: in den Lampen von Fahrrädern, Autos, Eisenbahnen und Schiffen.

In der chemischen Industrie begann das Acetylen erst später, sein Potential zu entfalten: In Hoechst baute man auf dem Gas schließlich eine weitverzweigte Produktion auf. Dabei ist ein Name besonders eng mit der weiteren Erschließung des Acetylens verbunden: Walter Reppe. In seinen späteren Lebensjahren wurde Reppe Professor in Mainz und Forschungsleiter bei der BASF.

Im Jahr 1928 aber war Reppe noch unbekannt. Da traf bei der Leitung der Ludwigshafener I.G.-Fabrik ein Brief ein. In ihm wurde eindringlich vor einem Chemiker des Werks gewarnt: Man sollte sich vorsehen, denn der Mann experimentiere mit Acetylen unter Druck. Der Name des jungen Forschers war Walter Reppe und sein Lieblingsgas, das Acetylen, galt als hochgradig gefährlich, wenn es komprimiert wurde. Setzt man es unter Druck, verwandelt sich das Gas nämlich in einen brisanten Explosivstoff. In vielen Ländern war die Verwendung von komprimiertem Acetylen untersagt, weil es bereits mehrere verheerende Unfälle verursacht hatte.

Reppe ließ sich nicht abschrecken. Noch die Warnungen seiner Kollegen in den Ohren, begann er, Acetylen unter Druck zu setzen. Er hatte gute Gründe für seinen Vorstoß in das Gefahrengebiet: Wenn man es komprimierte, zeigte das Gas eine geradezu erstaunliche Reaktionsfreudigkeit. Der junge Chemiker paarte seine Neugierde allerdings mit Vorsicht. Als eines Tages dennoch ein fest verschraubter Stahldeckel hochgedrückt wurde und nach einem schrecklichen Zischen eine Explosion den Raum erschütterte, lief der Abteilungsleiter auf Reppe zu: »Was haben Sie angestellt?« Reppe: »Ich weiß genau, woran es liegt!« Der Abteilungsleiter zögerte, dann sagte er: »Nun, wenn Sie es wissen, dann machen Sie morgen weiter.«

Nach und nach lernte Reppe, mit dem komprimierten Gas umzugehen. Er experimentierte so lange, bis es sich ohne Gefahr in industriellem Maßstab verarbeiten ließ. Damit war das Acetylen zur »Dritten Kraft« geworden, zu einem begehrten Grundstoff der organischen Chemie neben dem Steinkohlenteer und dem soeben aufkommenden Erdöl.

Doch das alles lag zur Zeit von Fritz Klatte, dem Forscher aus Griesheim, noch in weiter Zukunft. 1902 war zum erstenmal mit einer Acetylen-Sauerstoff-Flamme geschweißt worden. Das Gas verfügte offenbar über Energievorräte, die in seiner atomaren Konstruktion begründet waren. In der Tat ist Acetylen ein Atomverbund voller Spannungen, die zu einer Lösung drängen. Klatte wußte um diese Neigung des Gases. Mit Hilfe von Quecksilbersalzen gelang es ihm, eine seiner drei Kohlenstoffbindungen aufzubrechen. Dadurch wurde das Acetylen offen für eine Reaktion mit Salzsäure. Als Resultat erhielt Klatte Vinylchlorid, den Ausgangsstoff für PVC.

Lockmittel: Italienische Fischer nutzen Karbidlampen für den nächtlichen Fang.

Bei normalen Zimmertemperaturen ist Vinylchlorid ein Gas, erst bei minus zwölf Grad wird es flüssig. Mit Hitze oder Licht, so formulierte es Klatte, ließe sich das Vinylchlorid zu PVC polymerisieren. »Die vorliegende Erfindung«, so Klatte in seiner Patentschrift Nr. 281877 vom 4. Juli 1913, »beruht ... auf der überraschenden Erkenntnis, daß man die aus dem Polymerisationsprozeß hervorgehenden wertlosen Produkte ohne Veränderung ihrer chemischen Zusammensetzung in technisch wertvolle Massen überführen kann, wenn man sie in gelösten oder erweichten Zustand überführt und sodann wieder aus diesen Zuständen in die feste Form zurückverwandelt.«

Klattes Hoffnung war, mit dem entstehenden Kunststoff das leicht entflammbare Zelluloid zu ersetzen. Knöpfe könnte man aus PVC herstellen, meinte Klatte, auch Kämme und Filme – kurz alles, wofür man bis dahin Zelluloid verwendet habe. Dieser frühe Kunststoff war überhaupt das große Vorbild für PVC. Der bei Zelluloid bewährte Kampfer sollte auch das PVC erweichen, und das beim Zelluloid angewandte Heißwasserbad sollte nun Polyvinylchlorid formbar machen. PVC – so Klatte – habe allerdings gegenüber seinem Vorgänger Zelluloid ein wichtiges Plus: es sei feuersicher.

Doch der Krieg vereitelte die Pläne des Chemikers, das PVC und seine Möglichkeiten eingehender zu untersuchen. 1926 gab Griesheim mit Klattes Zustimmung die PVC-Patente frei und öffnete damit den Weg für eine breiter angelegte Erforschung des Kunststoffs. Zwar hatte Klatte das PVC und seine Vorzüge beschrieben, doch das reichte nicht aus, um es für den harten Überlebenskampf außerhalb des Labors fit zu machen. Noch war es zu schwierig und zu teuer, das Monomer herzustellen. Außerdem verstand man noch zu wenig von den molekularen Vorgängen bei der Polymerisation, um den Kunststoff industriell produzieren zu können. Nicht zuletzt hatte Klatte bei seinen Versuchen, PVC auf den für Zelluloid ausgelegten Maschinen zu verarbeiten, keinen verwertbaren Erfolg gehabt.

Angesichts dieser Spekulationen und Fehlschläge scheinen die Fortschritte, die Fritz Klatte mit dem PVC erzielte, fast unbedeutend. Zwei Ereignisse könnten als Beweis für Klattes Scheitern gelten: die spätere Aufgabe der Patentrechte sowie die Tatsache, daß PVC noch lange nach Klatte ein chemisches Kuriosum blieb. So drängt sich die Frage auf: War die Arbeit des Griesheimer Forschers sinnlos? Historiker antworten darauf mit einem Nein. Für sie ist Klatte der wichtigste der vielen Väter des PVC. Bei seiner Erforschung des Acetylens hatte Klatte zum erstenmal den Blick auf die Zukunft des Polyvinylchlorids eröffnet. Er beschrieb schon damals viele Dinge, die man mit PVC erst ein Vierteljahrhundert später herzustellen begann. Nicht zuletzt wies seine intensive Beschäftigung mit den Vinylverbindungen der folgenden Forschergeneration die Richtung.

Das nächste PVC-Kapitel wurde im Ludwigshafener Werk der I.G. Farben aufgeschlagen. Dort arbeitete Dr. Hans Fikentscher, der häufig Kontakt mit Herman Mark und Kurt Meyer hatte. Wie bereits erwähnt, legten diese beiden Forscher gemeinsam mit Hermann Staudinger die Grundlagen für das bis heute gültige Verständnis der Makromoleküle. In einem Bericht über Fikentscher schreibt Dietrich Hummel, Professor für Physikalische Chemie in Köln:

»Am Gründonnerstag 1929 hatte Hans Fikentscher einen Kolben mit Acrylsäurechlorid stehenlassen, um nach Ostern damit weiterzuarbeiten. Am Dienstag nach Ostern hatte sich die Flüssigkeit ... verwandelt: in ein Polymer, das zahlreichen Umsetzungen zugänglich war.« Von diesem Zeitpunkt an kann man Fikentscher in die Reihe der Acrylsäure-Anhänger einreihen. Durch das Zusammenbringen verschiedener Acrylverbindungen wollte er den langgesuchten, unbrennbaren Ersatzstoff für Zelluloid finden. Ohne die Arbeiten von Otto Röhm in Darmstadt zu kennen, machte er sich mit dem überraschend vielfältigen Acrylgebiet vertraut. Dabei verfuhr er häufig recht unkonventionell. Von seinem Labor aus konnte er auf den Rhein blicken. Manchmal stieg Fikentscher durch eines der Fenster auf das davorliegende Dach. Dort hatte er Wannen aufgestellt, in denen er Acrylchlorid von der Sonne polymerisieren ließ. Als er eines Tages Acrylester und Acrylnitril mischte und polymerisierte, entstand ein neuer Kunststoff. Im Gegensatz zum Zelluloid brauchte dieses Material nicht mehrere Wochen zum Trocknen.

Doch die Acrylverbindungen waren teuer. So lag es auf der Hand, zumindest eine von ihnen durch ein preiswertes Monomer zu ersetzen. Dafür bot sich Vinylchlorid an, das auch in anderen I.G.-Werken erforscht wurde. Fikentschers Rezept hieß: 80 Teile Vinylchlorid + 20 Teile Acrylsäuremethylester. Das war sie endlich, die Zusammensetzung, die nach fast einem Jahrhundert dem PVC einige von seinen bislang verborgenen Fähigkeiten entlockte: Mit Acrylsäure als Copolymer konnte man nun aus PVC Schallplatten pressen, Puppen, Rohre und Kämme herstellen. Die Chemiker nannten es »PVC-MP«, weil es ein Misch-Polymerisat war; die Marketing-Leute gaben ihm den Namen »Troluloid«, um an den Verarbeiter (in Troisdorf), den Hersteller (in Ludwigshafen) und das zu ersetzende Konkurrenzprodukt (Zelluloid) zu erinnern.

Die Hatz auf PVC hatte nun so richtig begonnen. In den USA, in England und in mehreren deutschen Laboratorien wurde nach Zusatzstoffen und Prozessen gesucht, die PVC so verändern sollten, daß man es mit den herkömmlichen Maschinen verarbeiten konnte. »MP« hieß die erste Lösung, und sie war in Ludwigshafen gefunden worden. Die zweite Lösung hieß »PeCe«, und sie wurde in Bitterfeld entwickelt.

Dieses I.G.-Werk wurde von einem besonders unangenehmen Problem geplagt: Chlor. Das äußerst reaktionsfreudige und giftige Gas entstand in großen Mengen bei der Herstellung von Natronlauge und Magnesium. In dem von Dr. Wolfgang Glenz herausgegebenen Buch *Kunststoffe – ein Werkstoff macht Karriere* schreibt Dr. Rudolf Gäth:

»Die I.G. Farbenindustrie startete Ende der zwanziger Jahre sogar ein Preisausschreiben, mit dem technisch durchführbare Vorschläge zur schadlosen Beseitigung dieser giftigen und aggressiven Substanz prämiert werden sollten. Eine Antwort waren dann chlorierte Kohlenwasserstoffe, die u. a. die große Entwicklung der ›chemischen Reinigung‹ ermöglichten.«

Die Bitterfelder Polymer-Experten arbeiteten auch mit PVC. Sie hatten bereits alle möglichen Chemikalien ausprobiert, um das weiße PVC-Pulver aufzulösen – vergeblich. Nun testeten sie in einer neuen Versuchsreihe eine erweiterte Methode: Das in Aceton verrührte PVC wurde nachträglich mit Chlor behandelt – jenem Stoff, für den man dringend ein Verwendungsgebiet suchte. Tatsächlich begann sich das Pulver unter der Einwirkung des Chlors aufzulösen, und aus dem Aceton wurde eine dicke PVC-Brühe. Damit war ein weiteres Geheimnis des Kunststoffs aufgeklärt. Das neue Produkt wurde »PeCe« (auch »PC«) genannt, was heißen sollte: Polyvinylchlorid Chloriert.

Als nächstes wurden Fasern aus der Lösung hergestellt. Es waren die ersten vollsynthetischen Fäden der Welt. Zwar erwiesen sie sich nach einigen Versuchen als ungeeignet für Kleidungsstücke, doch für technische Anwendungen in der Industrie waren sie bald begehrt. Wenig später – das PC wurde bereits für Lacke und Klebstoffe verwendet, zu Folien und Filmen gezogen – bahnte sich in den Labors in Ludwigshafen ein neuer Durchbruch an.

Dort wurde daran gearbeitet, die Produktionskosten für das hart kalkulierte PVC-MP zu senken. Die Kaufleute schlugen vor, die Anteile der kostspieligen Acrylverbindungen zu verringern. Für die Chemiker bedeutete das jedoch, daß sie sich in die gefürchtete Gefahrenzone des unchlorierten, (fast) reinen PVC begeben mußten, das sich, wie hinlänglich bewiesen, nicht verarbeiten ließ. Da wurde im anwendungstechnischen Laboratorium ein neuer Kalander angeliefert, eine Maschine, deren heiße Walzen Kunststoffe zu Folien pressen.

Die bis dahin verwendeten Kalander wurden mit Niederdruckdampf beheizt. Sie waren ursprünglich für Gummi ausgelegt, für dessen Verarbeitung Temperaturen von maximal 135 Grad ausreichten. Die neue Maschine wurde hingegen an eine Leitung mit dem heißeren Hochdruckdampf angeschlossen. Der junge Chemiker, der an dem neuen Kalander arbeitete, hieß Dr. Georg Wick. Er folgte den Vorgaben der Laborleitung und senkte bei jedem neuen Versuch den Anteil der Acrylverbindungen an dem PVC. Gleichzeitig stellte er die Temperatur der Walzen immer höher ein. Bei 160 Grad erlebte er dann die größte aller Überraschungen, die das PVC im Laufe eines Jahrhunderts für seine Erforscher und Erzeuger bereitgehalten hat: Bei dieser Temperatur ließ sich das PVC ohne Copolymer zu einwandfreien Folien pressen. Das letzte große Geheimnis des Vinylchlorids war aufgedeckt.

Um 1937 lief in Deutschland die Großproduktion an. Mit einem in Ludwigsha-

Früher Hi-Tech, heute Industrieschrott: Erster Kessel für das »PVC-Emulsionsverfahren«.

fen entwickelten Zweistufenverfahren (Luvitherm-Verfahren), bei dem PVC zuerst mit 160, dann kurzzeitig mit 240 Grad verarbeitet wird, gelang die Herstellung einer robusten, öl- und wasserbeständigen Folie. Genaue Temperatur-Einstellungen – das wurde damals immer deutlicher – spielen bei diesem Kunststoff eine wichtige Rolle. Reines, unchloriertes PVC läßt sich nur in einem engen Bereich um 160 Grad verarbeiten; fährt man die Walzenhitze um nur 20 Grad höher, dann zersetzt es sich und wird unbrauchbar.

PVC in Reinform bleibt bis etwa 100 Grad ziemlich hart. Zwischen 100 und 180 Grad aber ist es elastisch und wird damit zu einem vollkommen anderen Werkstoff. Um diese Elastizität auch unter Alltagstemperaturen zu erreichen, begannen die Chemiker, das PVC mit Weichmachern zu versetzen. Diese Zusatzstoffe bewirken, daß die Makromoleküle selbst bei 20 Minusgraden beweglich und die PVC-Folien dementsprechend flexibel bleiben.

Damals war PVC noch weit davon entfernt, durch das giftige Vinylchlorid und diverse Weichmacher ins Visier von Kritikern zu geraten. In seinen ersten Jahrzehnten wuchs seine Produktionsquote so rasant, daß es nach dem Krieg zeitweilig zum meistproduzierten Kunststoff der Welt wurde. 1939 nahm die I.G. in Schkopau eine Polymerisationsanlage in Betrieb, die wegweisend für die künftige PVC-Erzeugung wurde. Dort stellte man den Kunststoff im »Emulsionsverfahren« her. Kernstück der Anlage war ein sieben Meter hoher Druckbehälter. Oben wurden kontinuierlich Vinylchlorid, eine Seifenlösung und ein chemischer Aktivator zugeführt. Eine Rühranlage durchmischte die obere Schicht. Im Laufe von etwa fünf Stunden sank das Vinylchlorid nach unten und verwandelte sich dabei in eine Dispersion – in winzige, fein verteilte PVC-Tropfen. Anschließend ließ man in einem Trockenturm das Wasser der Seifenlösung verdunsten; unten konnte dann der pulverförmige Kunststoff zur

PVC-Folie wird bei vielen großen Bauvorhaben eingesetzt; hier beim Semmering-tunnel.

weiteren Verarbeitung entnommen werden.

So enthusiastisch das »Igelit«, wie es künftig hieß, von Chemikern begrüßt wurde, so reserviert wurde es anfangs von anderen Industrien behandelt. Es war eben ein weiteres »Ersatzmaterial« und ein unbekanntes obendrein. Die I.G.-Manager erkannten: Was dem PVC fehlte, war die gezielte Werbung.

Im Herbst 1935 traf sich in Frankfurt die Kuteko, die Kunststofftechnische Kommission. Sie war gegründet worden, um die Anwendungsmöglichkeiten für die Polymere der I.G.-Werke zu erkunden und zu koordinieren. Bei diesem Treffen wurde deutlich, daß die Zukunft des PVC hauptsächlich von einem ganz speziellen Einsatzgebiet abhing: Der Kunststoff mußte zur Isolierung von Kabeln verwendet werden.

Für das Vorhaben, Kabel mit Polyvinylchlorid zu ummanteln, gab es gute Gründe. Bislang hatte man dafür hauptsächlich Kautschuk genommen, mit all seinen Nachteilen: Er war entflammbar, wurde teilweise von Öl und Feuchtigkeit zersetzt und neigte mit zunehmendem Alter zur Versprödung. In der damals modernsten Radiotechnik, die mit zunehmend höheren Frequenzen arbeitete, versagte Kautschuk sogar vollkommen: Er dämpfte das Funksignal bei hohen Frequenzen zu stark. Anders PVC. Es widerstand Öl und Wasser, brannte nicht so leicht und verhielt sich auch bei der Übertragung von hochfrequenten Funkwellen einigermaßen neutral. Außerdem haftete ihm nicht der Nachteil des Kautschuks an, dessen Schwefelanteil die Kupferleitungen angriff.

Die Kunststofftechnische Kommission schickte ihre Vertreter herum. Sie sollten potentiellen Kunden die Vorteile des neuen Kunststoffs erläutern. Bald wurde eine ganze Palette von Igeliten angeboten. Für die Kabelwerke gab es Igelit-K (K = Kabel), für die Kunstlederfabriken Igelit-P (P = Paste), für die Konstrukteure von Industrieanlagen und für Installateure war Igelit-R (R = Rohre) vorgesehen. Hauptabnehmer von Igelit-R war die I.G. selbst, hatten doch Rohre aus PVC ihre Resistenz gegen viele aggressive Substanzen bewiesen.

Deutschland exportierte seine PVC-Produkte auch in die Vereinigten Staaten. Dort und in England lief die PVC-Produktion viel langsamer an. Erst als die japanische Expansion in Südostasien den Kautschuknachschub drosselte, fiel der Startschuß. PVC wurde bei den Alliierten binnen kurzem zu einem der wichtigsten Kunststoffe, und seine Herstellung lief in großem Maßstab an.

Auf der Ausstellung »Schaffendes Volk«, die 1937 in Düsseldorf mit dem im Dritten Reich üblichen Propaganda-Aufwand veranstaltet wurde, konnte man über PVC-Boden gehen. Mit Stolz wurde nachher berichtet, daß die Fliesen nicht die geringsten Spuren von Abnutzung zeigten – obwohl Millionen Menschen darübergelaufen waren. In London drang das PVC sogar in die Domäne der altehrwürdigen Stadtbusse ein. Ab 1941 ließ das Passenger Transport Board die Sitze dieser Gefährte mit Kunstleder aus Vinyl überziehen – der Haltbarkeit und Pflegefreundlichkeit halber.

Für die noch junge Tontechnik kam der Kunststoff ebenfalls wie gerufen. PVC ließ sich ohne große Probleme zu robusten Schallplatten pressen; nach dem Krieg liefen sie den Schellack-Platten den Rang ab. Amerikanische Firmen priesen ihre Kunststoffscheiben sogar als »unzerbrechlich« an. Auch die Tonbandherstel-

Erstes tragbares Tonbandgerät, 1934: Bald brachten PVC-Bänder einen hörbaren Fortschritt.

ler versuchten in den dreißiger Jahren ihr Glück mit dem Kunststoff. Forscher bei der AEG und der I.G. beschichteten ein dünnes PVC-Band mit Eisenoxidstaub. Sie entdeckten, daß ein solcher Tonträger die Aufnahmen erheblich besser und länger speichern konnte als die seit 1928 üblichen Stahlbänder. In seinem Buch *The History of PVC* schreibt Morris Kaufman: »Man probierte verschiedene Kunststoffbänder aus, wobei das Band aus Luvitherm den größten Erfolg hatte – eine auf dem Kalander hergestellte und in zwei Richtungen verstreckte PVC-Folie. Als Inspektoren der Alliierten bei der deutschen Herstellerfirma nach Mustern dieses Bandes suchten, entdeckten sie, daß alles eingezogen worden war, um damit den Verlauf der Nürnberger Kriegsverbrecher-Prozesse aufzuzeichnen.«

DER TAG DES POLYETHYLENS

Labor der ICI in Winnington. In diesem Gebäude wurde das Hochdruck-Polyethylen erfunden.

»Erst das Reagenzglas, dann der Kessel; es folgt die große technische Erprobung und schließlich die Fabrik und dann das Unglück – immer schneller, schneller, schneller, schneller.«

Diese Zeilen verfaßte 1929 ein Forscher des britischen Chemiekonzerns Imperial Chemical Industries, ICI. Er beschreibt darin den schrittweisen Aufbau einer Fabrik. Das dann folgende Unglück war nicht etwa eine Explosion, sondern die Arbeitslosigkeit.

Die ICI war 1926 nicht zuletzt als Gegengewicht zur deutschen I.G.-Farbenindustrie gegründet worden. Mit den besten Wissenschaftlern des Inselreichs und hochgespannten Erwartungen stürzte sich der Trust unter anderem ins Düngemittel-Business – und wurde 1929 prompt von dem Zusammenbruch des Marktes überrascht. Es blieb keine Zeit zur Erholung, da wurde das junge Unternehmen schon von den Schockwellen der Weltwirtschaftskrise getroffen.

Trotz der bedrohlichen Lage gaben die Mitarbeiter der ICI die Hoffnung auf bessere Zeiten nicht auf. Nur so ist eine Empfehlung zu erklären, die von der Forschungsleitung im Werk Winnington im Juli 1931 gegeben wurde:

»Forschung mittels spezialisierter Verfahren ist generell von hoher wissenschaftlicher Priorität; aus dieser Art der Forschung sind die meisten großen Entdeckungen der Vergangenheit entstanden. ... Wir sind uneingeschränkt der Meinung, daß diese Bereiche ausgedehnt werden sollten.«

Zwar wurde der Forschungsetat drastisch zusammengestrichen, doch für die empfohlenen High-Tech-Experimente war selbst die kostenbewußte Firmenleitung noch zu haben. So hatte man denn Gerät eingekauft, das dem Stand der damaligen Hochtechnologie entsprach – wenn man auch heute über seine Einfachheit lächeln mag. Es war dies insbesondere die »Hochdruck-Apparatur« von Professor Anton Michels aus Amsterdam. Durch die Betätigung einer Handpumpe und zweier Speichenräder ließ sich damit ein Druck bis zu 2500 Atmosphären erzeugen. Unter diesem Druck – so die Erwartung der Physiker und Chemiker – würden sich viele Stoffe anders verhalten, würden viele Reaktionen anders ablaufen als unter dem Normaldruck von einer Atmosphäre.

Wer in jenen Tagen das »Lab Z« in Winnington besuchte, wunderte sich darüber, daß die jungen Männer, die dort als Assistenten arbeiteten, so gut durchtrainiert waren. Die Erklärung war simpel: Um hohen Druck zu erzeugen, mußte man Muskelkraft einsetzen. Und das hieß, gegen einen ständig wachsenden Widerstand pumpen und drehen. So kam es, daß im Lab Z nur assistieren durfte, wer körperlich fit war. Da nicht nur mit hohem Druck, sondern auch mit hohen Temperaturen gearbeitet werden sollte, mußte man das Versuchsgefäß erhitzen. Dazu verwendeten die Chemiker Öl, das seinerseits von einem Gasbrenner erwärmt wurde. Bei 180 Grad war jedoch die Grenze erreicht – darüber hinaus wurde der Gestank der Öldämpfe unerträglich.

Die Hochdruckexperimente wurden von Eric William Fawcett und Reginald Oswald Gibson geleitet. Fawcett, Absolvent der Oxford University, war wenige Wochen vor dem Düngerdesaster von ICI geheuert worden; den Arbeitsvertrag mußte damals sein Vater unterschreiben, weil Eric William noch keine 21 Jahre alt

Minderjähriger Erfinder: Eric William Fawcetts Vater mußte den ICI-Vertrag unterschreiben.

Reginald Oswald Gibson, der Spezialist für Experimente mit 2000 Atmosphären Überdruck.

war. Gibson hatte in Amsterdam mit dem Hochdruckpionier Michels zusammengearbeitet. Gemeinsam mit weiteren ICI-Forschern bildeten die beiden ein Team, das mit den neuesten theoretischen Arbeiten auf vielen Gebieten vertraut und deshalb gewohnt war, über den eigenen Tellerrand hinauszublicken.

Dennoch brachten die Versuche mit Michels Apparatur in den ersten Monaten nichts als Enttäuschungen ein. Der Grund dafür lag in der Auswahl der Substanzen, die man untersuchte. Es waren hauptsächlich Flüssigkeiten, die sich auch von 2000 Atmosphären buchstäblich kaum beeindrucken ließen. Erst als man sich den Gasen zuwandte – die im Gegensatz zu Flüssigkeiten komprimierbar sind und sich unter Druck häufig erstaunlich anders verhalten –, stiegen die Hoffnungen der an den Experimenten beteiligten Chemiker.

An einem Abend im November 1932 wurden Besucher durch das Werk in Winnington geführt. »Die Gruppe hatte das Hochdruck-Labor gerade einige Minuten verlassen, als sie die Explosion hörte!« notierte Gibson später. Ein Verbindungsstück der Ölleitung hatte versagt. »Die Explosion der komprimierten Gase verspritzte heißes Öl im gesamten Labor. Wir waren davongekommen, aber nur knapp ... Der Vorfall öffnete uns die Augen dafür, wie gefährlich die Arbeit mit hochkomprimierten Gasen in einem offenen Laboratorium war.«

Am Freitag, dem 24. März 1933 stand ein Experiment mit dem Gas Ethylen – einem wichtigen Grundstoff der chemischen Industrie – auf dem Programm von Fawcett und Gibson. Sie setzten das Gas unter Druck und erhitzten es auf 170 Grad. Um 21 Uhr hatten sie 1900 Atmosphären erreicht. Dann war Feierabend. Am nächsten Morgen war der Druck um knapp 100 Atmosphären gesunken – ein Anzeichen für eine chemische Reaktion, die über Nacht in dem Druckgefäß abgelaufen sein mußte. Erneut erhöhte man den Druck auf über 1900, dann begab man sich ins wohlverdiente Wochenende.

Als Fawcett und Gibson am Montagmorgen, dem 27. März, das Labor betraten, stand der Zeiger des Druckmessers auf Null. Schuld daran war ein Leck in der Ölleitung. Enttäuscht ging Fawcett zu dem Druckbehälter hinüber. Dieses Herz der Apparatur wurde von den Chemikern nur »die Bombe« genannt. Sie bestand hauptsächlich aus einem im Querschnitt U-förmigen Stück Stahl, in dem die Gase mit Hilfe von Öl und Quecksilber verdichtet wurden. In den Innenraum paßte noch nicht einmal eine Kaffeetasse voll Flüssigkeit.

Fawcett schraubte den Deckel der Bombe auf. Als er genau hinsah, bemerkte er eine wachsähnliche Schicht im oberen Bereich des Hohlraums. Mit äußerster Vorsicht kratzte er den Überzug ab. Die Ausbeute war minimal: 0,4 Gramm. Zwei Analysen und ein Versuch ergaben, daß der Überzug aus einem Polymer des Ethylens bestand, einer simplen Verbindung von Kohlenstoff und Wasserstoff. So wenig spektakulär die Entdeckung anfangs schien: Der Tag des Polyethylens war gekommen.

Bahnbrechende Entdeckung: »Er bemerkte eine wachsähnliche Schicht im Hohlraum der Bombe.«

Natürlich erkannten Fawcett und Gibson nicht auf Anhieb die Bedeutung und den Wert dieses 400 Milligramm leichten Klümpchens. Polyethylen ist heute der meistverwendete Kunststoff der Welt. Hätte man dem Stückchen, das unter schwierigsten experimentellen Bedingungen entstanden war, ein Preisetikett angehängt, dann hätte darauf stehen müssen: Unbezahlbar. Der Wert dieser 0,4 Gramm Kunststoff läßt sich nur mit dem Wert jener Gesteinsproben vergleichen, die amerikanische Astronauten Jahrzehnte später vom Mond auf die Erde brachten.

Um mehr über den neuen Stoff herauszufinden, wiederholten die beiden Forscher den Versuch. In einem Bericht, den Fawcett danach am 7. April dem Forschungskomitee vorlegte, steht: »Die Arbeit über die Reaktion ... bei 2000 Atmosphären wurde eingestellt. Der erste Versuch ergab eine wachsartige Substanz, vermutlich polymerisiertes Ethylen, aber eine Wiederholung resultierte in einer Explosion, welche die Anzeigegeräte zerstörte.«

Im Bericht des folgenden Monats ist dann doch von weiteren Versuchen mit Ethylen die Rede, und zum erstenmal wird das Produkt der Polymerisation näher beschrieben: Es enthält keinen Sauerstoff und wird bei 113 Grad Celsius weich. Trotz weiterer »explosiver Umsetzungen« des hochkomprimierten Gases – die Reaktion ließ sich einfach nicht kontrollieren oder vorhersagen – gewannen Gibson und Fawcett insgesamt knapp vier Gramm Polyethylen. Sie zogen einige Fasern daraus, streckten es zu einer Miniaturfolie und bemerkten, daß ihm auch starke Säuren nichts anhaben konnten.

Fawcett erkannte, daß sie eine bedeutende Entdeckung gemacht hatten. Doch angesichts der häufig explosiv verlaufenden Reaktionen konnte er weder seine Kollegen noch den Laborleiter von der möglichen industriellen Bedeutung des Polymers überzeugen. Je mehr Fawcett sich für die weitere Erforschung des Polyethylens stark machte, um so unbeliebter wurde er. Weil ihn zudem andere Arbeiten in Anspruch nahmen, gab er schließlich auf.

Polyethylen ging erst einmal auf Tauchstation. Zwei Jahre später, im September 1935, zeigte es dann kurz Flagge.

Anlaß war der erste internationale Polymer-Kongreß auf englischem Boden, in Cambridge. Die ganze Makromolekül-Prominenz war vertreten, darunter Staudinger, Meyer und Mark. Auch Fawcett war da. Vor Beginn der Vorträge überflog der junge ICI-Foscher das Manuskript, das Staudinger verfaßt hatte. Darin erwähnte der Altmeister der Polymertheorie auch das Ethylen. Er bezeichnete es als »stabile Verbindung«, die nicht (oder nur unter Schwierigkeiten) polymerisiere – Aussagen, die angesichts der Synthese von Polyethylen hinfällig waren. Der ehemalige ICI-Mitarbeiter A. H. Willbourn erzählt, was dann passierte: »Fawcett glaubte, es sei ein Gebot der Höflichkeit, Staudinger über die Arbeiten der ICI zu unterrichten, bevor er seinen Vortrag hielt. Also begab sich Fawcett am Vorabend zum University Arms Hotel und suchte Staudinger in seinem Zimmer auf. Staudinger glaubte ihm einfach nicht und war nicht bereit, über die Angelegenheit zu sprechen.«

Staudinger hielt seinen Vortrag ohne eine Änderung. Als Herman Mark ihn bei der Feststellung unterstützte, daß Ethylen nicht polymerisiere, erhob sich Fawcett und verkündete vor versammeltem Publikum, daß Ethylen sehr wohl polymerisiere, und zwar bei 170 Grad und hohem Druck. Nach Fawcetts Bekanntmachung wurde nicht weiter über das Polyethylen gesprochen.

Nur drei Monate später tauchte es jedoch wieder auf, diesmal leibhaftig. Zu diesem Zeitpunkt, gegen Ende des Jahres 1935, war das Hochdrucklabor der ICI kaum wiederzuerkennen. Die Apparaturen waren erheblich verbessert worden, und ein neues Team unter der Leitung von Michael Willcox Perrin hatte grünes Licht für neue Ethylen-Versuche bekommen. Für die Komprimierung des Gases gab es jetzt einen getrennten Kreislauf, und die Bombe wurde – anstatt mit brodelndem Öl – nun von einem Kupferblock mit eingebauter Elektroheizung erhitzt. Halbautomatisch gesteuerte Pumpen fuhren den Druck auf einen vorher eingestellten Wert hoch. Selbst Explosionen bedeuteten nun keine Gefahr

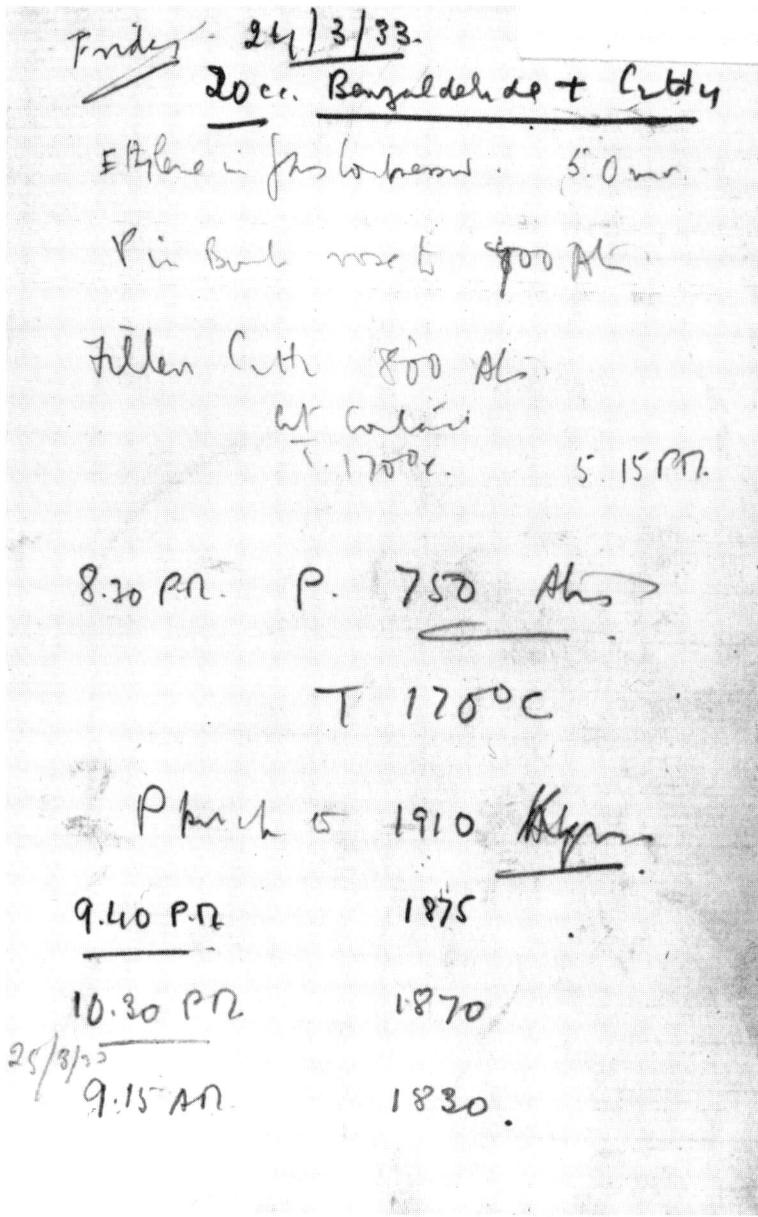
Friday. 24/3/33.
20 cc. Benzaldehyde + C_2H_4
5.15 PM.
8.20 PM. P. 750 Atm
T 170°C
1910
9.40 P.M 1875
10.30 PM 1870
25/3/33
9.15 AM 1830.

Der Tag des Polyethylens: Gibsons Eintrag ins Laborjournal vom 24. März 1933.

mehr, weil die Versuchsgefäße in stabilen Kammern untergebracht waren. Alles war neu, nur die Bombe hatte sich nicht verändert.

Am 20. Dezember wagte Perrin gemeinsam mit John Greves Paton sein erstes Experiment. Der Vorsicht halber hielt er sich strikt an die Anweisungen seiner Vorgänger Fawcett und Gibson. Als 2000 Atmosphären Druck erreicht waren, schalteten sich die Pumpen selbsttätig ab.

Perrin selbst schildert die dann folgenden Ereignisse: »Ich war überhaupt nicht erstaunt, als ich sah, wie der Zeiger des Druckmessers langsam zurückging. Offenbar lief nun die Polymerisation kontinuierlich ab (wobei das Ethylengas in ein festes Polymer umgewandelt wurde); dann wurde der Druck wieder erhöht (indem neues Ethylen in das Gefäß gepumpt wurde). Der Vorgang wiederholte sich so lange, bis der Vorrat an Gas in dem Kompressor verbraucht war. Dann wurde das Reaktionsgefäß gekühlt und geöffnet. Wiederum überraschte es mich nicht besonders, sondern erfüllte mich mit großer Freude, als ich sah, daß das Gefäß offenbar mit einem weißen Pulver gefüllt war. Die Enttäuschung kam erst später, als wir entdeckten, daß das Gesamtgewicht der Masse ungefähr acht Gramm betrug. Offenbar war nicht die Polymerisation allein für den Druckabfall während des Versuchs verantwortlich; es muß eine undichte Stelle an einer der Verbindungen der Apparatur gegeben haben. Wieder einmal spielte das Element des Zufalls eine wichtige Rolle.«

Acht Gramm Polyethylen (PE) beim ersten Probeschuß – das war mehr als das Doppelte dessen, was Fawcett und Gibson in mehreren Versuchen hergestellt hatten. Bei diesem Experiment nun sprach vieles dafür, daß ohne den Zufall kein PE entstanden wäre: Die Ethylen-Leitung hatte ein winziges Leck. Erst Monate später kam man darauf, daß nur eine kleine, aber genau richtige Menge Sauerstoff, die durch das Leck eingeströmt war, die eigentliche Polymerisation des Ethylens ausgelöst hatte.

Diesmal blieb man dem PE auf den Fersen. In weiteren Versuchen fand Perrin heraus, daß die Wärme, die bei der Polymerisation entstand, abgeführt werden mußte; andererseits durfte man nicht zuviel Sauerstoff zuführen, wenn man Explosionen in der Bombe vermeiden wollte. Am 4. Februar 1936 wurde das Verfahren zum Patent angemeldet. Im folgenden Juli zeichnete der Techniker, der die Bombe entwickelt hatte, ein neues Reaktionsgefäß mit neun Liter Inhalt auf dem Reißbrett, und zum Ende des Jahres hatte die ICI bereits ein halbes Kilo PE hergestellt. Nun wußte man so gut über die Reaktion Bescheid, daß der Prozeß des »Scaling-up«, der stufenweisen Vergrößerung der Laborapparatur bis hin zur industriellen Produktion, zuversichtlich in Angriff genommen wurde.

Ab November 1937 lieferte dann eine Pilotanlage stündlich anderthalb Kilo Polyethylen. Wieder einmal mußte man genau hinsehen, wenn man die ursprüngliche Versuchsapparatur wiedererkennen wollte. Michels hatte einen neuen, großen Gaskompressor geliefert, die ehemalige 80-Milliliter-Bombe war gegen das Neun-Liter-Gefäß ausgetauscht worden (das auf eigens dafür gelegten Schienen gerollt werden konnte), und spezielle Schüttel- und Rühreinrichtungen sorgten für Bewegung.

D. W. Ginns, ein ehemaliger ICI-Mitarbeiter, erinnerte sich an die Probeläufe der ersten PE-Produktionsanlage:

Das Hochdruck-Labor der ICI in Winnington. Das PE konnte nur mit den modernsten Geräten hergestellt werden.

»In der Woche vom 16.–23. Juli 1939 wurde Polyethylen zum erstenmal versuchsweise eine Stunde lang in einem 50-Liter-Reaktor produziert. Die erste schriftliche Aufzeichnung einer Produktion datiert auf den 24. Juli 1939, wo es zweieinhalb Stunden dauerte, um die Reaktion in Gang zu setzen. Nach dreiviertel Stunden legte ein kleinerer Defekt im Kompressor die Anlage lahm. Nachdem sie neu angefahren war, lief sie eine halbe Stunde lang; dann blockierte der Fülltrichter des Extruders und mußte gereinigt werden. Als man den Druck zum erneuten Anfahren erhöhte, wurde ein Ring am Reaktorgefäß undicht, und der Reaktor wurde stillgelegt. Die Produktion belief sich auf 25,4 Kilogramm Polyethylen.«

Je weiter sich die Anlage ausdehnte, um so schwieriger wurde es, die versteckten Fehler, die oft zu einem Totalzusammenbruch führten, zu lokalisieren und dann zu beheben. Mal war es nur eine kleine, aber unerwünschte Menge Sauerstoff, die von einem Teil des Kompressors angesaugt wurde und dann die Polymerisation behinderte; mal war es der zu schnelle Wechsel von Anfangshitze zur Prozeßkühlung, der die Qualität des Polyethylens beeinträchtigte. Dauernd mußte repariert und umgebaut, neu entworfen und verändert werden. Scaling-up war (und ist) die ideale Spielwiese für Bastler.

Die wichtigsten Faktoren aller neuen Entwicklungen sind jedoch nicht die Maschinen und Materialien, sondern die Menschen, die sie erschaffen. So führt ICI-Veteran Ginns die bemerkenswerten Erfolge in der PE-Geschichte auf eine ausgezeichnet funktionierende Teamarbeit zurück:

»Es war ein hervorragendes Beispiel für eine kleine, gut ausgewogene, interdisziplinäre Gruppe, die auf ein gemeinsames Ziel hinarbeitete. Das Geheimnis des Erfolgs lag darin begründet, daß die Verantwortung für ein auftauchendes Problem automatisch von dem dafür geeigneten Team-Mitglied übernommen wurde und daß außerdem Arbeiten mit höchster Priorität von allen uneingeschränkt getragen wurden. Die Unterstützung durch die hervorragenden Dienstleistungsangebote, die innerhalb eines großen industriellen Komplexes zur Verfügung stehen, ergänzten die An-

Die Produktion lief nur langsam an: Frühe Fabrik zur Herstellung von Polyethylen.

strengungen des Teams, und auch die ausgezeichneten Leistungen der Techniker, Handwerker und Assistenten lieferten einen bedeutenden Beitrag. Der Zusammenhalt auf allen Ebenen unter diesen außergewöhnlichen Umständen war eine lohnenswerte Erfahrung. Soziologen wären gut beraten, wenn sie den Synergismus eines solchen Teams untersuchen würden, anstatt nach Konflikten Ausschau zu halten.«

Weitere Forschergruppen hatten sich in diesen Jahren, als die Produktionsanlagen gebaut wurden, eingehend mit den Grenzen und Möglichkeiten des Polyethylens beschäftigt. Dabei waren besonders die elektrischen Isolationseigenschaften des Materials aufgefallen. Bald war ein kühner Plan entwickelt: PE sollte ein Unterseekabel ummanteln, das als erste Koaxial-Telephonleitung Europa mit Amerika verbinden würde. Für solche Kabel war ein enormer Bedarf vorhanden, weil die bisherigen Kommunikationsverbindungen über die Meere hinweg – Telegraphie per Kabel und Radiotelephonie – weder ausreichend noch zuverlässig genug waren.

Das Isolationsmaterial der Wahl für Unterwasserkabel war bis dato Guttapercha gewesen, ein naher Verwandter des Kautschuks. Doch nun war mehr gefordert, als Guttapercha leisten konnte. Für eine Telephonleitung über mehrere tausend Kilometer brauchte man ein spezielles Koaxialkabel, dessen Leitungen mehrere Gespräche gleichzeitig übertragen konnten. Weil dabei mit höheren Frequenzen gearbeitet wurde als bei den bislang übertragenen Morsezeichen, brauchte man ein Mantelmaterial, das diese Signale nicht abschwächte. Fügte man diesem Anforderungsprofil noch die Resistenz gegen Salzwasser und eine ausgezeichnete Flexibilität hinzu, verbunden mit mechanischer Festigkeit, dann gab es nur ein einziges Material, das in Frage kam: Polyethylen.

Die erste PE-Fabrik in der Grafschaft Cheshire wurde ausschließlich im Hinblick auf Unterseekabel gebaut. Doch genau an dem Tag, als ihre Reaktoren das erste industrielle PE lieferten, überquerten deutsche Soldaten die Grenze nach Polen. Der Zweite Weltkrieg hatte begonnen. Seine Ankunft gab dem Polyethylen ein neues Aufgabengebiet: Radar. Weil es ein idealer Isolator für Leitungen war, in denen hochfrequente elektromagnetische Wellen hin- und herhuschen, wurde nun der größte Teil des britischen Polyethylens für Radarkabel verwendet. Als man mit der Produktion dieser streng geheimen Abwehrtechnologie nicht mehr nachkam, vergab die ICI ohne Umschweife Lizenzen für ihre PE-Verfahren an die beiden amerikanischen Chemiegiganten Du Pont und Union Carbide.

Ob und in welchem Maße das Radar von kriegsentscheidender Bedeutung war, ist schwer zu ermessen. Sir Robert Watson Watt, einer der Erfinder des Radars, sagte: »Die Verfügbarkeit von Polyethylen verwandelte Design, Produktion, Einbau und Wartung des Flugzeugradars vom beinahe Unmöglichen ins problemlos Machbare. So spielte Polyethylen eine unverzichtbare Rolle in der langen Serie von Siegen in der Luft, zu Wasser und auf dem Land, die durch Radar ermöglicht wurden.«

Letztendlich waren es viele Faktoren, die zu dem Verlauf und dem Ausgang dieses Krieges beitrugen. Eines ist jedoch sicher: Hitlers Plan, England zu besetzen, scheiterte nicht zuletzt am Radar. Seit Juli – und verschärft seit August – 1940 griff die deutsche Luftwaffe englische Städte

Kunststoff für das Vaterland: Mit PE bestücktes Radar wehrte die deutsche Invasion ab.

an, besonders London, Coventry und Birmingham. Die Insel sollte invasionsreif gebombt werden. Doch hatten die Angreifer wohl kaum mit dem Erfolg der elektronischen Luftabwehr gerechnet. An strategisch wichtigen Abschnitten der britischen Südost- und Ostküste reckten sich 120 Meter hohe Masten in den Himmel; an ihren Spitzen waren Radarantennen montiert. Auf den Schirmen der Bodenstationen wurden anfliegende Maschinen bereits in 160 Kilometer Entfernung geortet, auch bei Nacht und Nebel.

Bis zum Ende des Monats Oktober mußte die deutsche Luftwaffe 1733 Flugzeuge als verloren abschreiben. Trotz der psychischen Zermürbung und der physischen Zerstörungen durch die konzentrierten Angriffe gelang es den Engländern unter der Führung von Winston Churchill, den Luft- und Seeraum ihrer Insel erfolgreich zu verteidigen. Im Juni 1941 stellte die deutsche Luftwaffe ihre Bombenflüge ein. Der Verlust der »Battle of Britain«, der Luftschlacht um England, markierte einen der Wendepunkte des Krieges.

Das Radar trug auch ganz besonders dazu bei, der gefürchteten deutschen »U-Boot-Waffe« die Schärfe zu nehmen. Mit seinen Funkechos wurden aufgetauchte Unterseeboote geortet, und mit ihm wurden die Piloten von Nachtbombern positionsgenau zu ihren Zielen gelenkt. Ein wichtiges Bauelement dieses Flugzeugradars war das kurz zuvor erfundene Polyethylen. Ohne diesen Kunststoff hätte die elektronische Abwehrwaffe nicht zu einer derartigen Wirksamkeit entwickelt werden können. Als Fawcett und Gibson am 27. März 1933 in Winnington jene 0,4 Gramm eines wachsähnlichen Überzugs aus dem Reaktionsgefäß herausschabten, hielten sie auch ein Stück Weltgeschichte in der Hand.

DER NYLON-AUFSTAND

Nachtwache für »Nylons«: Bei dem Run auf die Strümpfe machte Du Pont Millionen-Umsätze.

Im September 1945, der Krieg war kaum beendet, wurden die Vereinigten Staaten von inneren Unruhen heimgesucht. Eigenartigerweise werden heute die damit verbundenen Ereignisse von Historikern nur am Rande erwähnt. Dabei müssen mehrere dieser Vorkommnisse durchaus unter der Kategorie »Aufruhr« eingeordnet werden. Ursache der Unruhen waren Nylonstrümpfe.

Angesichts der Trivialität dieses Gegenstands mag die Behauptung, es habe sich tatsächlich um einen Aufruhr gehandelt, gewagt erscheinen. Sie läßt sich jedoch belegen. Hier die Schlagzeilen von führenden amerikanischen Tageszeitungen aus jenen Tagen im September und Oktober 1945: »Frauen riskieren Leib und Leben bei der Schlacht um Nylonstrümpfe« *Augusta Chronicle*

»30 000 Frauen laufen Sturm auf Nylonstrümpfe« *The New York Times*

»Schreiende Menschenmengen stürmen Nylonstrumpf-Verkaufsstand« *Minneapolis Star Journal*

»Tausende stürmen die Verkaufsstände für Nylonstrümpfe« *Cleveland Press*

Man ist versucht, den Kopf zu schütteln. Genau das taten jene zwanzig Polizisten, die – mit der Unterstützung durch drei Streifenwagen – am Morgen des 27. September 1945 vor der Sultana Hosiery Company in der New Yorker Nassau Street ihr Bestes gaben, um eine wogende Menge hysterischer Frauen zu beruhigen. Als die Rolläden des Kaufhauses hochgezogen wurden, steigerten sich die ungeduldigen Rufe zu einem Crescendo. Der Sturm auf die Ladentheke, der jeden Moment losbrechen konnte, wurde im letzten Augenblick durch den heroischen Einsatz der Polizisten gebändigt.

Damals zeigte ein Cartoon in einer Tageszeitung einen hohen Polizeioffizier, der einem Streifenpolizisten anerkennend auf die Schulter klopfte. In der Spruchblase stand: »Ich werde Sie für eine Beförderung vorschlagen. Schließlich waren Sie bei 25 Nylonstrumpfverkäufen im Einsatz und hatten keinen einzigen Verletzten!«

Bob Hope, Komiker aus Passion, schrieb in diesem heißen Herbst, daß es zu Weihnachten wieder ausreichend Nylonstrümpfe geben werde. Das war im September. Er fügte hinzu: »Ich will nicht sagen, daß die Frauen es kaum abwarten

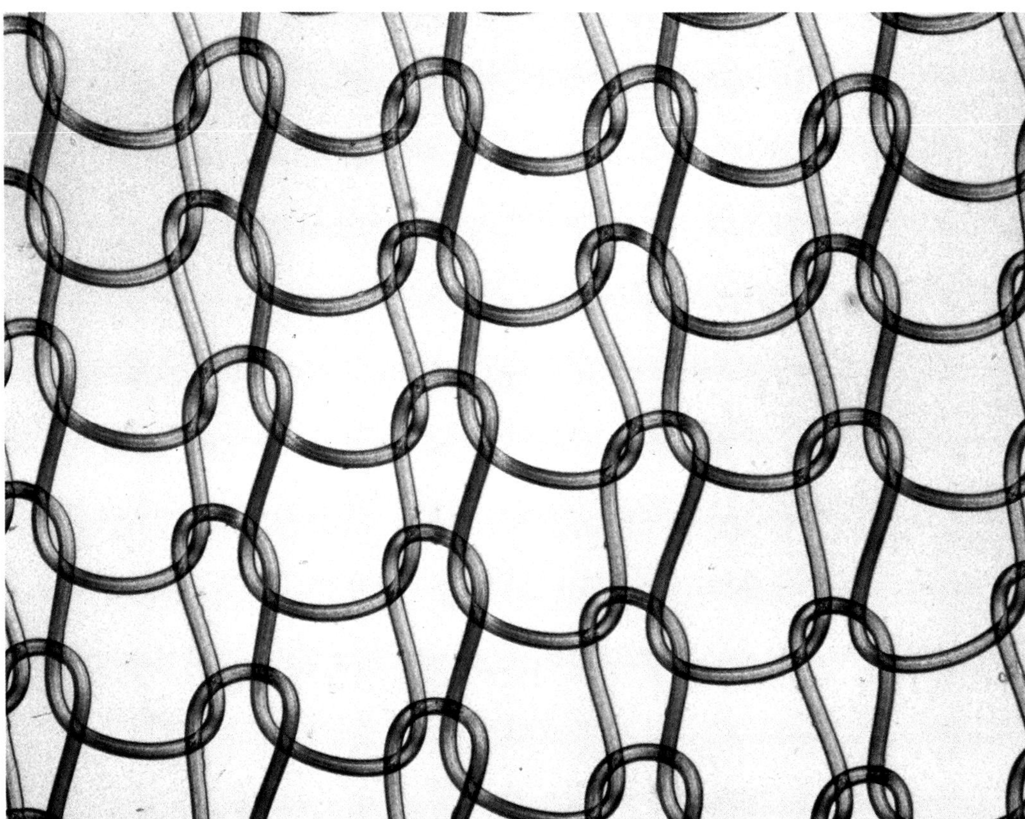

Feine Masche: Ein Polyamid-Strumpf unter dem Mikroskop.

können. Aber dies ist das erste Mal, daß der Kongreß 50 Millionen Briefe bekommen hat, in denen die Bitte ausgesprochen wird, die Monate Oktober und November abzuschaffen.«

Amerikanische Frauen verhielten sich, als sei Nylon ein besonders köstliches Dessert, das sie jahrelang nicht auf den Tisch bekommen hätten, weil ihr Land Krieg führte. Noch während die US-Truppen in Europa kämpften, wurden sechzig junge Frauen aus der Stadt Tulsa gefragt, was sie am meisten entbehrten. Zwanzig von ihnen antworteten: Männer; die übrigen vierzig sagten: Nylonstrümpfe. Man kann nur hoffen, daß sich die amerikanischen Männer nicht zu sehr von diesen Antworten getroffen fühlen; zumindest verraten sie einiges über die geheimen Wünsche der American Girls und Ladies.

Am 15. Mai 1940 hatte die Verkaufsabteilung des amerikanischen Chemieunternehmens Du Pont zum erstenmal Nylonstrümpfe in einer USA-weiten Aktion angeboten. Der Erfolg übertraf die höchstgespannten Erwartungen. Allein in New York City waren nach wenigen Stunden vier Millionen Paar verkauft. Es dauerte nur einige Monate, da mußte Du Pont eine zweite Nylonfabrik bauen, und das Magazin *Fortune* schrieb: »Die amerikanischen Frauen scheinen sich bereits in zwei Lager gespalten zu haben: in eine kleine, engagierte Anti-Nylon-Fraktion auf der einen und eine größere, enthusiastische Pro-Nylon-Gruppe auf der anderen Seite.« Die Stimme des Volkes sprach auch aus jener New Yorker Briefschreiberin, die sich über den uniformen Zuschnitt der Strümpfe beklagte: »Einige Millionen von uns sind – um es gelinde auszudrücken – dick und haben breite Knie. Fast alle Nylonstrümpfe aber sind auf die schlanke Linie zugeschnitten. Sie reißen deshalb und tun an den Knien weh.«

Du Pont kam mit der Produktion nicht nach. Als die USA im Dezember 1941 in den Krieg eintraten, dauerte es nur drei Monate, da wurde der gesamte Nylonausstoß für militärische Zwecke gebraucht. Der Traum von den engen, glänzenden Strümpfen, die ihren Trägerinnen eine unwiderstehliche Anziehungskraft zu verleihen schienen, war vorerst ausgeträumt.

Liebling der Damen: Fünf Jahre mußten die amerikanischen Frauen auf Nylonstrümpfe warten.

Nylon, dieser leichte, feste Kunststoff, stand eigentlich immer auf der sonnigen Seite des Lebens – mit einer Ausnahme: der menschlichen Tragödie seines Erfinders. Dieser Mann, Wallace Hume Carothers, trug die Züge eines Genies. Seine Begabungen wurden jedoch von Depressionen überschattet. Am 29. April 1937, drei Wochen nachdem das grundlegende Patent für seinen Kunststoff Nylon angemeldet war, nahm sich Carothers das Leben. Er tat dies in der Überzeugung, daß er als Wissenschaftler versagt hatte.

Carothers hatte einmal einen Wunsch geäußert. Wenn er noch einmal auf die Welt käme, so sagte er wenige Jahre vor seinem Tod, dann wolle er nicht Chemiker werden, sondern Musiker. Sein künstlerisches Empfinden war *ein* Ausdruck seiner Sensibilität – seine Zustände der Verzweiflung ein anderer. Und doch galt seine Liebe der Wissenschaft.

Carothers, 1896 im Staat Iowa geboren, lernte zuerst Bürokaufmann, dann belegte er Kurse in Chemie. Sein Lehrer schrieb: »Er zeigte sofort ein ausdauerndes Interesse für Chemie und die physikalischen Wissenschaften. Mit seinen Erfolgen ließ er die anderen Studenten seiner Klasse schnell hinter sich.«

Wenn Carothers eine Arbeit anfing, dann führte er sie auch zu Ende – stets mit äußerster Perfektion. Nach Abschluß seines Studiums in Urbana, Illinois, bekam er einen befristeten Lehrauftrag an der Universität von South Dakota. »Die ganze Zeit, in der er nicht unterrichtete, führte er Untersuchungen im Labor durch«, erinnerte sich sein Vorgesetzter später. »Einige seiner… Freunde versuchten ihn zu überreden, ein wenig Abstand von seiner ununterbrochenen Arbeit zu nehmen, jedoch ohne Erfolg. Er war wie getrieben von den vielen Dingen, die es ihm wert schienen, im Labor untersucht zu werden.« Anschließend ging Carothers zurück an die Universität von Urbana. 1924 schrieb der Leiter seiner Fakultät: »Er war einer der hervorragendsten Studenten, denen an der Universität von Illinois je ein Doktorgrad verliehen wurde.« Nachdem er dort zwei Jahre unterrichtet hatte, bot die Eliteuniversität Harvard dem brillanten Chemiker einen Lehrstuhl an.

Carothers hatte sein erstes Unterrichtssemester in Harvard noch nicht beendet, da verkündete im ferngelegenen Wilmington, südlich von Philadelphia, der Direktor eines großen Industrieunternehmens ketzerische Gedanken. Der Mann hieß Charles Stine und leitete die chemische Abteilung bei Du Pont. »Wir nehmen in unser … Budget für 1927 einen Posten von 20 000 Dollar auf, der – aus Ermangelung eines besseren Namens – für reine Wissenschaft oder Grundlagenforschung bestimmt ist.«

Das war ein revolutionäres Wort aus kompetentem Munde. Wissenschaftliche Grundlagenforschung ohne Ausrichtung auf ihre unmittelbare praktische Umsetzung zu betreiben – das war in der chemischen Industrie Deutschlands lange Zeit traditionelle Praxis gewesen. In den Forschungsabteilungen der US-Firmen war dies jedoch die große Ausnahme. Daran änderten auch die mahnenden Worte des künftigen Präsidenten Herbert Hoover wenig, daß der rasante Fortschritt der industriellen Entwicklung das vorhandene akademische Wissen bedrohlich schnell veralten lasse. Dies aber bilde schließlich die Quelle eben jenes Fortschritts.

Stine hatte also gute Gründe für seinen Vorstoß. Die Industrie, so argumentierte er, brauche dringend neue Materialien, aus denen sie dann neue Gegenstände schaffen könne. Seine Hoffnung war, daß die Grundlagenforschung Wege zu diesen Materialien bahnen würde. Eines der fünf Gebiete, die Stine fördern wollte, war die Erforschung der Polymerisation. Als Leiter dieses Projekts wurde Wallace Hume Carothers vorgeschlagen.

Doch Carothers lehnte ab. Er fürchtete den Verlust »der wirklichen Freiheit und Unabhängigkeit und Sicherheit einer Universitätsstelle«. Dafür könnten ihn auch die versprochenen 5000 Dollar Jahresgehalt – 1800 mehr, als er in Harvard bezog – nicht entschädigen. Er hatte allerdings eine weitere drückende Sorge: Daß seine immer wiederkehrenden »neurotischen Phasen verminderter Leistungsfähigkeit« im industriellen Umfeld ein viel schwerwiegenderes Handikap darstellen würden als an der Universität.

Doch nach einem Besuch von Stines Assistent willigte Carothers ein. Damit war er Leiter der »Gruppe Organische Chemie« im Forschungslabor von Du Pont, befreit von allen Aufgaben, die den freien Flug seiner Gedanken hindern konnten. Schon in Harvard hatte sich Carothers mit Polymeren befaßt und die Arbeiten aller bedeutenden Wissenschaftler auf diesem Gebiet gelesen, einschließlich der Veröffentlichungen Staudingers. Mit drei Kollegen stürzte sich Carothers bei Du Pont nun Hals über Kopf in die Makromolekülforschung. »Ich möchte dieses Problem von der synthetischen Seite her angehen«, schrieb er an einen Freund. »Eine Aufgabe wäre die Synthese von Verbindungen mit hohem Molekulargewicht ... Ich halte es für durchaus möglich, Fischers Rekord von 4200 zu schlagen. Das wäre ausgezeichnet, und bald werden wir hier die Möglichkeit haben, diese Substanzen mit den modernsten und leistungsfähigsten Apparaturen zu untersuchen.« Es dauerte nur wenige Monate, da hatte sich der zielstrebige, fast verbissen schaffende Mann in die internationale Spitzenliga der Polymer-Chemiker emporgearbeitet.

Genie mit depressiven Zügen: Wallace Hume Carothers, der Erfinder des Nylons.

Er begann mit einem Artikel über die Bildung von Riesenmolekülen. Darin erläuterte er ein fast vollständiges Konzept der Polykondensation – einem Vorgang der Polymer-Entstehung, bei dem kom-

Schlüsselerlebnis: »Als Hill den Faden abreißen wollte, dehnte er sich um ein Mehrfaches.«

plexe chemische Prozesse stattfinden. Die Polykondensation verläuft anders als die »normale« Polymerisation. Zwar reihen sich auch bei der Polykondensation die Monomere aneinander, spalten dabei aber Moleküle ab – Wasser zum Beispiel oder Salzsäure. Das Produkt dieser Makromolekülentstehung heißt Polykondensat.

Bakelit war ein Polykondensat, und Nylon sollte auch eines werden. Doch auf dem Weg zum Nylon machte Carothers zunächst noch eine andere Entdeckung: Er fand ein Material, auf das heute Windsurfer, Taucher und Wildwasserpaddler nicht mehr verzichten wollen – Neopren.

Carothers' Team mußte nicht mehr beim Jahr Null des Neoprens beginnen, denn ein anderer hatte die Vorarbeit geleistet: Arthur Nieuwland, Pater und Ordensmitglied der Kongregation des Heiligen Kreuzes. Nieuwland war der Sohn emigrierter flämischer Eltern. Er hatte kurz vor der Jahrhundertwende an der Notre Dame Universität in Indiana studiert, einer Hochschule, die von dem Orden des Heiligen Kreuzes geleitet wurde. Anschließend wandte er sich der Erforschung des Acetylens zu. Der Naturwissenschaftler in der Mönchskutte verfolgte die komplizierten Reaktionen dieses einfachen Gases geduldig über mehr als zwei Jahrzehnte. Er stellte schließlich Divinylacetylen her, ein Molekül, das aus je sechs Kohlenstoff- und Wasserstoffatomen besteht. Divinylacetylen sah aus wie Olivenöl – mit dem Unterschied, daß es sich verfestigte, wenn man es stehenließ und dabei manchmal explodierte, ohne ersichtlichen Grund.

Wenn man dieses polymere Acetylen mit Chlorschwefel behandelte, entstand laut Nieuwland »eine elastische Substanz, die stark dem Naturkautschuk glich«. Nieuwland berichtete auf einer Tagung der Chemischen Gesellschaft über seine Entdeckung. Im Auditorium saß Elmer Bolton. Er war leitender Chemiker bei Du Pont und hörte genau zu. Nach dem Vortrag sprach er Nieuwland an. Aus diesem ersten Kontakt entwikkelte sich in den folgenden Jahren eine enge Zusammenarbeit des Chemie-Paters mit der Chemie-Firma.

Als dann Carothers in den Konzern eintrat, bat ihn Bolton, das Divinylacetylen zu untersuchen. Im Laufe der Forschungen schlug Carothers vor, mit einer neuen Kombination zu experimentieren: Monovinylacetylen und Salzsäure. Das Resultat war eine Flüssigkeit, die spontan zu polymerisieren begann. Die Untersuchung ergab, daß das Team künstlichen Kautschuk hergestellt hatte – Neopren.

Im Krieg, Jahre nach Carothers' Tod, wurden Zehntausende Tonnen Neopren produziert. Zwar war es die teuerste aller amerikanischen Kunstkautschukarten, zugleich aber die einzige, die dem Naturgummi nur in wenigen Eigenschaften unterlegen war.

Nieuwland starb zehn Monate vor Carothers. Von den Lizenzen für seine Erfindung sah er keinen Cent. Nicht etwa, weil Du Pont ihn übervorteilt hätte, sondern weil er ein Armutsgelübde abgelegt hatte. Die beträchtlichen Einnahmen flossen statt dessen in die Kasse seiner geliebten Notre Dame University in Indiana.

Du Pont hatte Carothers mit allen Freiheiten ausgestattet, die sich ein der Forschung ergebener Wissenschaftler nur wünschen kann. Der Chemiker nutzte die einmaligen Bedingungen ganz im Sinne seines Brotgebers. Er versuchte hartnäckig, seine theoretischen Überlegungen zur Polykondensation praktisch umzusetzen. Mit einer simplen und genialen Logik vollzog er altbekannte Reaktionen der organischen Chemie nach, veränderte aber die Zutaten: Er setzte Verbindungen mit zwei »aktiven« Enden ein.

Der Durchbruch kam, als Carothers' Team es mit der Molekulardestillation versuchte. Dabei wird die Substanz, um die es geht, im Hochvakuum erhitzt. Direkt über ihr sorgt ein Kühler dafür, daß die ausgasenden Stoffe schleunigst abgeführt werden. Auf diese Weise gelang es den Forschern, polymere Ester herzustellen – Verbindungen, die aus Säuren und Alkoholen entstehen.

Eines Tages erhitzte Carothers' Mitarbeiter Julian Hill eine erstarrte Polyestermasse. Als sie flüssig war, tauchte er einen Glasstab hinein. Der dicke Faden, den er aus der Masse herauszog, wurde schnell fest. Als er ihn mit dem Finger abreißen wollte, passierte etwas Unerwartetes: Der Faden dehnte sich auf ein Mehrfaches seiner ursprünglichen Länge. Obwohl nun dünner, war das Filament offenbar viel fester geworden. Hill hatte die Technik des »Kaltziehens« entdeckt. Wie später deutlich wurde, orientieren sich dabei die Moleküle des Fadens, die zunächst unregelmäßig im Raum gelagert sind, in eine Richtung. Auf diese Weise wird die zuvor undurchsichtige Faser durchscheinend und fester.

Mit seinen klar strukturierten Versuchsreihen war Carothers dem Ziel eines Superkunststoffs bereits viel näher gekommen. Nur die Polyester schienen sich nicht für eine Weiterentwicklung zu eignen: Die aus ihnen gezogenen Fäden

Für Surfer und Taucher unentbehrlich: der Kunstkautschuk Neopren, erfunden von Carothers.

schmolzen bereits bei relativ niedrigen Temperaturen, und außerdem waren die chemischen Bindungen durch die Ester zu schwach. Carothers war enttäuscht und hatte sich bereits auf einen Mißerfolg seiner Bemühungen eingestellt. Da entschloß er sich, es noch einmal zu probieren. Diesmal arbeitete er mit Aminen und nicht mit Estern. Bei der Reaktion Amin/Säure wird Wasser abgespalten, das Ergebnis wird Amid genannt. Um diese Amide ging es: Sie waren stabiler als die Ester.

Nun standen also Polyamide auf dem Forschungsprogramm. Über mehrere Jahre hinweg probierten die Chemiker unterschiedliche Kombinationen von (Di)Aminen und Säuren. Wieder war Carothers mehrfach kurz davor, alles hinzuwerfen. Dann aber, am 28. Februar 1935, umringte das Team ein Gefäß, das ein Produkt aus Adipinsäure und Hexamethylendiamin enthielt: Nylon.

Bevor Nylon dann 1938 auf den Markt kam, hatten Wissenschaftler elf Jahre lang an seiner Vorbereitung gearbeitet und dabei 27 Millionen Dollar verbraucht. Allein die Versuche, das Polyamid zu einem Endlosfaden zu spinnen, hielt 230 Fachleute auf Trab. Ihre Arbeit mündete schließlich in ein neues Verfahren, das Schmelzspinnen. Dabei wird heiße Polymer-Schmelze durch eine Düse gepreßt. Der entstehende Faden wird abgekühlt und dann kalt »verstreckt«, um ihm Glanz und Festigkeit zu geben.

In diesen Jahren, in denen er die Erfindung des Nylons vorbereitete, publizierte Carothers viele bedeutende Arbeiten zur Polymer-Chemie und hielt Vorträge in überfüllten Sälen. Er galt damals als der bedeutendste Polymer-Spezialist der USA. 1934 stieß Paul Flory zu seinem Team, ein physikalisch orientierter Chemiker. Er scheute sich nicht einzugestehen, daß er von Polymeren nichts verstand. Später sagte er: »Durch meinen Kontakt zu Carothers entwickelte ich ein erstes Interesse für die Erforschung der Grundlagen von Polymerisation und Polymeren. Seine Überzeugung, daß Polymere es durchaus wert sind, wissenschaftlich untersucht zu werden, wirkte ansteckend.«

Unter Carothers' Anleitung entwikkelte sich Flory zu einem der bedeutendsten Theoretiker der Polymerchemie. So entwarf er unter anderem ein mathematisches Modell für die Vernetzung von Makromolekülen, wie sie sich beim Übergang eines flüssigen Polymers zu einem elastischen Material ereignet. Flory wechselte von Du Pont zur Standard Oil und schließlich zu Goodyear, wo er einen Kleinkrieg mit einem pedantischen Vorgesetzten anzettelte. Dieser Forschungsleiter bestand auf strikten Regelungen. So schrieb er vor, wann die Fenster zu öffnen oder zu schließen waren, wann man die Vorhänge zuziehen durfte und daß die Arbeitszeit minutengenau einzuhalten war. Entnervt wechselte Flory schließlich ins Reich der akademischen Forschung über. Diesen Entschluß begründete er mit dem Satz: »Ich war es leid, künstliche Perlen vor echte Säue zu werfen.«

Doch zurück zum Nylon und seinem Erfinder. Carothers erlebte den Erfolg seiner Polyamidfaser nicht mehr. Bei Du Pont hatte man für seine oft Monate anhaltenden Depressionen großes Verständnis gezeigt und ihn mit der besten ärztlichen Behandlung unterstützt. Sein

Mentor, der bekannte Chemiker Roger Adams, schrieb ihm am 24. Juli 1934: »Was Deinen Komplex angeht, ... so kann ich nur sagen, daß ich niemanden kenne, bei dem eine solche Verfassung so wenig zu rechtfertigen wäre wie bei Dir. ... Dein Name ist in der Chemie weithin bekannt ... Ich darf hinzufügen, daß man Dich und Deine Arbeit in der Du Pont Company – wie Du genau weißt – bewundert.«

Wenn ihn Depressionen überkamen, konnte nichts und niemand Carothers davon abbringen, an seinen Fähigkeiten und Errungenschaften zu zweifeln. Im Juni 1936 erlitt er einen Nervenzusammenbruch und verbrachte fünf Wochen in einer Klinik. Am 7. Januar 1937 starb seine über alles geliebte Schwester Isabel. Für Carothers stürzte eine Welt zusammen. Von diesem Schock erholte er sich nicht. Am Morgen des 29. April 1937 mietete er ein Zimmer in einem Hotel in Philadelphia. Abends fand man ihn tot. Er hatte sich mit Zyankali das Leben genommen.

Im Juli 1938 kam Nylon auf den Markt. Als erstes verpaßte es Amerikas berühmtesten Zahnbürsten – denen von Dr. West – neue Borsten. Am 27. Oktober 1938 hielt der Du Pont-Manager Charles Stine dann eine Rede, die weltweit Aufsehen erregte: »Ich kündige hiermit zum erstenmal eine absolut neue Kunstfaser an ... die erste von Menschenhand hergestellte organische Textilfaser, die ausschließlich aus Materialien des Mineralreichs besteht ... charakterisiert durch extreme Zugfestigkeit und Stärke ... Obwohl es aus nichts anderem als gängigen Rohstoffen wie Kohle, Wasser und Luft besteht, kann Nylon zu Fäden gezogen werden, die stark sind wie Stahl, fein wie ein Spinnennetz, aber geschmeidiger als jede gebräuchliche Naturfaser, mit einem wunderbaren Glanz.«

Premiere al dente: Als erstes half Nylon beim Zähneputzen.

Als Amerika in den Krieg eintrat, hatten seine Frauen gerade ihr erstes Verlangen nach »nylons« gestillt. Dann kam der Nylonstop für die Zivilbevölkerung. Je länger der Krieg dauerte, um so quälender wurden die Entzugserscheinungen. Nylonstrümpfe wurden auf Auktionen hoch gehandelt, waren zeitweise sogar eine stabile Gegenwährung. Die amerikanischen Geheimdienste setzten sie elegant als bargeldloses Zahlungsmittel ein, um an kriegswichtige Informationen zu kommen.

Ab 1942 verwandelte sich der modische Kunststoff in ein Werkzeug des Krieges. Besonders auf dem pazifischen Kampfschauplatz bewährten sich Produkte aus Nylon auf Anhieb. Weil die Amerikaner nun von ihren Rohseidenquellen abgeschnitten waren, fertigten sie ihre Fallschirme fortan aus dem neuen Polyamid. Seile, Bekleidung, Hängematten, Netze und Schnürsenkel aus Naturmaterialien wurden in dem feucht-heißen Klima der pazifischen Inseln schnell mürbe. Nylon aber hielt durch. Fliegerkombis aus Nylon retteten vielen abgestürzten Piloten das Leben, weil sie vor Insekten und Sonne schützten, schnell trockneten und nicht zerrissen. Erst der Einsatz von reißfestem Nylonseil ermöglichte eine neue Art der Luftrettung. Dabei mußte die Maschine nicht landen, sondern der Verletzte wurde beim Überflug an das Seil gehängt.

Auch in der Medizin wurden die Vorteile der hauchdünn streckbaren Fäden schnell erkannt. Mit Nylon wurden Wunden vernäht, und aus Nylon wurden Filter gewebt, mit denen sich sauberes Blutplasma gewinnen ließ. Nicht zuletzt konnten die GIs auf den Pazifischen Inseln nun ruhiger schlafen – dank Nylon. Am 17. Juli 1945 berichtete ein Korrespondent in einem Du Pont-Memorandum: »In einer einzigen Nacht haben Termiten eine Hängematte aus Naturfasern zerfressen. Der schlafende Soldat fiel in den Dreck. Auf Hängematten aus Nylon haben die Termiten jedoch keinen Appetit.«

DER WIRTSCHAFTSWUNDERFADEN

Im Juli 1938 machten sich einige Direktoren der I.G. Farben auf den Weg nach Wilmington in den USA. Sie wollten dort mit dem Chemieunternehmen Du Pont über Lizenzen verhandeln. Ihr Schiff war noch auf hoher See, da trafen in Berlin Direktoren von Du Pont ein. Sie wollten mit der I.G. über Lizenzen verhandeln. Keine der beiden Gruppen wußte von der anderen.

Die Du Pont-Leute hatten Nylon im Gepäck. In Berlin legten sie eine für damalige Verhältnisse eindrucksvolle Kollektion von Produkten vor: Stoffbahnen, Garne und die berühmten Damenstrümpfe. Die I.G.-Leute zögerten nicht und präsentierten ihrerseits Fäden, Bänder und Stoffmuster aus einer Kunstseide, die sich in nichts von dem amerikanischen Nylon zu unterscheiden schien. Auf beiden Seiten herrschte Verwirrung.

Deutsches Nylon – das konnte, das durfte es nicht geben! Denn Du Pont hatte Carothers' Erfindungen so gründlich mit Patenten absichern lassen, daß es aus der Sicht der amerikanischen Chemiker nicht die geringste Chance gab, eine Polyamid-Faser herzustellen, ohne die Patentrechte zu verletzen. Doch die I.G.-Chemiker hatten eine Erklärung parat, die die Amerikaner wohl oder übel schlucken mußten: Der deutsche Forscher Paul Schlack habe einen Weg gefunden, so behaupteten sie, eine Polyamidfaser aus Caprolactam herzustellen. Von diesem Caprolactam hatte Carothers ausdrücklich behauptet, aus ihm lasse sich *kein* Polyamid herstellen. Daß Schlack mit seiner Entwicklung ausgerechnet diese Lücke in den Du Pont-Patenten gefunden habe, sei reiner Zufall gewesen.

Juristisch unangreifbar: Paul Schlack nutzte mit seinem Perlon eine Patentlücke von Du Pont aus.

Eine Nachprüfung ergab, daß die Behauptungen Hand und Fuß hatten. Die deutsche Polyamidfaser war rechtlich unangreifbar. Paul Schlack, Forschungsleiter bei der Berliner I.G.-Kunstseidenfabrik »Aceta«, hatte das Konkurrenzprodukt zu Nylon erfunden, ohne die Patente von Du Pont zu verletzen. Seine Faser sollte einen Namen bekommen, der nach dem Krieg stellvertretend für das deutsche Wirtschaftswunder stand: Perlon.

Schlack, Stuttgarter des Jahrgangs 1897, hatte Chemie studiert und in einem Kopenhagener Labor mit Eiweißen experimentiert. In den schwierigen Jahren nach dem Ersten Weltkrieg nahm er das Angebot der AGFA an, in einem Berliner Kunstseidelabor zu forschen. Schlack war nicht sonderlich begeistert, denn das für ihn neue Arbeitsgebiet erforderte ein komplettes Umlernen. Da erfuhr er vom Tod des französischen Grafen Hilaire de Chardonnet, der, wie bereits erwähnt, die Kunstseidenindustrie begründet hatte, aber letztendlich daran gescheitert war. Schlack: »Die Nachrufe auf diesen verdienstvollen Pionier beeindruckten mich so, daß ich zu dem Entschluß kam, den eingeschlagenen Weg endgültig zu bejahen.«

Schlacks Aufgabe war es, die herkömmliche Acetatseide aus Zellulose so zu verändern, daß sie sich leichter und besser färben ließ. Doch diese Aufgabe füllte ihn nicht aus. Deshalb legte er sich ein Hobby zu: Er experimentierte mit verschiedenen Substanzen, um eine Synthesefaser zu entwickeln. Sie sollte der Acetatseide überlegen und der Naturseide zumindest ebenbürtig sein. Schlack verwendete für seine Versuche teilweise dieselben Stoffe wie Carothers.

Sowohl in Wilmington als auch in Berlin hatten die Forscher für ihre ersten Versuche eine Aminocapronsäure gewählt. Doch weder Schlack noch Carothers kamen damit weiter. Während Carothers jedoch mit anderen Substanzen weiterforschen konnte, mußte Schack seine Arbeiten unter dem Druck der Wirtschaftskrise einstellen. Nicht nur waren die Chemikalien, die er für sein Hobby benötigte, zu teuer; auch die Kunstfasern, die er synthetisieren wollte, würden unerschwinglich sein – so das Argument seiner Vorgesetzten.

In mehreren Vorträgen schilderte Schlack später, was dann im Jahre 1935 geschah: »Eines Tages lagen die ersten umfangreichen Patentschriften von Carothers auf meinem Schreibtisch. Ich studierte sie an einem Sonntag am Tegeler See. Was ich da las, verschlug mir den Atem. Nun sah man, was in der Krisenzeit verpaßt worden war. ... Unsere alten Arbeiten wurden wieder aufgegriffen. Aber war es überhaupt noch möglich, um diese sehr gut abgefaßten und weitreichenden Schutzrechte herumzukommen? Zunächst schien es kaum möglich, technisch aussichtsreiche Wege zu finden, die ohne Kollision mit den amerikanischen Patenten vielleicht zum Ziel führen konnten. ... So blieb schließlich nichts anderes übrig, als zurückzukehren zu den ersten Versuchen der Jahre 1929/30, die Aminocapronsäure zur Basis hatten.«

Ein Ausgangsstoff für diese Aminocapronsäure war Caprolactam. Dieselbe Substanz – Caprolactam – tauchte im Laufe des Prozesses dann wieder auf, diesmal aber als Nebenprodukt, das in größeren Mengen anfiel. Schlack überlegte, ob er sich nicht den Umweg über die Aminocapronsäure ersparen könnte; vielleicht war es ja möglich, das Lactam direkt in ein Polyamid zu verwandeln.

»Noch wußte ich nicht, daß die amerikanischen Forscher dies bereits versucht hatten, aber ohne Erfolg. Vielleicht hätte mich die Kenntnis des völlig negativen Resultates davon abgehalten, die Idee weiter zu verfolgen. So haben wir denn, mein Laborant und ich, reines Caprolactam mit 1/150 Mol Aminocapronsäurehydrochlorid und einer Spur Wasser in ein Glasrohr eingeschmolzen und dieses in der Nacht vom 28. auf den 29. Januar 1938 in einem sogenannten Bombenofen auf 240 Grad erhitzt. ... Eigentlich erwarteten wir nur ein halbes Resultat, eine Ermutigung. Doch das Unwahrscheinliche wurde Ereignis. Dieser erste Versuch war ein voller Erfolg. Als wir am Morgen das Rohr öffneten, konnten wir ein hochelastisches Formstück Polyamid 6 entnehmen. Es schmolz ohne Zersetzung an der Flamme, und aus der angeschmolzenen Stelle ließen sich lange Fäden abziehen, die nach einem nachträglichen Ausrecken sogleich eine noch höhere Festigkeit aufwiesen als das Vorbild, als das Gespinst des Bombyx mori, der Seidenraupe.

Mikroskopisches Kunstwerk: Caprolactam, die Vorstufe von Polyamid-Fasern.

Mit unwahrscheinlich geringem Aufwand war dieser Erfolg erzielt worden. Lediglich ein guter Laborant, ein Chemiestudent ohne Abschluß, war bis zu diesem Zeitpunkt an den Versuchen beteiligt, und ich selbst hatte mich nur im Nebenschluß zu meinen Tagesaufgaben mit der Sache befaßt.... Jetzt war es auch an der Zeit, den Vorgesetzten in Wolfen zu orientieren und ihn zu einem Besuch einzuladen. Der vermutete nur einen kleinen Fortschritt und ließ sich Zeit. Als er dann nach vierzehn Tagen endlich erschien, waren bereits eine improvisierte Produktion des Rohstoffs Lactam und die Herstellung größerer Mengen des Polymerisats im Gange. Stäbe aus fertigem Polyamid lagen zur Inspektion bereit, dazu ein Vorschlaghammer, um die mechanischen Eigenschaften zu testen. Auch dem Boß gelang es nicht, einen solchen Polyamidstab zu zertrümmern. In einem Nebengebäude stand eine kleine, primitive Spinnmaschine, die aus einer einzigen Spinndüse mit einer einzigen feinen Bohrung den endlosen Faden lieferte. Noch heute sehe ich diesen Direktor, Dr. J. Kleine, vor mir stehen, wie er sich den Spinnapparat kopfschüttelnd ansah und dann verdutzt die Frage stellte: ›Ja, reißt denn das nie ab?‹ Meine Antwort war: ›Der Faden spinnt bereits seit fünf Stunden aus dieser Düse, und abrei-

»Die Soldaten der Deutschen Wehrmacht fielen an Fallschirmen aus Perlon über ihre Nachbarn her, während die US Air Force mit Nylon vom Himmel fiel.«

ßen wird er erst, wenn der Vorrat an Schmelze erschöpft ist.‹ Als ich ihm dann noch Musterkarten mit schönen und echten Anfärbungen in zahlreichen Tönen zeigen konnte, war sein Urteil fertig: ›Herr Schlack, das wird Ihre Lebensarbeit.‹«

Wie es der Zufall wollte, arbeitete zur selben Zeit ein Chemiker in der Tschechoslowakei ebenfalls an der Polymerisation von Lactam. Gerade als er seine Erfindung patentieren lassen wollte, traf die Anmeldung von Schlacks Patent in Prag ein. Ebenso eigenartig ist die Tatsache, daß einer der größten Polymer-Chemiker dieser Zeit – Carothers – ausgerechnet vom Caprolactam behauptet hatte, es lasse sich nicht zu Polyamiden polymerisieren. Sein Irrtum öffnete die juristische Nische, die Schlack dann mit seinen Patenten besetzen konnte.

Bereits nach wenigen Wochen liefen in mehreren Fabriken der I.G. die Entwicklungsarbeiten für das Polyamid an. Im Sommer 1938, nur wenige Monate nach der Erfindung, hatte man es bereits zu Damenstrümpfen und Borsten verarbeitet. Schlacks Erfindung wurde weitgehend geheimgehalten und anfangs mit dem Codenamen »Perluran« bezeichnet. »Per« stand für die Polymerisation, »lu« für Ludwigshafen, wo ein großer Teil der Entwicklungsarbeit geleistet wurde, und »ran« für einen Zulieferer namens Raschig, der einen Ausgangsstoff für Lactam beibrachte. Aus dem Perluran wurde dann später der Markenname Perlon. Die Chemiker nennen Perlon übrigens Polyamid 6, Nylon hingegen Polyamid 66.

Die Perluran-Faser kam zu spät, um zur Berühmtheit des Nylons aufzusteigen. Deutschland begann den Krieg, und die Faser wurde in der Rüstung gebraucht: für Seile und Gurte, Einlagen für Flugzeugreifen, für die Bespannung von Lastenseglern, aber auch für chirurgische Nähfäden und für die Verstärkung von Socken. In ihrem Buch *Plastikwelten* schreibt Sabine Weißler: »Die Vorteile dieser wasserabstoßenden Faser lagen für Rüstungsfabrikanten und Militärs u. a. auch bei der Verwendung als Fallschirmseide auf der Hand. So trennte die Fallschirmspringer am Himmel des Zweiten Weltkrieges nicht nur ihre Nationalität. Die Soldaten der Deutschen Wehrmacht fielen an Fallschirmen aus Perlon über ihre europäischen Nachbarn her, während die US Air Force in der Anti-Hitler-Koalition mit Nylon vom Himmel fiel.«

Dann kam das Ende des Krieges und mit ihm die Auflösung der I.G. Paul Schlack erlebte die Wirren dieser Zeit hautnah mit: »Mit einem der letzten Züge gelang es mir, ohne Begleiter mit neun Kisten Perlon-Know-how... nach Wolfen zu gelangen. Am zerstörten Bahnhof in Dessau und dann in Wolfen mußte ich ohne Hilfe meine Kisten, eine nach der anderen, durch die Unterführung schleppen – in Wolfen bei makabrer Beleuchtung durch ›Christbäume‹ (Leuchtkugeln, U. T.) am Himmel, die den folgenden Nachtangriff auf Leipzig ankündigten. Anderen Tages wurde das Verlagerungsgut ins I.G.-Werk gebracht, aber die vorbereitete Weiterfahrt ins Werk Bobingen bei Augsburg war nicht mehr möglich.

Nach der dramatischen Eroberung der Wolfener Werke durch die Amerikaner wurde ich vor der Übergabe des US-besetzten mitteldeutschen Gebietes an die Russen ... zusammen mit einer Reihe von Kollegen und mit meinen Kisten von der US-Armee nach München deportiert. In Bobingen kam ich dann allerdings ohne Kisten an. Diese waren illegal beschlagnahmt und nach Paris zu Kodak Pathé dirigiert worden. Dort stellte man dann enttäuscht fest, nicht das kriegswichtige Farbfilmarchiv der Filmfabrik Wolfen geschnappt zu haben, sondern Fremdakten, mit denen dort niemand etwas anfangen konnte. Mir gelang es dann schließlich, meine Akten ohne Verlust nach Bobingen zu bekommen. Ohne diese Unterlagen hätte ich kaum riskiert, in Bobingen die Perlonentwicklung aufzunehmen.

Die Fabrik Bobingen, nun ›Kunstseidenfabrik Bobingen US-Administration‹, war eines der ältesten Chemiefaserwerke.... Für einen Neubeginn war es ein Glück, daß die Anlagen ernste Kriegsschäden nicht erlitten hatten und daß noch ein beträchtliches Rohstofflager vorhanden war. So gelang es schon nach wenigen Wochen, wieder eine kleine Produktion in Gang zu bringen.«

Zuerst wurden Borsten aus Viskose hergestellt, für Bürsten und Besen. Weil die Amerikaner eine panische Angst vor Seuchen hatten, erteilten sie sofort die Genehmigung zur Herstellung von Waschbürsten, die besonders in Krankenhäusern gebraucht wurden. Schlack zeigte eines Tages dem amerikanischen Kontrolloffizier, wie leicht die Viskose-Borsten abbrachen – im Gegensatz zu den Borsten der einzigen Perlon-Bürste, die er noch hatte. Der Offizier, der weder um die kriegswichtige Bedeutung des Perlon, noch um seine nahe Verwandtschaft zu dem streng geschützten Nylon wußte, gab seine Zustimmung zur Produktion: »Very good, you make perlon-bristles.«

Mit einer aus den Wirren des Kriegsendes geretteten Apparatur begannen die Bobinger Fachleute, das erste Nachkriegs-Perlon herzustellen. »Dann allerdings wurde die Rohstoffbeschaffung ein schwieriges Problem. Das Caprolactam mußte über komplizierte Kompensationsgeschäfte aus der Ostzone, aus Leuna, beschafft werden, bis schließlich auch im Westen – in Ludwigshafen – wieder eine Lactam-Fabrikation in Gang gebracht war. Freilich, auch aus der französischen Zone war vorläufig nichts ohne afrikanische Tauschmethoden zu erhalten.«

Da wurde Schlack von den Amerikanern als Berater nach St. Georgen gerufen. Dort sollte er sich um die Beseitigung von chemischen Kampfstoffen der deutschen Wehrmacht kümmern. Die US-Truppen hatten bereits unabsichtlich einen großen Tannenwald verwüstet, indem sie Schwefel-Lost verbrannt hatten. Als nächstes wollten sie riesige Mengen hochgiftiger Substanzen in den Führerbunker auf dem Obersalzberg schütten. Schlack und seinen Kollegen gelang es schließlich, die Amerikaner von diesem Vorhaben abzubringen, bei dem das Grundwasser der gesamten Region verseucht worden wäre. Die deutschen Chemiker arbeiteten einige der gefährlichen Verbindungen so auf, daß sie unbedenklich als Zusatzstoffe für andere Produkte verwendet werden konnten.

Seit November 1945 war das Gesetz Nr. 9 des Alliierten Kontrollrats in Kraft. Es sah unter anderem vor, daß der Besitz der I.G. Farben beschlagnahmt und das gesamte Unternehmen aufgelöst werden sollte. Diejenigen Anlagen, die man zur Weiterführung des zivilen Lebens im zerstörten Deutschland unbedingt brauchte, sollten erhalten bleiben und von den Siegermächten kontrolliert werden.

Dann kamen die Nürnberger Kriegsverbrecherprozesse. Dazu heißt es in dem Buch *Meilensteine:* »Am 27. August 1947 begann mit dem Eröffnungsvortrag der Anklagebehörde der Prozeß gegen die führenden Manager der I.G. Farben. Er endete nach 152 Verhandlungstagen, der Prüfung von 6384 Dokumenten und der Anhörung von 189 Zeugen mit der Urteilsverkündung am 29. und 30. Juli 1948. Das Gericht sprach von den 24 Angeklagten zehn frei und verurteilte dreizehn zu Gefängnisstrafen zwischen anderthalb und acht Jahren...

Die Geschichte der I.G. war mit dem Urteil von Nürnberg noch nicht zu Ende. Das amerikanische Militärgericht hatte in seinem Urteil auch festgestellt, daß die I.G.-Manager sich nicht wissentlich an der Vorbereitung und Durchführung von Hitlers Angriffskriegen beteiligt hätten. Damit entfiel die Begründung für das Kontrollratsgesetz Nr. 9 vom November 1945... Jetzt hieß es, das Großunternehmen I.G. habe den Wettbewerb in der chemischen Industrie verhindert. Deshalb wollte man Nachfolgeunternehmen schaffen.«

Diese Werke sollten einerseits wettbewerbsfähig sein, andererseits aber nicht so groß, daß sie den Markt beherrschen konnten. Am 17. August 1950 erließ die Alliierte Hohe Kommission das endgültige Auflösungsgesetz für die I.G. Farben in den Westzonen. Nach vielen Auseinandersetzungen um ihre Größe und ihre Struktur wurden 1951/52 insgesamt zwölf neue Unternehmen gegründet.

Dann begann für die Bundesrepublik Deutschland die Zeit des Aufbaus und der wirtschaftlichen Expansion. Das Werk Bobingen, in dem Paul Schlack arbeitete, kam unter das Firmendach von Hoechst, und bald wurden dort und in anderen Unternehmen die ersten feinen Perlonfäden für das Wirtschaftswunder

Kunststoffe machen Mode: Fasern wie Dralon und Perlon waren im Nachkriegs-Deutschland ein Symbol für das Wirtschaftswunder. Sie waren pflegeleicht, attraktiv und preiswert.

gesponnen. Kaum ein Produkt ist so eng mit diesem Phänomen des Aufschwungs verknüpft wie das Perlon.

Der sich gemeinsam mit dem Wirtschaftswunder vollziehende Aufstieg des Polyamid 6 fand seinen populären Ausdruck in den Medien. Die Faser springt einem förmlich entgegen, wenn man Zeitschriften aus den späten fünfziger Jahren durchblättert: Sie stellt sich dar in Anzeigen mit psychologisch gut durchdachten Texten und Zeichnungen, in Berichten über Modenschauen mit Synthetics. All das nistete sich unauslöschlich in den Köpfen der Zeitgenossen ein. Perlon umgab seine Träger nicht nur mit der Aura der Moderne, es galt außerdem einfach als chic. »Der Mann der PERLON-Zeit ist auch in Unterhosen ... ein Herr!« dichteten die Werbetexter. Für die geplagte Hausfrau versprach die scheuerfeste Faser noch viel mehr. Das Resultat nach dem Härtetest: »Der Socken, aus einer durch PERLON veredelten Markenwolle gestrickt, blieb, wie er war: ohne Löcher, er ging nicht ein, und er verfilzte nicht!«

Trevira-Mode anno 1957. Die Polyester-Faser war am Reißbrett entstanden.

Perlon enthielt sogar eine »Garantie für Eheglück«: Das Waschen wurde leichter, das Bügeln konnte sich die Braut sparen, und haltbar waren die Kleider und Dessous aus Perlon allemal. Das Resultat: »Man hat mehr Zeit füreinander. Der Kleiderwohlstand wächst. Man kann sich besser anziehen und gefällt einander.« In ihrem Buch *Plastikwelten* schreibt Sabine Weißler:

»Warum wurde ausgerechnet in der Zeit zwischen 1950 und 1961 dieser Stoff so populär? Welche Träume erfüllte er? ... Die geschickte Werbung ging auf das Bedürfnis nach Buntheit und neuen Farben ein. Perlon entsprach dem Wunsch nach ... Kostbarkeit: Rüschen aus Perlon, Spitzen, die nicht geklöppelt waren, Stoffülle, die die Trägerin trotzdem nicht beschwerte und dabei wenig kostete, entsprachen den Sehnsüchten der Frauen, die die letzten Jahrzehnte nur noch genügsam, viele von ihnen in Not und Armut gelebt hatten. ... Perlon, das war etwas ganz Neues. Es paßte so gut in den Versuch, das ›Gestern gestern sein zu lassen‹ und sich ... als neue Menschen zu präsentieren.«

Anders als Carothers durfte Schlack den Erfolg seines Kunststoffs miterleben. Er wurde Leiter der Faserforschung bei Hoechst, gründete als Honorarprofessor der Technischen Universität Stuttgart ein Institut für Textilchemie und wurde Ehrendoktor der Universität Karlsruhe. Im Laufe seines Lebens hatte der »Humanist und Naturwissenschaftler«, wie er von Reportern gern genannt wurde, mehr als 300 Patente angemeldet. Schlack starb im August 1987. Im Deutschen Museum in München erinnert eine Fließgrafik an seine Erfindung.

Aus Schlacks und Carothers' Entdekkungen, den Polyamiden, lassen sich aber nicht nur Fasern ziehen. Polyamide können auf Spritzgießmaschinen zu Gehäusen oder großen technischen Teilen wie Schiffsschrauben geformt werden. In Form von Folien lassen sie sich zu Hohlkörpern blasen. Wie die meisten modernen Kunststoffe, zeigen sie so viele Gesichter, daß es selbst dem Fachmann oft schwerfällt, auf Anhieb zu erkennen, ob der vor ihm liegende Gegenstand wirklich aus einem Polyamid besteht.

Zum Schluß sei noch die Geschichte einer Faser skizziert, die aus England kam und unter Pseudonymen wie »Trevira« und »Dacron« Welterfolge einheimste: Polyester. Gewebe aus Polyester machten und machen ihren Polyamid-Vettern die Reviere streitig. Sie sind ihnen auf vielen Gebieten ebenbürtig, auf einigen über-, auf anderen unterlegen. Der geschäftliche Erfolg, den sie ihren Herstellern bringen, läßt sich ohne weiteres an dem von Nylon und Perlon messen.

In England verfolgten um 1940 zwei Chemiker hartnäckig die Spuren von Substanzen, die bereits von Carothers als ungeeignet zur Faserproduktion gebrandmarkt worden waren: Polyester. Zwar ließen sich aus den Polyestern, die Carothers synthetisiert hatte, Fäden ziehen, doch schmolzen sie bereits bei unter 100 Grad und zersetzten sich unter dem Angriff von Lösungsmitteln. Carothers' Urteil: Für Kunstseide ungeeignet.

Die beiden Forscher – J. R. Whinfield und J. T. Dickson – hatten jedoch die Chemielektionen der beiden vergangenen Jahrzehnte gut gelernt. Anstatt eine Substanz nach der anderen in unterschiedlichen Variationen auszuprobieren, entwarfen sie auf dem Papier skizzenhaft ein Polyester-Riesenmolekül mit »positiven« Fasereigenschaften. Diese Art der »Molekül-Konstruktion am Reißbrett« ist faszinierend, denn die Natur versagte den Wissenschaftlern den Blick auf ihre Konstrukte: Die Moleküle waren zu klein, um direkt beobachtet werden zu können

Von der Mode zum Motor: Auf der Hannover-Messe 1966 drehten sich diese Zahnkränze aus Polyamid.

Herstellung von PAN-Fasern, die unter dem Namen Dralon bekannt wurden.

(erst in jüngster Zeit sind, dank raffinierter Mikroskopie-Technologien, Einblicke in die Strukturen der Moleküle möglich).

Whinfield berichtete später über diesen gedanklichen Konstruktionsprozeß. Die Fachausdrücke in dem folgenden Zitat Whinfields mag der Fachmann verstehen – sie sollen hier aber keine Rolle spielen. Es geht dabei ausschließlich um die Verben, die Whinfield verwendet, den Stil, letztendlich dieses Schon-fast-gewiß-Sein eines modernen, synthetisch denkenden Forschers, der seine Konstruktion auf einem wohlfundierten Wissensfundament errichtet: »Wenn meine Vorstellungen korrekt waren, dann konnte nur Terephthalsäure... zusammen mit symmetrischen Glykolen einen mikrokristallinen, faserbildenden Polyester ergeben. Darüber hinaus war zu erwarten, daß ein solcher Polyester geradezu auffällig andere Eigenschaften haben würde als analoge aliphatische Polyester (mit denen Carothers experimentiert hatte, U.T.)... Daß der Polyester erst bei hohen Temperaturen schmelzen würde, erschien wahrscheinlich, war aber auf keinen Fall sicher.«

Das Ergebnis von Whinfields Überlegungen und dem folgenden, von Dickson durchgeführten Experiment war in der Tat ein Polyester, der sich auffällig von den Polyestern Carothers' unterschied. Wie erwartet, ließ er sich zu Fäden ziehen und kalt verstrecken. Zu der Logik der Vorhersage gesellte sich die kleine Portion Glück: Der Polyester schmolz erst bei 264 Grad, war also auch aufgrund seiner Hitzebeständigkeit zur Textilfaser prädestiniert.

Mit der Phantasie des Molekularchemikers hatte sich Whinfield die unsichtbaren Strukturen der Materie vorgestellt. Zwar waren diese Vorstellungen grob, erwiesen sich aber als ausreichend genau. Dann hatte Whinfield seine Ideen so lange verändert, bis sie seinem Wunschbild entsprachen; anschließend hatte er diese geistige Konstruktion in die Realität umgesetzt. Das Resultat – eine Kunstseide aus Polyester – zeigte eine erstaunliche Übereinstimmung mit dem gedanklichen Bild.

Mit Carothers, Schlack und Whinfield treten die Polymer-Chemiker der Moderne in das Licht der Technikgeschichte; sie lassen ahnen, wie die kommenden Generationen arbeiten werden: mit Computern und Tabellen, (fast) immer auf dem Pfad der chemischen Logik. Sie haben ein genau definiertes Ziel vor Augen, das zu erreichen vielleicht eine schwierige, aber doch mit großer Wahrscheinlichkeit vorhersagbare Leistung ist.

OTTO BAYERS MOLEKÜL-BAUKASTEN

Otto Bayer entdeckte den Verwandlungskünstler unter den Kunststoffen: Polyurethan.

Wen es einmal nach Fairbanks in Alaska verschlägt, der sollte nicht versäumen, in den Außenbezirken dieser Stadt umherzustreifen, dort, wo Häuser und Wildnis kaum noch voneinander zu trennen sind. Bei einem solchen Streifzug ist es nicht verkehrt, einen Hund mitzunehmen, denn einen besseren Bärenwächter gibt es nicht.

Jedes Haus, das sich auf diesem Erkundungsgang aus dem schütteren Fichtenwald herausschält, ist es wert, in Ruhe und von allen Seiten betrachtet zu werden. Hier eine alte Blockhütte, deren grob mit einem Beitel bearbeitete Stämme die Hand eines Trappers verraten; dort ein helles, großzügig verglastes Holzhaus mit Erkern und Türmchen, in dem sich die deprimierende Dunkelheit und klirrende Kälte des subarktischen Winters gut überstehen lassen.

Am Ende eines kleinen Waldweges, auf einer mit Beerenbüschen bewachsenen Lichtung, steht das seltsamste dieser eigenartigen Häuser: eine hohe Kuppel, wie eine Halbschale über den Waldboden gestülpt, bedeckt mit kleinen, handgeschnitzten Rindenschindeln und gesprenkelt mit dreieckigen Fenstern. Wenn man das Gebäude durch die versteckt eingelassene Hoftür betritt, ist man für einen Moment überwältigt von dem riesigen Raum. In der Mitte, auf dem mit Teppichen und Fellen ausgelegten Holzboden, steht ein gußeiserner Ofen. Daneben liegt ein Stapel Scheite zum Trocknen. Auf halber Höhe umläuft eine breite Galerie mit Holzgeländer die Halbkugel. Von dort sind einige Schnüre quer durch den hohen Raum gespannt, von denen in bunter Mischung Tierfelle herunterhängen.

Das Haus wurde von seinen Bewohnern – zwei jungen Ehepaaren mit vier Kindern – 1970 in eigener Regie gebaut. Die Pläne waren einfach zu zeichnen, denn es gab berühmte Vorbilder: die geodätischen Kuppeln von Richard Buckminster Fuller. Der amerikanische Architekt hat diese Formen und Konstruktionen in den vierziger Jahren entwickelt. Dennoch war der Kuppelbau in Alaska eine Pioniertat. Aus billigem Bauholz zimmerten die Männer Dreiecke zusammen, die sie mit Verbindungsplatten aus Stahl verschraubten und auf der Innenseite mit Holzplatten verkleideten. Immer mehr Nachbarn arbeiteten mit. Nach wenigen Wochen hatte die Gruppe aus den Dreiecken eine selbsttragende Kuppel errichtet.

Dann kam ein Spezial-LKW, der durch ein langes, biegsames Rohr zwei unterschiedliche flüssige Massen in die Dreiecke spritzte. Die beiden Komponenten reagierten miteinander und schäumten auf. Der so entstandene Kunststoff Polyurethan füllte die Dreiecke aus. Damit war die Kuppel isoliert. In den langen Nächten des darauffolgenden Winters schnitzten die beiden Familien Schindeln aus Rinde, mit denen sie dann ihr Schaumhaus abdeckten. Bereits in diesem ersten Winter zeigte sich die ausgezeichnete Wärmedämmung der Isolierschicht: Der verhältnismäßig kleine Ofen beheizte mühelos die geräumige Kuppel.

Das Beispiel machte Schule. Im Laufe der folgenden Jahre entstanden in Alaska und Kanada in der Umgebung von Städten Dutzende solcher »domes«, wie sie im Amerikanischen heißen. Otto Bayer, der Erfinder des Polyurethans, hat die Erfolge seines Kunststoffs bis zu seinem Todestag im Jahre 1982 miterlebt. Ob er allerdings von diesen symbiotischen Kuppeln der Wildnis gehört hat, ist fraglich. Als am 13. November 1937 das Grundpatent auf die Herstellung von Polyurethan erteilt wurde, war dieser Kunststoff für die meisten Chemiker nichts als eine verrückte Idee. In den ersten Jahren des Polyurethans mußte sich Bayer immer wieder Sticheleien und Witze über seine Erfindung anhören: »Allenfalls brauchbar zur Herstellung von Emmentaler Käse-Imitationen«, schrieben Mitarbeiter der Prüfstelle, die 1941 ein Stück aufgeschäumtes Polyurethan untersucht hatten.

Aus der Käse-Imitation ist jedoch ein Kunststoff geworden, der sich nach dem Baukastenprinzip erweitern und verändern läßt wie kein zweiter. Polyurethan isoliert Bürogebäude ebenso wie Kühlschränke und Frachtcontainer; im modernen Automobilbau wird es für Komfortsitze und Stoßfänger, Spoiler und Dachhimmel verwendet. Als Kleber verbindet es Metall fast unlösbar mit

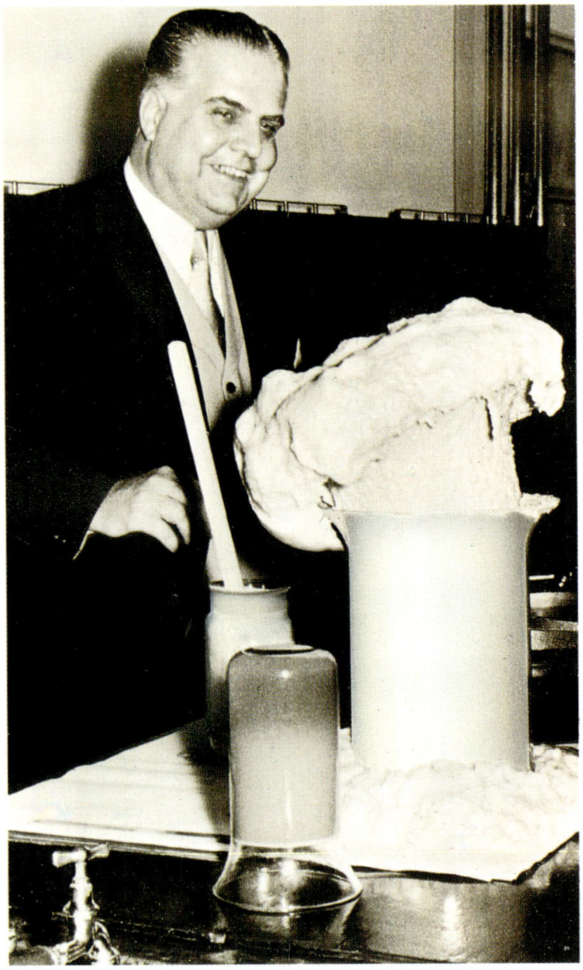

»Allenfalls brauchbar zur Herstellung von Emmentaler Käse-Imitationen«: geschäumtes Polyurethan.

anderen Werkstoffen; im Sport läßt es Amateure wie Profis auf leichten Sohlen zu neuen Rekorden sprinten.

Otto Bayer war erst 31 Jahre alt, als er zum Leiter des Wissenschaftlichen Hauptlabors in Leverkusen berufen wurde. Nachdem er sich auf dem Gebiet der Farbstoffe bewährt hatte, teilte die Werksleitung dem jungen Chemiker ihre Überlegungen mit: Man habe in Leverkusen bereits vor dem Ersten Weltkrieg bedeutende Entwicklungsarbeiten für die Synthese von Kautschuk geleistet. Nun aber drohe man auf dem Gebiet der makromolekularen Chemie ins Hintertreffen zu geraten. Deshalb solle er, Bayer, mit der Entwicklung von neuen Kunststoffen beginnen.

In der Folgezeit konstruierte Bayer – der übrigens nicht mit der Gründerfamilie des Werks verwandt war – ein gedankliches Modell für eine damals ungewöhnliche Art und Weise der Riesenmolekül-Bildung. Bayer: »Mir schwebte ein Verfahren vor, nach dem es möglich sein sollte, Makromoleküle dadurch aufzubauen, daß zwei niedermolekulare Verbindungen miteinander unter Polyaddition reagieren, ohne daß sich dabei Reaktionspartner abspalten.«

Dafür schien dem Forscher eine Gruppe von Substanzen ganz besonders geeignet: die Isocyanate. Viele Stoffe aus dieser Gruppe waren noch so gut wie unbekannt. Das hatte allerdings seine Gründe: Sie ließen sich, wenn überhaupt, nur unter größten Schwierigkeiten und mit entsprechend hohen Kosten herstellen. Als Bayer seinem Vorgesetzten mitteilte, er habe die Isocyanate als geeignete Substanzen ausgesucht, sagte der: »Sie sind wohl doch nicht der richtige Mann für die Leitung unseres Hauptlaboratoriums!«

Trotz der enormen Skepsis vieler Kollegen gelang es dann doch, einen Kunststoff herzustellen, aus dem sich Fäden mit erstaunlicher Festigkeit ziehen ließen. In der Patentschrift Nr. 728.981 aus dem Jahre 1937 ist denn auch die Rede von »neuartigen und wertvollen hochmolekularen Produkten«, die durch Polyaddition aus den Isocyanaten und Polyol gewonnen werden können. Doch der Krieg und die Forderungen, die seine Urheber an die I.G. stellten, machten den Plänen Bayers den Garaus: Außer Borsten nichts gewesen, denn nur die durften aus den »neuartigen und wertvollen hochmolekularen Produkten« hergestellt werden.

Neues Wohnen in den sechziger Jahren: Möbel aus Polyurethan.

Die Rüstungsbeauftragten hatten ein Interesse, auf das sie ihre Aufmerksamkeit in ganz besonderem Maße konzentrierten: die gummibereiften Räder der Militärvehikel. Sie sollten rollen. Alles, was mit dem Ersatz oder der Verbesserung von Kautschuk zu tun hatte, wurde aus diesem Grunde vorrangig gefördert.

Als Leiter eines ausgedehnten Forschungslabors befaßte sich Otto Bayer naturgemäß auch mit anderen Problemen. So gelang es ihm und seinem Kollegen Peter Kurtz, aus Acetylen und Blausäure einen für die Kunststoff-Chemie interessanten Stoff kostengünstig herzustellen: Acrylnitril. Im Jahre 1941 fand Herbert Rein im I.G.-Werk Wolfen ein Lösungsmittel, mit dessen Hilfe sich Polyacrylnitril (PAN) verspinnen ließ. Damit war die technologische und wirtschaftliche Basis für den Nachkriegserfolg der Acrylfasern geschaffen: Unter den Händen weltberühmter Designer verwandelten sich die lockeren, wolligen Acrylstoffe in Haute Couture.

Doch zurück zum Polyurethan. Otto Bayers Team hatte spezielle Polyolmoleküle konstruiert. Sie enthielten Alkohol-Moleküle, die förmlich darauf warteten, mit Isocyanaten reagieren zu können. Was dann daraus entstand, war in der Tat ein technisch wertvolles Produkt: beständige Beschichtungen und Lacke, die fest an Oberflächen hafteten. Diese Haftfähigkeit nutzten die Leverkusener Chemiker anschließend, um einen Kleber zu entwickeln, der synthetischen Gummi fest und dauerhaft mit Metall verbinden konnte. Dann, im Jahre 1941, lief ein Versuch schief: Statt eines vielversprechenden Kunststoffs hatte man die oben erwähnte »Emmentaler Käse-Imitation« synthetisiert. Doch der Schaum aus Polyurethan war bei näherer Betrachtung ein höchst interessantes Stück Käse. Nach dem Krieg sollte er die Welt der Werkstoffe um überraschende Varianten bereichern: Er war ungewohnt leicht, konnte aber gleichzeitig hervorragend gegen Wärme und Kälte isolieren.

Damals, 1941, wurde in Leverkusen hastig eine Baracke errichtet. Es war die erste Isocyanat-Fabrik der Erde. Von außen sah man ihr nicht an, daß innen hochkomplexe, neuartige Verfahren entwikkelt wurden, aus denen künftige Sicherheitsvorrichtungen entstehen sollten. So mußten dort Substanzen strikt selbst vor den kleinsten Spuren von Feuchtigkeit geschützt werden; die Lösungsmittel, aus denen Isocyanate hergestellt wurden, durften auf keinen Fall in die Umwelt gelangen, sondern mußten vollständig zurückgewonnen werden. Kurzum: Die Anlage mußte hermetisch abgeschlossen sein.

In den Kriegsjahren 1943/44 wurden dann die ersten Gegenstände aus geschäumtem Polyurethan hergestellt: Propellerblätter, Landeklappen und Schneekufen für Heinkel-Flugzeuge. Diese ersten »Sandwichbauteile« mit PUR-Schaum waren geheime Kommandosache. Ihre Außenschichten bestanden aus Bakelit-Papier, ihr Innenleben aus dem aufgeschäumten Kunststoff. Das mit Phenolharz getränkte Papier ließ sich leicht in die jeweils erforderliche Form bringen und dann ausschäumen. Die Sandwichbauweise machte Karriere. Heute findet man sie in jedem Kühlschrank. Im Rohzustand, vor der Montage, sind diese Apparaturen noch wacklige Gehäuse, die unter dem Gewicht einiger Bierflaschen zusammenbrechen würden. Erst wenn zwischen ihr dünnes Außenblech und den Innenbehälter aus Kunststoff der PUR-Schaum gesprüht wird, verwandelt sich der Wackelkasten in einen stabilen, gut isolierten Kühlschrank.

Würde man heute einen der Polyurethan-Pioniere mit einer Zeitmaschine (deren Wände natürlich mit PUR ausgeschäumt sind) in unsere Gegenwart katapultieren, er stünde sprach- und fassungslos vor dem Dschungel aus Technologien, der mittlerweile das Polyurethan-Gebiet bedeckt: Hier eine PUR-Verarbeitungsmaschine nach dem Gegenstrominjektion-Mischverfahren, dort ein Industrieroboter, der PKW-Türen in RIM-Technik (Reaction Injection Molding) produziert. Mit hochgezogenen Augenbrauen, vielleicht sogar mit Vorsicht würde dieser Pionier den Parallelstrom-Mischkopf betrachten, aus dessen Koaxialdüse die beiden Komponenten für das PUR herauszischen, wobei der äußere Komponentenstrahl den inneren umhüllt. Ein verstehendes Lächeln würde hingegen über das Gesicht des Altchemikers huschen, wenn er den Hubschrauberpiloten sehen würde, der, um in einem Sumpf landen zu können, erst einmal aus der Luft eine Fläche aus Polyurethan-Hartschaum auf den Morast aufsprüht. Dieser Flugplatz aus der Dose ist übrigens noch nicht zum Patent angemeldet.

TEFLON FÜR DIE BOMBE

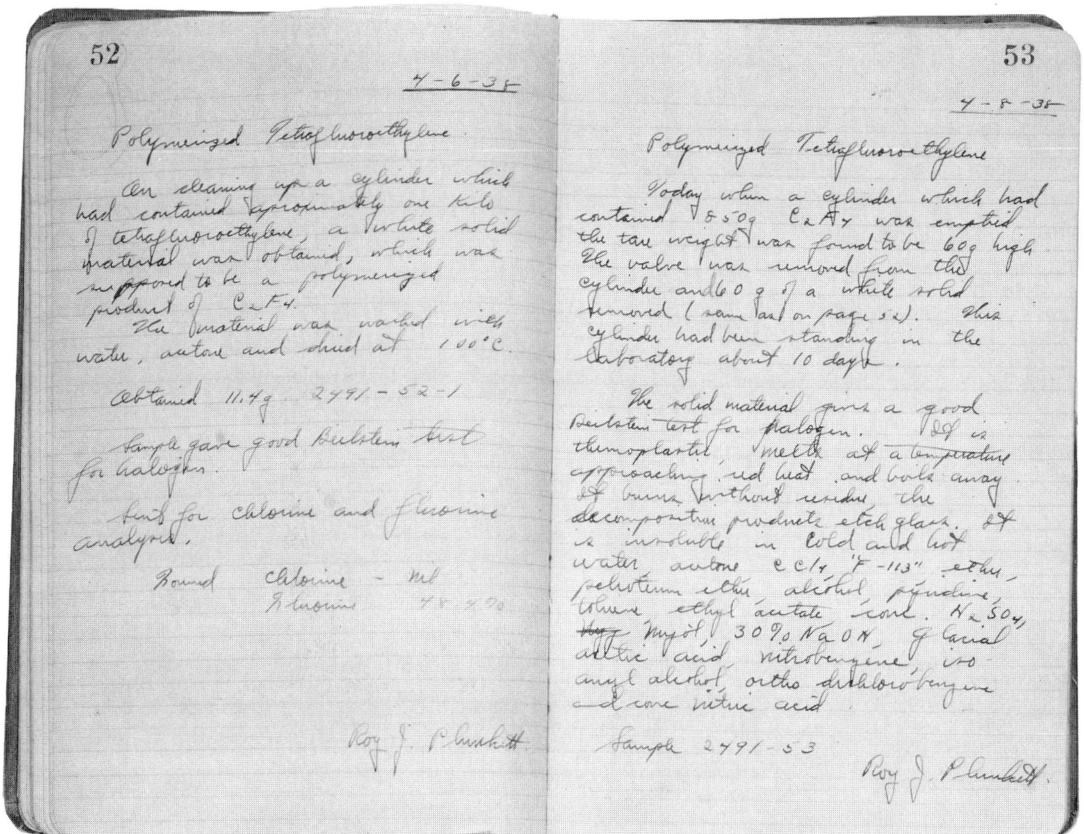
52

4-6-38

Polymerized Tetrafluoroethylene

On cleaning up a cylinder which had contained approximately one kilo of tetrafluoroethylene, a white solid material was obtained, which was supposed to be a polymerized product of C_2F_4.

The material was washed with water, acetone and dried at 100°C.

Obtained 11.4g 2491-52-1

Sample gave good Beilstein test for halogen.

Sent for chlorine and fluorine analysis.

Found Chlorine – nil
Fluorine 78

Roy J. Plunkett

53

4-8-38

Polymerized Tetrafluoroethylene

Today when a cylinder which had contained 850g C_2F_4 was emptied the tare weight was found to be 60g high. The valve was removed from the cylinder and 60 g of a white solid removed (same as on page 52). This cylinder had been standing in the laboratory about 10 days.

The solid material gives a good Beilstein test for halogen. It is thermoplastic, melts at a temperature approaching red heat and boils away. It burns without residue, the decomposition products etch glass. It is insoluble in cold and hot water, acetone, CCl_4, "F-113", ether, petroleum ether, alcohol, pyridine, toluene, ethyl acetate, conc. H_2SO_4, Nujol, 30% NaOH, glacial acetic acid, nitrobenzene, iso amyl alcohol, ortho dichlorobenzene and conc. nitric acid.

Sample 2491-53

Roy J. Plunkett

Laborjournal von Roy Plunkett am »Tag des Teflons« – einem der Höhepunkte von Du Pont's Forschungsprogramm.

Im Laufe der vergangenen vier Monate hat die Arbeit sowohl von Joliot in Frankreich als auch von Fermi und Szilard in Amerika es in den Bereich des Möglichen gerückt, daß in einer großen Menge Uran eine nukleare Kettenreaktion ausgelöst wird, durch die gewaltige Energiemengen und große Mengen neuer, radium-ähnlicher Elemente erzeugt werden.

Dieses neue Phänomen würde sich auch zum Bau von Bomben eignen, und es ist vorstellbar – wenn auch viel weniger wahrscheinlich – daß auf diese Weise neuartige, enorm wirksame Bomben konstruiert werden können. Eine einzige Bombe dieses Typs, die von einem Schiff in einen Hafen gebracht und dort gezündet wird, könnte sehr wohl den gesamten Hafen und Teile des umliegenden Geländes zerstören.«

Dies ist ein Auszug aus einem Brief, den Albert Einstein am 2. August 1939 an Franklin D. Roosevelt schrieb, den Präsi-

PTFE/Teflon spielte eine entscheidende Rolle beim Bau der ersten Atombomben.

denten der Vereinigten Staaten. In den folgenden Zeilen empfiehlt Einstein, die Forschungsarbeiten zur Atomphysik, die damals hauptsächlich in amerikanischen Universitätslabors durchgeführt wurden, durch einen Beauftragten koordinieren zu lassen. Außerdem sollten weitere Geldmittel für die Forschungen beschafft und ausreichende Uranvorräte gesichert werden. Im Klartext hieß das: »Lassen Sie die Atombombe bauen, Mr. President!«

Von den weiteren Ereignissen, die zum geheimsten aller militärischen Großprojekte des Zweiten Weltkriegs gehörten, dem Manhattan Project, seien hier nur einige skizziert. Am 2. Dezember 1942 ziehen Kernphysiker, die unter der Tribüne des Footballstadions der Universität von Chicago den ersten Atomreaktor aufgebaut haben, langsam einen der Regelstäbe heraus. Diese Stäbe sind nichts weiter als Holzlatten, die mit Cadmiumblech beschlagen sind. Das Cadmium ist die einzige Sicherung gegen eine Kernschmelze. Am Nachmittag gegen 15.48 Uhr kommt die von Enrico Fermi vorhergesagte Kettenreaktion in Gang. Nach viereinhalb Minuten befiehlt Fermi, den Regelstab wieder in den Reaktor hineinzuschieben, um das Aufschaukeln der Reaktion zu bremsen. Wie erwartet, erlischt die Kettenreaktion.

Im Winter 1942/43 läßt Brigadegeneral Leslie R. Groves, Beauftragter der amerikanischen Regierung, in einem einsamen Gebiet im Staate Tennessee eine neue Stadt aus dem Boden stampfen: Oak Ridge. In den folgenden Monaten entstehen dort riesige Anlagen, in denen versucht wird, den Stoff herzustellen, aus dem die Bombe bestehen soll: Uran-235. Bislang existieren nur winzige Mengen U-235. Für die Atombombe aber sind nach Schätzungen bedeutender Wissenschaftler mehrere Dutzend Kilogramm nötig. Diese Menge wird intern nur »crit« genannt, eine Abkürzung für »kritische Größe«.

Die Aufgaben, denen sich die Forscher in Oak Ridge gegenübersehen, sind gewaltig. Manche meinen, die Anreicherungsanlage werde niemals zustandekommen und die Vereinigten Staaten würden das Wettrennen um den Bau der ersten A-Bombe verlieren (es bestand die Befürchtung, daß in Deutschland ebenfalls Wissenschaftler an der Bombe arbeiteten und einen Vorsprung hatten). Besondere Probleme bereitet das Uranhexafluorid. Dieses Gas greift mit einer geradezu unglaublichen Aggressivität alle organischen Substanzen an. »Hex«, wie es genannt wird, muß aber in dieser Anlage kilometerweit durch Rohre gedrückt werden. Die Pumpen, die den dafür nötigen Druck liefern, müssen einerseits absolut gasdicht sein, dürfen andererseits aber das Hex nicht mit der geringsten Spur eines Schmiermittels in Berührung bringen.

Dies ist eines jener winzigen Details, an denen das gesamte Projekt scheitern könnte. Nachdem Experten das Problem analysiert haben, ist klar, daß nur ein neuartiger Kunststoff die Lösung bringen kann. Chemiker von Du Pont, die an dem Manhattan Project beteiligt sind, durchkämmen die Forschungsunterlagen ihres Unternehmens und stoßen auf einen ganz außergewöhnlichen Kunststoff. Er heißt PTFE, Polytetrafluorethylen; nach dem Krieg sollte er unter dem Namen Teflon bekannt werden.

Du Pont hatte bislang nur geringe Mengen PTFE produziert, hauptsächlich zu Experimentierzwecken. Soviel wußten die Chemiker zumindest: PTFE war der »schlüpfrigste« Feststoff der Welt und deshalb ausgezeichnet als Lager und Dichtung für bewegliche Teile geeignet, z. B. in Pumpen; PTFE war bei minus 200 Grad noch genauso stabil wie bei plus 300, und, was enorm wichtig war: An PTFE prallten alle Angriffe aggressiver Substanzen ab. Diese Eigenschaften prädestinierten es geradezu dafür, an kritischen Stellen der Uran-Anreicherungsanlage eingesetzt zu werden.

Du Pont fuhr die Produktion von »K 416«, wie es nun im Codejargon hieß, auf Hochtouren. Trotz schärfster Sicherheitsvorkehrungen flog die Anlage eines Nachts in die Luft. Noch während Agenten von FBI und militärischen Abschirmdiensten nach Spuren von Sabotage fahndeten, liefen die Aufbauarbeiten an. Nach 60 Tagen, in denen rund um die Uhr gearbeitet worden war, lieferte Du Pont wieder sein K 416.

Das schreckliche Ende des Manhattan Projects ist jedem vertraut, der sich mit dem Zweiten Weltkrieg, Hiroshima und Nagasaki befaßt hat. Die Anlagen in Oak Ridge lieferten soviel spaltbares U-235, daß die Forscher damit mehrere Atombomben bauen konnten. PTFE spielte in dem Gesamtunternehmen eine – wenn auch für den Fortgang der Ereignisse entscheidende – Statistenrolle; als es im Manhattan Project eingesetzt wurde, war es erst wenige Jahre alt.

Im Jahre 1938 war PTFE unter seltsamen Umständen zum erstenmal auf diesem Planeten aufgetaucht; dabei konnte man allerdings nicht von einer Erfindung im klassischen Sinne sprechen. PTFE ließ sich vielmehr entdecken wie ein Filmstar. Der Mann, der es fand, hieß Dr. Roy J. Plunkett.

Bei Du Pont experimentierte man damals mit Fluorverbindungen. Plunkett untersuchte unter anderem Fluorkohlenwasserstoffe, die für Kühlzwecke verwendet werden sollten. Eine dieser Verbindungen war TFE, Tetrafluorethylen. Hier ein Auszug aus Plunketts Erinnerungen:

»Seit einigen Wochen stellten wir unser eigenes TFE her und bewahrten es in Stahlflaschen auf.... An diesem Morgen, dem 6. April 1938, hatte mein Assistent Jack Rebok eine der TFE-Flaschen geholt. Er hatte die Versuchsapparatur vorbereitet. Als er das Ventil aufdrehte, um das komprimierte TFE aus der Flasche strömen zu lassen, passierte – nichts!

Jack rief mich herbei und fragte, ob wir das ganze TFE aus dieser Flasche aufgebraucht hätten. Ich verneinte das... Schließlich schraubten Jack und ich das Ventil von der Flasche ab. Ich drehte die Flasche vorsichtig um, und ein weißliches Pulver rieselte auf den Labortisch. ... Es mußte jedoch noch mehr in der Flasche sein. Schließlich – ich vermute, es war mehr Neugierde als etwas anderes – entschieden wir, die Stahlflasche durchzusägen. Das taten wir dann auch und sahen dann, daß noch mehr von dem Pulver den Boden und die untere Wandung der Flasche umgab.

Auf die Tatsache, daß das TFE offenbar in ein Polymer übergegangen war, reagierte ich mit dem Gedanken: Jetzt müssen wir wieder von vorne anfangen! Jack ging es genauso. Natürlich erkannte keiner von uns beiden, worüber wir da gestolpert waren.«

Historischer Augenblick: Als Plunkett (rechts) am 6.4.1938 die Stahlflasche aufsägte, fand er darin PTFE.

Für diese Art der Entdeckungen hält Robert Oppenheimer ein Trostpflaster bereit: »In der Wissenschaft werden die tiefgehenden Dinge nicht gefunden, weil sie nützlich sind, sondern weil es möglich war, sie zu finden.« So wird Plunketts Entdeckung durchaus verständlich, wenn man sie im Rahmen des damaligen Forschungsprojekts von Du Pont sieht. Beim systematischen Durchkämmen des großen Gebiets der Fluor-Verbindungen mußte früher oder später irgend jemand über das PTFE stolpern.

Jedes Gramm PTFE, das im Krieg nicht für das Manhattan Project gebraucht wurde, fand in anderen geheimen Rüstungsaufgaben seinen Platz. Mit ihm wurden Spezialkabel ummantelt; es bewirkte, daß die oft nur schwach zu erkennenden Signale auf Radarschirmen stärker leuchteten. In Sprengstoff-Fabriken hielt PTFE aggressive Säuren zurück, in Granaten und Raketen schützte es die Annäherungszünder.

Nach dem Krieg hielt Du Pont im Zusammenhang mit PTFE nur noch wenige Details geheim. Dazu gehörten allerdings die nach oben schnellenden Umsatzzahlen. PTFE mußte einfach Erfolg haben, denn es ist eine ganz und gar einmalige Substanz. Setzt man eine Fliege darauf, so beginnt sie zu torkeln wie ein Betrunkener. Unfähig, mit ihren Saugnäpfen auf der schlüpfrigen Oberfläche Halt zu finden, fällt sie schließlich erschöpft um. PTFE war auch schon auf dem Mond. Als Neil Armstrong am 20. Juli 1969 um 22.56 Uhr (Houston-Zeit) den Boden des Erdtrabanten betrat, schützten ihn die Teflon-Außenschichten seines Raumanzugs vor den Einflüssen dieser extrem lebensfeindlichen Umwelt. Für die Mondfähre *Eagle* war insgesamt eine Tonne Fluorkunststoffe verarbeitet worden.

Damals bekam PTFE wegen seiner Unverwundbarkeit den Beinamen: »Haut des Drachens«. In der Tat müssen sogar Edelmetalle angesichts der Widerstandskraft dieses Kunststoffs passen: Selbst Königswasser, das Teufelsgemisch aus Salz- und Salpetersäure, das Gold auflösen kann, vermag dem Fluor-Polymer nichts anzuhaben. Diese Stärke hat ihre Ursache in den festen chemischen Bindungen innerhalb des PTFE-Moleküls. An das übliche Rückgrat aus Kohlenstoff, das die meisten Kunststoffe trägt, ketten sich die Fluor-Atome mit den ihnen eigenen, äußerst starken Bindungsenergien an. Ihre verstärkende Wirkung erstreckt sich darüber hinaus auf die Verknüpfungen der Kohlenstoff-Atome untereinander, so daß ein außergewöhnlich widerstandsfähiges Makromolekül entsteht – PTFE.

Eine PTFE-Beschichtung macht das Radioteleskop in Grenoble immun gegen Schnee und Eiseskälte.

Heute ist PTFE einer der »versteckten« Kunststoffe. Es isoliert die meilenlangen Telephon- und Computerleitungen, aus denen die Informationsnetze moderner Bürohochhäuser geknüpft sind; in Form von künstlichen Adern leitet es das Blut von mehr als einer Million Menschen sicher durch ihre Körper, und als dünne Schicht schützt es die kupferne Freiheitsstatue im Hafen von New York vor Korrosion. Daß es als Teflon in der Pfanne gelandet ist, hat es nur seiner Schlüpfrigkeit zu verdanken. Wenn aber nichts an Teflon haftet – selbst die bewährten Kaugummis versagen –, wieso haftet Teflon dann an der Bratpfanne? Genau das ist das wirklich letzte Geheimnis dieses seltsamen Kunststoffs.

SPUREN AUF DEM MOND

Spuren auf dem Mond. Die Sohlen der Moonboots bestanden aus Silikon.

Wenn es je einen typischen deutschen Professor gab, dann war Alfred Stock seine Verkörperung. Er war ernst im Gespräch, förmlich im Umgang und konzentriert bei seiner Arbeit. Seine schrulligen Eigenheiten waren auf dem ganzen Campus der Cornell University bekannt, wo Stock im Jahre 1932 unterrichtete. So bestand Stock darauf, auch sonntags seine Post zu bekommen, wie es bei ihm in Deutschland üblich war. Der Hausmeister versuchte ihm zu erklären, daß die amerikanischen Postboten sonntags frei haben. Vergeblich. Stock beharrte auf seinem Anliegen. An den folgenden Samstagen zweigte der Hausmeister dann einige Briefe aus Stocks Post ab und händigte sie ihm sonntags aus. Erst da war der Professor zufrieden.

Was kaum jemand wußte: Der 56jährige Chemiker aus Deutschland hatte jahrelang mit Quecksilber gearbeitet und sich dabei eine schwere Vergiftung zugezogen. Seitdem mied er auch den geringsten Kontakt mit dem Schwermetall. Seine Furcht ging sogar so weit, daß er die Amalgam-Füllungen aus seinen Zähnen entfernen ließ und seine Lebensmittel, vom Bier bis zum Brot, mit einer selbstkonstruierten Apparatur untersuchte. Fand er eine Spur von Quecksilber, landete die Speise im Mülleimer.

Stock behauptete, er könne Quecksilberdämpfe sogar riechen. Professor Dennis, der Leiter der Chemischen Fakultät von Cornell, hielt das aber für vollkommen ausgeschlossen. Um Stocks Behauptung zu widerlegen, goß Dennis Quecksilber in ein offenes Gefäß, das er dann in einem Schrank versteckte. Der bekannte amerikanische Chemiker Eugene Rochow erlebte die folgende Szene persönlich mit: »Dann führte er Prof. Stock in den Raum und fing an, die dort durchgeführten Versuche zu beschreiben. Nach zwei Sätzen machte Stock plötzlich auf dem Absatz kehrt und rannte aus dem Raum. Dabei rief er: ›Da ist Quecksilber drin, ich kann es riechen! Ich kann und werde dort nicht bleiben!‹«

Stock hatte sich die schleichende Vergiftung bei seiner Arbeit über Silicium und die von diesem Element abstammenden Silane zugezogen. Dabei hatte er sich, um Gase einzufangen und zu untersuchen, einer Röhre bedient, die in einer Wanne aus Speckstein stand; dieses Becken war randvoll mit Quecksilber. Bei den Analysen tauchte Stock oft seine Arme in den Schwermetallsee; dabei drang das Quecksilber in seinen Körper ein und begann, ihn zu vergiften.

Für engagierte Forscher schienen Silicium und seine Abkömmlinge es wert zu sein, solche Risiken einzugehen. Dieses Element und seine Verbindungen sind in der Tat bemerkenswerte Erscheinungen. Bereits um die Mitte des 19. Jahrhunderts hatte Friedrich Wöhler spekuliert, daß man vielleicht eines Tages aus Siliciumverbindungen künstliche Lebewesen erzeugen könne. Wöhler war der erste Chemiker, der bewies, daß man organische Verbindungen aus anorganischen Substanzen herstellen konnte – im Labor und ohne die Hilfe von lebenden Organismen.

Silicium ist zwar das zweithäufigste Element der oberen Erdkruste, kommt aber in der Natur in Reinform nicht vor: Es verbindet sich mit Sauerstoff. Silicium ist ein wichtiger Bestandteil von Sand und Gesteinen. Weil es selbst anorganisch ist, sich aber an organische Stoffe koppeln kann, steht Silicium an einer seltsamen Scheidelinie: Es existiert zwischen dem Reich der Gesteine und der Welt der Lebewesen. Siliciumverbindungen begleiten den Menschen seit Anbeginn seiner Kultur: Ohne Silicium hätte es keine Faustkeile gegeben und keine Häuser aus Stein, und ohne Silicium könnten Kinder keine Sandburgen bauen.

Wöhlers Idee vom künstlichen Leben auf Silicium-Basis war gar nicht so weit hergeholt. Zwischen 1910 und 1940 begab sich der britische Chemiker Frederic Stanley Kipping auf eine aufregende Entdeckungsreise ins Siliciumland. Mit Silicium, so fand er heraus, ließen sich ähnliche Verbindungen herstellen wie mit Kohlenstoff – auf dessen Reaktionsvielfalt schließlich alles irdische Leben basiert. Fast spiegelbildlich zu den Kohlenstoff-Molekülen synthetisierte Kipping organische Verbindungen mit dem anorganischen Silicium. Mehrfach fand er klebrige Siliconmassen in seinen Laborgefäßen – eigenartige Grenzgänger, die einerseits anorganisch strukturiert waren, sich aber andererseits wie organische Kunststoffe verhielten. Kipping wußte zwar, daß es sich um Polymere handelte, aber weder er noch die britische Industrie griffen diese Entdeckungen auf.

Gegen Ende seiner Forschertätigkeit über Silicium-Verbindungen zog der Brite allerdings ein fast vernichtendes Resumé: »Wir haben alle bekannten Abkömmlinge von Silicium berücksichtigt, und wir erkennen, wie wenige es im Vergleich zu den rein organischen (Kohlenstoff-)Verbindungen sind. Weil die wenigen, die bekannt sind, sehr begrenzt in ihren Reaktionen sind, besteht nicht viel Hoffnung auf einen baldigen und bedeutenden Fortschritt in diesem Bereich der Chemie.«

Kipping irrte gewaltig. Noch während er in den dreißiger Jahren forschte, gab die Elektroindustrie den Siliconen einen unerwarteten Entwicklungsschub. Im Staate New York, bei den Corning Glass Works, suchte das Management nach neuen Anwendungen für ein bereits erfolgreiches Produkt: Fiberglas (Glasfaser). Besonders als elektrische Isolation für Drähte, Motoren und Maschinen hatte sich Fiberglas, eingegossen in Bakelitharz, als Isolation der »Klasse B« bis maximal 135 Grad Celsius bewährt. Doch die elektrischen Maschinen konnten noch kleiner und leichter werden, wenn es gelang, bessere Isolationsmaterialien zu entwickeln: Sie mußten über längere Zeit noch höheren Temperaturen standhalten können.

Mit dem von Kipping und Stock erworbenen Wissen um Silicium und seine Verbindungen machte sich der Corning-Wissenschaftler Franklin J. Hyde an die Arbeit. In einem Prozeß mit vielen und teilweise riskanten Schritten – Hyde mußte mit extrem feuergefährlichem Äther hantieren – entstand schließlich ein Kunstharz. Hyde bettete die Glasfasern darin ein und erhielt einen Isolator, dem eine hohe Auszeichnung verliehen wurde: »Klasse H« (Hochtemperatur, bis 180 Grad). Obwohl das »H« ebensogut für »Hohen Preis« hätte stehen können, verkaufte sich das neue Produkt gut – so gut, daß es der Grundstein für den weltgrößten Hersteller von Siliconprodukten wurde, die Dow-Corning Corporation.

»Er hatte überhaupt nicht die Bedeutung der Entdeckung begriffen«: Silicon-Harze im Labor.

Am 10. Mai 1940 erlebten die Silicone eine weitere Premiere. Eugene G. Rochow, Chemiker bei General Electric im Staate New York, machte an diesem Tag Überstunden. Der Lohn der Mühe: ein Prozeß, der später als »Rochow Synthese« bekannt wurde – ein schneller Weg zu Ölen, Harzen und Kautschuk aus Silicon. Die Zutaten sind zwar einfach (Sand, Erdgas und Salz), ihre Verarbeitung aber komplex. Wie so viele andere Polymer-Chemiker vor ihm, so hatte auch Rochow ein klares Harz hergestellt, das über Nacht schrumpfte und am nächsten Morgen von Rissen durchzogen war.

»Ich war entzückt darüber!« schreibt er in seinem Buch *Silicon and Silicones*. »Ich lief hinunter zur Chemischen Abteilung, platzte in das Büro des Leiters dieser Abteilung, Dr. A. L. Marshall, und zeigte ihm aufgeregt meinen Schatz: Das erste Methylsilicon, das noch nie mit Magnesium in Berührung gekommen war! Er besah es, gab es mir zurück und sagte: ›Ach! Total gerissen, was?‹ Ich war am Boden zerstört! Er hatte überhaupt nicht die Bedeutung der Entdeckung begriffen.«

Dafür erkannten andere die Tragweite von Rochows Experiment. Sein schneller Weg zu Kunststoffen, die zwischen –40 und + 240 Grad elastisch und intakt bleiben, versprach große Gewinne, und binnen weniger Jahre wuchsen an vielen Orten die schlanken, hohen Destillationskolonnen in den Himmel, die zum Kennzeichen für die Silikonherstellung wurden. Silicon-Polymere tauchten plötzlich und unerwartet an den seltsamsten Stellen auf; dabei blieben sie meist unbemerkt von den Verbrauchern – so im Falle der sanften Rasierklingen.

Die Männer, die sich morgens auf das Laboratorium des Klingenherstellers Gillette in Boston zubewegten, unterschieden sich markant von den anderen Männern, die zur Arbeit fuhren: Sie hatten Stoppelbärte. Ihre ungepflegte Erscheinung beruhte auf einem Befehl von oben. Die Manager von Gillette ließen einen Großversuch an ihren eigenen Mitarbeitern durchführen. Sie wollten in wissenschaftlich kontrollierten Tests neuentwickelte Rasierklingen ausprobieren. Die bis dahin üblichen Klingen aus ungeschütztem Stahl wurden stumpf, wenn man sie abtrocknete, oder verrosteten, wenn man sie naß ließ.

Unter den absoluten Neuheiten im Test war auch eine mit Silicon überzogene Klinge. Äußerlich war ihr die Beschichtung nicht anzusehen. Sie bekam die besten Noten: Damit verlaufe die Rasur – so die meisten Gillette-Tester – ungewohnt sanft und glatt. Einige Mitarbeiter, so erzählt Eugene Rochow, hätten sogar ihre Rasierer auseinandergenommen, um nachzuschauen, ob überhaupt Klingen darin waren.

Die Geschäftsleitung entschied sich natürlich für die Silicon-Beschichtung. Nachdem ein Herstellungsverfahren entwickelt worden war, begaben sich die Gillette-Anwälte höchstpersönlich zum Patentamt. Dort drückten sie zuerst einmal

Rochow fand den schnellen Weg zur industriellen Herstellung von Silicon-Polymeren.

jedem Beamten ein Päckchen mit den neuen Klingen in die Hand, mit der Empfehlung, sich ein paar Tage damit zu rasieren. Der Patentantrag wurde in Rekordzeit bewilligt.

Weil die Silicone aber noch viel mehr konnten, als beim Rasieren zu helfen oder extremen Temperaturen standzuhalten, war es kein Wunder, daß auch in anderen Ländern Chemiker mit dem Siliciumatom experimentierten. Einer von ihnen war Dr. Siegfried Nitzsche. Im Jahre 1947 arbeitete er für die Wacker-Chemie im bayrischen Burghausen. Für ihn war jedoch die Erforschung des Siliciumatoms ungleich schwieriger als für seine amerikanischen Kollegen. Jene hatten durch die vielen Silicon-Entwicklungen im eigenen Lande einen enormen Vorsprung und zudem ein großes Maß an Freiheit bei der Wahl ihrer Ziele. Nitzsche hingegen mußte sich innerhalb der Grenzen bewegen, die ihm durch die von den Alliierten festgesetzten Forschungsbeschränkungen gezogen waren.

Doch ausgerechnet der amerikanische Kontrolloffizier, der für das Burghausener Werk zuständig war, Captain Cunningham, half Nitzsche weiter, ohne es zu wissen. Er besorgte dem Chemiker auf dessen Bitte hin ein Heft des amerikanischen *Reader's Digest.* Einer der darin enthaltenen Beiträge war ein populär geschriebener Artikel über die Silicon-Herstellung in den USA. Nitzsche las ihn einmal, ein zweites Mal, ein drittes Mal – dann hatte er aus dem allgemein gehaltenen Text ein chemisch höchst interessantes Lehrstückchen über Silicone destilliert. Als dann die Wacker-Forscher 1949 ihre ersten Polymere auf Silicium-Basis herstellten, waren der *Reader's Digest* und Captain Cunningham nicht unbeteiligt an dem Erfolg.

An den insgesamt 160 000 Tonnen unterschiedlicher Produkte, die Wacker 1949 erzeugte, waren die Silicone allerdings nur mit einer Zehntel Tonne beteiligt. Weil Käufer für jedes Kilo Silicon 200 Mark berappen mußten, glaubten viele Mitarbeiter, daß man die teuren Spezial-Polymere bald aufgeben würde. Doch die Silicone waren zäher, als mancher vermutete. Nachdem Wacker bei General Electric und Dow-Corning Lizenzen erworben hatte – ein Direktor begab sich dafür aufs Frachtschiff nach Amerika –, ging man in die Offensive: Gemeinsam mit Siemens wurde der erste siliconisolierte Trockentransformator Europas gebaut; bald kauften auch Dentallabors Siliconkautschuk, um damit Gebißformen herzustellen, und binnen weniger Jahre wurden zunehmend Siliconharze verwendet, wenn es galt, Kabel und Hochspannungsmotoren zu isolieren.

Die Wacker-Chemie hatte bereits weit zurückreichende und breitgestreute Erfahrungen mit Kunststoffen. Ihr Gründer Alexander Wacker hatte in entlegenen Bergregionen Europas Kraftwerke bauen lassen. Die elektrische Energie verwendete er dazu, Karbid zu erzeugen. Doch Karbid und das aus ihm gewonnene Gas Acetylen konnten sich als Energieträger für Beleuchtung und Schweißgeräte nicht durchsetzen. Wacker hatte plötzlich Elektrizität und Acetylen im Überfluß, fand aber keine Abnehmer dafür. Da verfiel er auf die Idee, ein elektrochemisches Forschungslaboratorium zu gründen; es sollte dafür sorgen, daß beide Produkte verwertet würden. 1903 entstand dann als in der Not gezeugtes Kind das »Consortium für elektrochemische Industrie«, noch heute die zentrale Forschungsstätte der Wacker-Chemie.

Mochte Wackers Kalkulation auch gewagt sein, sie ging auf. Die Wissenschaftler des Consortiums fanden Wege, das Acetylen zu verwenden: Zusammen mit Chlor stellten sie daraus Mittel her, die in der chemischen Industrie gefragt waren. Der Chemiker Georges Imbert zauberte daraus sogar den blauen Farbstoff Indigo. Imbert war ein Bohemien, der die Tage verschlief. Vor Mitternacht traf man ihn im Labor, nach Mitternacht in Bars. Er wurde in den folgenden Jahren bekannt, als er den Holzgasgenerator entwickelte, der später Automobile antrieb.

Eine interessante Consortiums-Erfindung folgte der anderen: Haltbare Glühfäden aus Wolfram für die elektrische Beleuchtung; fahrbare Generatoren, die Wasserstoff herstellten – heute als sauberer Energieträger im Gespräch, damals unentbehrlich für Zeppeline und Ballons; und schließlich Aceton für den synthetischen Kautschuk der Bayer AG, aus dem

Der Gründer und sein Werk: Alexander Wacker ließ Wasserkraftwerke bauen, um Strom für seine Fabriken zu gewinnen. Unten das Stammwerk der Wacker-Chemie im bayerischen Burghausen.

auch des Kaisers neue Autoreifen gemacht wurden. 1912 bahnte Willy O. Herrmann dem Consortium einen Weg in die Welt der Polymere: Er erkundete das weite Feld der Aldehydharze, experimentierte erfolgreich mit Vinylestern und ließ aus seinem Polyvinylalkohol schließlich künstliche Fasern spinnen (noch heute fangen japanische Fischer ihre Beute bevorzugt mit Netzen aus diesem Kunststoff).

Die Palette der Wacker-Kunststoffe war ebenso bunt wie ihre Anwendungen: Man traf sie in Schuhsohlen und Regenmänteln an, in treibstoffunempfindlichen Handschuhen und in Sicherheitsglas, als biegsame Langspielplatten und lichtempfindliche Schichten. Als man sich 1947 für die Beschäftigung mit den Siliconen entschied, geschah dies auf der Basis dieser historisch weit zurückreichenden Erfahrung mit Kunststoffen.

Silicone – vom Öl bis zum Kautschuk – sind mittlerweile in die meisten Lebensbereiche vorgedrungen: Bau, Verkehr, Elektronik, Textil, Papier, Medizin, Pharmazie, Metall, Hochtechnologie. Silicone helfen seit einigen Jahren auch, vom Verfall bedrohte Baudenkmäler zu retten. Einer, der dieser Aufgabe fast seine gesamte Arbeitskraft widmet, ist der Kölner Dombaumeister Professor Arnold Wolff.

»Vor unseren Augen geht ein großer Teil der abendländischen Geschichtszeugnisse unter. Auch am Kölner Dom ist deutlich zu sehen, daß Stellen, die vor 25 Jahren noch unversehrt waren, heute mit regelrechten Kratern durchsetzt sind. Besonders schlimm ist es um das reich gegliederte Strebewerk des Kölner Doms bestellt: Viele dieser Bauglieder sind nur noch wenige Zentimeter dick. Auch wenn es die Dombauhütten in den vergangenen 150 Jahren zu einer wahren Meisterschaft im Kopieren der gefährdeten Teile gebracht haben, so gehen durch die Zerstörung der Originale doch alle Spuren der Steinbearbeitung verloren, die ursprünglichen Farben und auch die Zeichen der Steinmetze.«

Für die Ursachen der rapide fortschreitenden Zerstörung gibt es viele Erklärungen: Schadstoffe, Bakterien, Pilze, Flechten – sie alle tragen zu dem unumkehrbaren Zerfall bei. Die Wissenschaftler haben mittlerweile jedoch einen Hauptakteur ausfindig gemacht: das Wasser. Es transportiert die Schad-

Kunst-Stoff: Ist ein Kunstwerk gefährdet, so werden Repliken mit einer Silicon-Form hergestellt.

stoffe. Nur wenn es gelingt, den Stein gegen die Aufnahme von Wasser zu schützen, besteht eine Chance, daß er weitere Jahrzehnte überdauert. Silicone können eine solche Schutzfunktion übernehmen. Wenn sie in die Poren eines geschädigten Sandsteins eindringen, bilden sie dort ein polymeres Netzwerk. Weil sie enge chemische Verwandte des Steins sind, können sie fest an ihm haften, ihm neuen Halt geben und das Wasser abwehren. Temperaturen zwischen –50 und + 300 Grad halten die Silicone ohne Schaden aus, und selbst ultraviolette Strahlung, Ozon oder Bakterien können ihnen nichts anhaben. Allerdings läßt nach Wolffs Erfahrung die Wirksamkeit einer Siliconbehandlung nach spätestens zwanzig Jahren nach.

So ist verständlich, daß die Restauratoren noch nicht zufrieden sind mit dem, was ihnen die Chemiker anbieten. Denn jede Gesteinsart, sogar jeder einzelne Stein will ganz speziell behandelt werden – abhängig von seiner inneren Struktur, der Art der Schädigung und dem Ziel der Restauratoren. So entscheidet sich der Kölner Dombaumeister oft für eine Volltränkung von gefährdeten Steinen mit Acrylharz – »als wirklich letzte Möglichkeit. Wenn ich diesen Stein nicht ins Museum bringen will, dann bleibt mir keine andere Wahl.«

Nicht nur auf der Erde haben die umweltverträglichen Silicone ihre Einsatzbereitschaft bewiesen, auch auf dem Mond haben sie Menschen geholfen. Am 20. Juli 1969 setzte mit flammenden Raketentriebwerken die spinnenbeinige *Eagle* auf dem staubbedeckten Mondboden auf. Die Menschen, die dann die dünne Leiter der Landefähre heruntersteigen, blieben nur 135 Minuten. Bei ihrem kurzen Besuch hinterließen sie Spuren: die quergerillten Profile ihrer Stiefel. Die Sohlen dieser Moonboots, deren Abdrücke wohl Jahrzehntausende überdauern werden, bestanden aus einem Silicon-Kunststoff.

Materialfehler: Dichtungen aus Silicon-Kautschuk hätten die »Challenger«-Katastrophe verhindert.

Silicone hätten auch bei einem anderen Weltraumunternehmen eine bedeutende Rolle spielen können, hätte man früh genug auf die Warnungen gehört. Am 28. Januar 1986, um 11 Uhr 38, donnerte die Raumfähre Challenger auf einer Feuersäule in den blauen, kalten Himmel Floridas. Die sieben Menschen an Bord wurden von dem Schub der Raketentriebwerke in ihre Sitze gepreßt. Sechs Kilometer über dem Raumflughafen durchbrach Challenger die Schallmauer, dann fuhren die Bordcomputer die Triebwerke auf Zweidrittel Schub zurück: »Max-Q« stand kurz bevor, der Punkt der höchsten aerodynamischen Belastung.

15 Sekunden später sagte Commander Dick Scobee: »Throttling up« (»Schub«). Dann rief Pilot Mike Smith: »Feel that mother go ...« (»Wie die ab-

geht ...«). Dem unvollendeten Satz folgte ein Freudenschrei. Augenblicke später, siebzig Sekunden nach dem Start, hatte Challenger 16 Kilometer Höhe erreicht und damit die Zone der stärksten Turbulenzen unter sich gelassen. Doch in den folgenden drei Sekunden wurde die Raumfähre wie von einer Riesenfaust hin- und hergeschleudert. »Oh, oh«, waren die letzten Laute, die von der Bodenstation aufgefangen wurden. Mike Smith hatte sie ausgestoßen. Dann explodierte der Raumgleiter in einem riesigen Feuerball.

Es folgte eine monatelange, schmerzhafte Suche nach den Ursachen für das menschliche und technische Versagen. Diese Suche war Anklage und Schuldbekenntnis zugleich. Man hatte schwere Fehler begangen, sich auf vergangenen Erfolgen ausgeruht, hatte Warnungen in den Wind geschlagen. Im Zentrum der Aufmerksamkeit standen immer wieder zwei Ringe aus synthetischem Kautschuk. Sie waren dazu da, die Verbindungsstellen zwischen den Segmenten der Feststoffraketen abzudichten. Auf den vorhergehenden Flügen hatten sie ihre Funktion zumindest teilweise erfüllt und die superheißen Gase des abbrennbaren Treibstoffs am Austreten gehindert.

In der Nacht zum 28. Januar 1986 hatte es auf Cape Kennedy gefroren. Kurz vor dem Start registrierten die Fühler an dem Tank mit Flüssigtreibstoff eine Temperatur von −13 Grad. Ein Techniker drückte seine Besorgnis darüber aus, daß die Gummiringe in der Kälte verhärten und nicht ausreichend abdichten würden. Niemand hörte auf ihn. Eine Minute nach dem Start versagten dann die Ringe zwischen zwei Segmenten. Zeitlupenaufnahmen zeigen deutlich, daß an dieser Stelle heiße Gase austraten und sich kurz darauf entzündeten. Die so entstandene Flamme erhitzte den Haupttank und ließ ihn in der 73sten Sekunde explodieren. Die sieben Astronauten starben, unter ihnen die Lehrerin Christa McAuliffe, deren Schulstunden live aus dem All in die Klassenzimmer der Nation übertragen werden sollten.

Die für die Dichtungsringe zuständigen Forscher hatten angeblich bereits seit einem Jahr intensiv daran gearbeitet, das Kälteversagen des Gummis zu beheben. Nachträgliche Analysen von unabhängigen Experten ergaben: Wäre als Material für die Ringe temperaturbeständiger Siliconkautschuk gewählt worden, hätte sich die Challenger-Katastrophe vermutlich nicht ereignet.

DER MILLIARDEN-DOLLAR-WETTLAUF

Die Herren, die sich im Kriegsjahr 1944 wiederholt in einem Hotel am Kölner Dom trafen, vertrauten auf den Schutz, den die Kathedrale bieten würde. Ihre Hoffnung, daß die alliierten Bomber das mittelalterliche Bauwerk und seine unmittelbare Umgebung verschonen würden, sollte sie nicht trügen. Zu einer Zeit, in der die unheimlichen Heultöne der Fliegersirenen zum Alltag der Kölner gehörten und die meisten Wohnhäuser der Stadt von Bomben zerstört oder beschädigt waren, gab der Dom tatsächlich eine gewisse Überlebensgarantie.

Im Zentrum dramatischer Verflechtungen: Karl Ziegler, Erfinder des modernen Polyethylens.

Die meisten Teilnehmer dieser Dom-Konferenzen reisten aus dem Ruhrgebiet an. Einer von ihnen kam jedoch eigens aus Halle: Karl Ziegler, Professor für organische Chemie an der dortigen Universität. Ziegler unternahm diese Reisen, um seiner zweiten Position in Mülheim an der Ruhr gerecht zu werden; dort war er kommissarischer Direktor des Kaiser-Wilhelm-Instituts für Kohlenforschung. In den Jahren 1943 bis 1945 pendelte er zwischen Halle und Mülheim oder Köln. Wenn er ins Ruhrgebiet kam, konferierte er dort mit den Forschern und Gremien seines Instituts. Nach dem verheerenden Luftangriff auf Mülheim in der Nacht auf den 23. Juni 1943 war der Plan herangereift, einige dieser Zusammenkünfte aus dem schwerbombardierten Revier an einen Ort zu verlegen, der mehr Sicherheit versprach. Das war der Kölner Dom.

Zieglers zweite berufliche Existenz am Institut für Kohlenforschung erschien manchen seiner Kollegen fragwürdig. Zwar war er ordentlicher Professor der Chemie, beliebt bei vielen seiner Studenten und als Forscher weithin bekannt, aber beileibe kein Experte auf dem Gebiet der Kohlechemie. Doch ausgerechnet ihm trug man im Frühjahr 1943 an, die Leitung des für Kohleforschung zuständigen Kaiser-Wilhelm-Instituts zu übernehmen. Ziegler schrieb später dazu: »Ich will hier freimütig bekennen, daß meine erste seelische Reaktion völlig negativ war. Das hatte seinen Grund: Ich hatte in meinem wissenschaftlichen Leben glückliche Jahre hinter mir, in denen allein die Freude an der selbstgewählten Aufgabe bestimmend war für meine Arbeiten, wenn auch in materiell bescheidenem Rahmen des Wirkungskreises eines Universitätsprofessors für Chemie. Die gerade vorausgegangene Zeit der ›gelenkten‹ Forschung hatte mir zudem klar gezeigt, daß ich mich für die Bearbeitung vorbestimmter Probleme wenig eignete.... Es ist natürlich, daß mich bei dieser Geisteshaltung die im Namen des mir angebotenen Instituts zum Ausdruck kommende Zweckbestimmung störte.«

Zweckbestimmt und auf praktische Anwendungen ausgerichtet war die Arbeit am Institut für Kohlenforschung allemal: Hinter ihr stand die rheinisch-westfälische Montanindustrie. Als Hauptfinanzier des Instituts war sie daran interessiert, das gewaltige Potential der Kohle erschließen zu lassen: Kohle sollte nicht nur als Brennmaterial, sondern auch vermehrt als chemischer Rohstoff genutzt werden. Seit seiner Gründung im Jahre 1912 in Mülheim an der Ruhr hatten bedeutende Chemiker an diesem Institut bahnbrechende Entdeckungen gemacht. So gelang es 1925 dem ersten Leiter, Franz Fischer, gemeinsam mit Hans Tropsch ein Verfahren zu entwickeln, das manchem Laien wie Zauberei anmutete: Aus den Gasen von Kohle gewannen die Forscher flüssige Treibstoffe. Auf der Basis der Fischer-Tropsch-Synthese wurden 1941 in Deutschland 600 000 Tonnen Benzin erzeugt – aus Kohle.

Als Fischer die Leitung des Instituts übernahm, hatte er freimütig verbreitet, er habe »von Kohlen gar nichts verstanden«. Ziegler äußerte sich ähnlich. Hatte sich Fischer aber noch darauf eingelassen, seine Arbeit den Wünschen des Bergbaus anzupassen, so ließ Ziegler überhaupt kein Interesse an Kohle erkennen: »Im Zuge der dann in Gang kommenden Verhandlungen fand ich aber... größtes Verständnis für die Grundbedingung, von der ich meinen Übergang nach Mülheim glaubte abhängig machen zu sollen: Ich müsse, so erklärte ich, völlige Freiheit der Betätigung im Gesamtbereich der Chemie der Kohlenstoffverbindungen (Organische Chemie) haben, ohne Rücksicht darauf, ob meine Arbeiten etwa unmittelbar einen Zusammenhang mit der Kohle erkennen lassen würden oder nicht.«

Mitten im Krieg derartige Forderungen anzumelden, grenzte an Waghalsigkeit. Die Wirtschaftsmanager aus dem Revier wollten natürlich eine Garantie dafür haben, daß der neue Institutsleiter ihr Geld in die Erforschung der Kohle stecken würde. Außerdem hatten andere, einflußreiche Männer ein fundamentales Interesse daran, die in der Kohle schlummernden Energien zu nutzen: die Organisatoren des Krieges. Doch schon bei den Berufungsverhandlungen machte Ziegler deutlich, daß er eine derartige Steuerung seiner Arbeiten nicht

Zieglers Spezialität: Katalysatoren, mit denen man die Olefine nutzbar machen konnte.

zulassen würde. Der Vertrag, den man schließlich unterschrieb, garantierte dem Institutsleiter vollkommene Ungebundenheit bei der Wahl der Forschungsziele. Die Ziegler darin zugestandene Freiheit sollte schließlich eine der bedeutendsten Entdeckungen der Polymerchemie ermöglichen.

Karl Ziegler, Jahrgang 1898, war zuerst bei Kassel und dann in Marburg aufgewachsen. Das Familienleben wurde durch die vielen Besuche von Akademikern aufgelockert, deren Gespräche der Junge mit Spannung verfolgte. Wie die meisten in späteren Lebensjahren erfolgreichen Chemiker, so experimentierte auch Karl Ziegler schon früh in seinem eigenen Labor. Er lernte dabei so viel über die Chemie, daß er sein Studium in Marburg mit dem dritten Semester beginnen durfte.

Mit seinen alten, grauen Hosen und den Wickelgamaschen war der 1923 zum Privatdozent ernannte Ziegler stadtbekannt. Wenn er nach Ansicht einiger Kollegen äußerlich auch nicht das Zeug zu einem Professor hatte, so wiesen ihn seine wissenschaftlichen Arbeiten doch bald als einen der bedeutendsten Chemiker seiner Zeit aus. Eine seiner Spezialitäten waren »Radikale«. Dieser Begriff bezeichnet Moleküle, die äußerst reaktionsfreudig sind. Sie haben eine freie Bindung, an die sich Atomgruppen anlagern können. Bei der Bildung von Kettenmolekülen spielen Radikale eine bedeutende Rolle.

Als Ziegler 1933 auf einer Vortragsreise in Dover ankam, wurde er von den Zollbeamten nach dem Thema seiner Referate gefragt. »Ich spreche über freie Radikale!«, antwortete der Forscher (dem eigentlich Weltfremdheit sonst nicht nachgesagt werden konnte). Erst nach stundenlangen Überprüfungen und vielen Versuchen, die Beamten von der unpolitischen Natur dieses Themas zu überzeugen, ließ man den Chemiker ins Land.

In den folgenden Jahren wurde Ziegler durch seine ausführlichen Erkundungen der sogenannten metallorganischen Verbindungen bekannt. Nach Universitätspositionen in Frankfurt und Heidelberg wurde er schließlich 1936 zum Direktor des Chemischen Instituts in Halle berufen. Dort erreichte ihn dann 1943 das Angebot aus Mülheim. In den beiden folgenden Jahren, inmitten der Kriegswirren, durfte er als einer der wenigen Privilegierten für die weiten Fahrten zwischen Halle und Mülheim einen Wagen benutzen. Derweil hatte seine Frau Maria alle Hände voll zu tun, die Familie durchzubringen. Trotz der hohen sozialen Stellung ihres Mannes scheute sie sich nicht, Hühner zu halten, um zumindest die schlimmsten Engpässe in der Nahrungsmittelversorgung zu überbrücken.

Ende Juli 1945 räumten die Amerikaner das von ihnen besetzte Halle. Ziegler und seine Assistenten nahmen sie mit. Die amerikanischen Militärs wollten verhindern, daß diese Wissenschaftler für die Russen arbeiteten. So rumpelte denn der Direktor mitsamt Frau, Kindern und Habe auf einem Army-Truck in Richtung Hannover.

Noch während des Krieges hatten Bergleute unter dem Mülheimer Institut einen zehn Meter tiefen Stollen angelegt, in dem die Mitarbeiter, die Bibliothek und wertvolle Instrumente Schutz fanden. Als am 15. April 1945 amerikanische Truppen das Institut besetzten, überraschten sie die Wissenschaftler, die vollkommen in ihre Arbeit vertieft waren. Die *Saturday Evening Post* schrieb daraufhin, in Mülheim habe man noch nicht gemerkt, daß der Krieg zu Ende sei.

Kaiser-Wilhelm-Institut für Kohlenforschung in Mülheim/Ruhr im Jahre 1939.

In den folgenden Jahren unter britischer Besatzung bemühte sich Ziegler um die Weiterführung der Forschungsarbeiten am Institut. Die finanzielle Zukunft aber lag im Ungewissen; denn die bisher zuständigen Finanziers – die Kohlesyndikate – unterstanden nun der alliierten Kontrolle, und ihre wichtigsten Manager saßen im Gefängnis. Trotz der finanziellen Probleme gelang es Ziegler schließlich, die Laboratorien mit modernen Geräten auszustatten. 1949 wurde das Institut – ebenso wie die Gesellschaft, der es angehörte – umbenannt; fortan firmierte man unter dem Namen »Max-Planck-Institut für Kohlenforschung«. Am 20. September dieses Jahres wurde Ziegler zum Vorsitzenden der neugegründeten »Gesellschaft Deutscher Chemiker« gewählt. Besonders stolz war er auf seine Mitgliedsnummer, die Eins.

Ohne sich von den Wünschen der Bergbaumanager beeindrucken zu lassen, forschte Ziegler eifrig auf Gebieten, die mit Kohle aber auch gar nichts zu tun hatten (außer, daß die Buchstabenfolge »Kohle« in den von Ziegler favorisierten Kohlenstoffverbindungen vorkam). Der Institutsdirektor, dessen »Triebfeder allezeit nur die wissenschaftliche Neugier war, der unbändige Spaß, den es macht, wenn man irgend etwas entdeckt, was noch niemandem vorher bekannt war« (Ziegler über Ziegler), ließ die Kohle links liegen und wandte sich statt dessen der Polymerisation zu. Fast täglich versammelte er seine Mannschaft um sich und instruierte jeden einzelnen, womit er sich zu beschäftigen habe.

Trotz seines patriarchalischen Führungsstils war Ziegler ebenso beliebt wie seine Frau, die sich als »Institutsmutter« auch um die privaten Sorgen der Mitarbeiter kümmerte. Da das Wohnhaus des Direktors unmittelbar an das Institut anschloß, konnte »Frau Professor« ihren Gatten über den Gang zum Mittag- und Abendessen rufen. In diesem Haus spielte Ziegler seinen Besuchern mit Begeisterung die schönsten Stücke aus seiner Schallplattensammlung vor. In seiner Freizeit ließ er keine Gelegenheit aus, als aktiver Bergsteiger die höchsten Gipfel der Alpen zu bezwingen. In seinen späteren Jahren frönte er einem recht seltenen Hobby: der Beobachtung von Sonnenfinsternissen. Gleich, zu welchen entlegenen Orten des Globus man sich begeben mußte, um diese Naturereignisse mitzuerleben, Ziegler eilte hin.

Jedenfalls folgte er auch im Beruf seinen Neigungen und widmete sich vorzugsweise organischen Metallverbindungen. Mit Hilfe dieser Verbindungen wollte er versuchen, Moleküle des Gases Ethylen miteinander zu verketten, um den vielseitigen Kunststoff Polyethylen herzustellen. Zwar hatten Forscher der ICI das Geheimnis der Ethylen-Polymerisation schon vor fast zwanzig Jahren gelöst, doch benötigte man dafür enorme Energien: einen Druck von weit mehr als 1000 Atmosphären und eine Temperatur von 170 Grad Celsius. Der extreme Druck, die hohe Temperatur und außerdem noch eine winzige, genau dosierte Menge Sauerstoff – diese drei Zutaten schienen nötig zu sein, um die Moleküle des Ethylens erst einmal zu aktivieren, sie gleichsam zur Polymerisation anzuregen. Das jedenfalls war die damals weitverbreitete Meinung.

Ziegler aber hatte seine eigene Theorie. Bei Versuchen, die sein Team mit Aluminiumverbindungen durchgeführt hatte, waren zwei widerstreitende Effekte entdeckt worden. Das Metall Aluminium bewirkte zunächst, daß sich Moleküle aneinanderfügten: Das war die *Aufbaureaktion.* Hatte die Kette jedoch die Länge von 100–200 Atomen erreicht, dann verursachten die Aluminiumatome den Abbruch des Wachstums: Das war die *Verdrängungsreaktion.* Vollkommen neu an diesem Vorgang war, daß sich die hinzukommenden Ethylenmoleküle stets an das aluminiumhaltige Ende der wachsenden Kette anlagerten, nie jedoch seitlich. Dadurch entstanden unverzweigte, lineare Makromoleküle. Sie glichen einem Baum, der nur aus einem Stamm besteht, ohne Ableger oder Zweige. Damit war es Ziegler und seinen Mitarbeitern zum ersten Mal gelungen, einem synthetischen Makromolekül eine bestimmte Form zu geben. Nach wie vor außerhalb jeder Kontrolle blieb jedoch die *Länge* der Ketten. Sie wurde durch die Verdrängungsreaktion bestimmt, deren Einsetzen sich aber nicht beeinflussen ließ.

Der Kür ließ Ziegler die Pflicht folgen: Patente, Vorträge, Veröffentlichungen. Doch was er selbst als Erfolg wertete, wurde von vielen seiner Kollegen belächelt. Eines Tages unterhielt er sich bei einem Festessen mit Otto Bayer. Der Erfinder des Polyurethans und Forschungsleiter in Leverkusen erkundigte sich nach den Fortschritten am Max-Planck-Institut. Ziegler antwortete, daß man außerhalb des Instituts bereits von der »Mülheimer Chemie« spreche. Bayer, selten um sarkastische Spitzen verlegen, meinte, mit diesem Namen habe man aber eine unglückliche Wahl getroffen. Insbesondere die Franzosen mit ihrem Hang zum Verschlucken des »h« würden künftig von der »Mülleimer-Chemie« sprechen!

Bei dieser Gelegenheit hatte Bayer die Lacher noch auf seiner Seite. Wenig später jedoch traf Ziegler mit Herman Mark zusammen und berichtete ihm von seinen Entdeckungen. Mark, der mittlerweile im Ruf eines internationalen Polymer-Propheten stand, zeigte größtes Interesse. Er berichtete einem bedeutenden britischen Chemiker, daß »aus diesem kleinen Wurm (gemeint waren die noch kurzen Kettenmoleküle, U. T.) eine lange Schlange« wachsen würde. Es dauerte nur wenige Tage, da trugen Marks blumige Worte Früchte: Ein Manager der englischen Firma PCL (Petrochemicals Ltd.) überfiel Ziegler in seinem Urlaubsort bei St. Moritz und handelte mit ihm ein exklusives Lizenzabkommen aus. Bei der Formulierung des Vertrags verzichtete Ziegler auf eine juristische Beratung, und noch heute gilt das von ihm und PCL verfaßte Gentlemen's-Agreement als Rarität in der modernen Chemie.

Als Ziegler 1952 in Frankfurt einen Vortrag hielt, saß ein Mann im Auditorium, dessen Schicksal sich auf eine eigentümliche Weise mit dem Leben Zieglers verknüpfen sollte: Giulio Natta. Ähnlich wie der Max-Planck-Forscher hatte auch Natta früh seinen Doktortitel erworben und an mehreren Universitäten unterrichtet; ebenso wie Ziegler leitete er eine Forschungseinrichtung, das Mailänder Institut für Industrielle Chemie. Im Gegensatz zu den anderen Zuhörern bei dem Frankfurter Vortrag war Natta auf Anhieb fasziniert von Zieglers Gedankengängen. »Er erkannte sofort, daß der deutsche Wissenschaftler in bezug auf die Herstellung von Polymerketten ein vollkommen neues Prinzip entdeckt hatte«, schreibt der ehemalige Natta-Mitarbeiter Professor Piero Pino. Natta zögerte nicht. Nach dem Vortrag ging er zu Ziegler und lud ihn nach Mailand ein.

So ähnlich die Karrieren der beiden Forscher auf den ersten Blick auch aussahen, so gravierend waren die Unterschiede. Mit seiner unbeirrbaren Zielstrebigkeit hatte Ziegler sich einen Freiraum geschaffen, der ihn von seinen Geldgebern unabhängig machte. Natta hingegen hatte sich der Industrie verschrieben: Er arbeitete eng mit Italiens größtem Chemiekonzern, Montecatini, zusammen, und er verwendete Industriegelder dazu, sein Institut mit den modernsten Apparaten auszustatten. Nattas Mäzen war Piero Giustiniani, der Chef von Montecatini. Giustiniani wurde nachgesagt, er sei sowohl ein rücksichtsloser Autokrat als auch ein gewiefter Taktiker. Sicher ist, daß er sich mit den Spielregeln der Macht bestens auskannte.

Ziegler folgte Nattas Einladung und handelte in Mailand ein Lizenzabkommen mit Montecatini aus. Damit war international dokumentiert, was viele deutsche Chemiker nicht anerkennen wollten: Daß Ziegler bedeutende Erfindungen gemacht hatte, die – obwohl sie noch in den Kinderschuhen steckten – von großen ausländischen Konzernen gekauft wurden. Der Vertrag enthielt eine kleine, aber wichtige Klausel: Natta durfte einige seiner Mitarbeiter in das Mülheimer Institut entsenden. Sie sollten dort die in dem Vertrag beschriebenen Prozesse beobachten und den Umgang mit ihnen erlernen.

Im Februar 1953 meldeten sich denn auch drei Mailänder Chemiker bei Ziegler zur Stelle. Im Vertrag war festgelegt, daß sie bei der Herstellung von einfachen, kurzkettigen Molekülen nach dem Zieglerschen Verfahren mitarbeiten sollten. Auf dem Papier war damit zwar ausgeschlossen, daß sie Informationen aus anderen Forschungsbereichen sammelten, doch – so schreibt Frank McMillan in seinem Buch *The Chain Straighteners* – »wie man von neugierigen und ehrgeizigen jungen Männern bei ihrem ersten ›Außenauftrag‹ erwarten konnte, nahmen sie jede Information auf, die auf offiziellen oder inoffiziellen Kanälen zu ihnen gelangte, und schickten vertrauliche Berichte nach Mailand.«

Mittlerweile bahnte sich zwischen Ziegler und Natta eine Freundschaft an. Offenbar war sich Ziegler aber nicht darüber im klaren, wie eng Nattas Verflechtung mit Giustiniani und dessen Konzern war. Die Italiener waren wohl davon überzeugt, daß Zieglers Methode – obwohl man damit vorerst nur kurze Molekülketten herstellen konnte – letztendlich in einen chemischen Prozeß münden mußte, der von internationaler wissenschaftlicher und ökonomischer Bedeutung sein würde. Sie sollten recht behalten.

Für Karl Ziegler stand bei den Versuchen, die er von seinen Mitarbeitern durchführen ließ, immer die Frage im Hintergrund: »Wie lassen sich die entdeckten Reaktionen so verändern, daß man damit Polyethylen herstellen kann?« Sollte auch bei den folgenden Ereignissen der Zufall als Schutzpatron der Erfinder eine tragende Rolle spielen, so waren die Versuche doch in das von Ziegler definierte Forschungsvorhaben namens »Polyethylen« eingebettet.

Um die Jahreswende 1952/53 hatte Ziegler seinen Doktoranden Erhard Holzkamp angewiesen, mit Versuchen zur Aufbaureaktion zu beginnen. Niemand erwartete, daß sich bei diesen bereits bekannten Experimenten Unvorhergesehenes ereignen könnte. Doch die Moleküle, die Holzkamp dann herstellte, gerieten eigenartig kurz: Es waren Ketten, die nur vier Kohlenstoffatome lang waren. Irgendeine unbekannte Verbindung mußte die Aufbaureaktion gebremst und die Verdrängungsreaktion beschleunigt haben. Eine fieberhafte Suche begann. Ziegler spannte sein gesamtes Team ein, und auch die Beobachter aus Italien – zu denen sich mittlerweile Chemiker aus den USA gesellt hatten – wurden von der Aufregung ergriffen. Neben ihren normalen Arbeiten verfaßten sie detaillierte Berichte über die Vorgänge am Mülheimer Institut, die sie dann an ihre Geldgeber schickten.

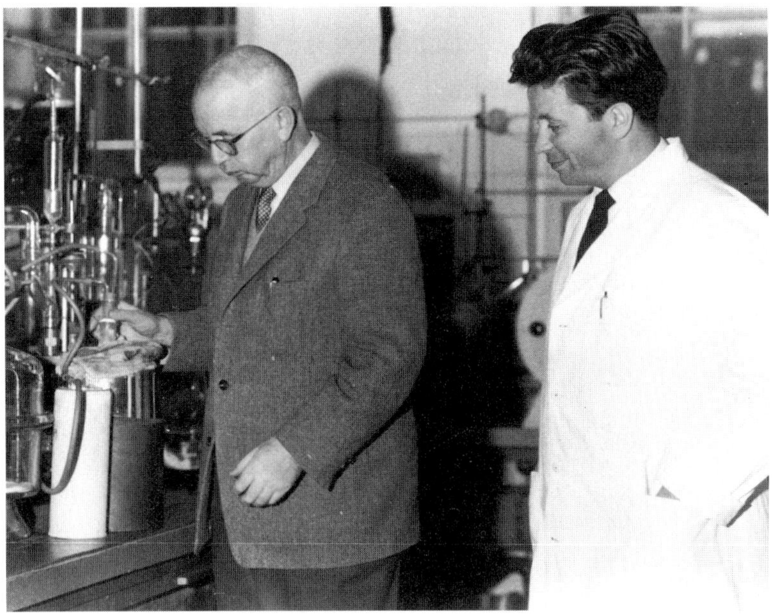

Karl Ziegler und Heinz Martin bei einem Polyethylen-Versuch.

Die Aussagen über die folgenden Ereignisse sind widersprüchlich. Fest steht aber: Die wochenlange Fahndung nach der unbekannten Verbindung, dem »Stoff X«, war extrem nervenzehrend. Daß man ihn schließlich dennoch identifizierte, war nur der hartnäckigen Detektivarbeit der Max-Planck-Chemiker zu verdanken. Holzkamp hatte seine Versuche in einem Druckgefäß (Autoklav) aus V_2A-Stahl gefahren. Nach jedem Experiment wurde das rostfreie Metall einer siebenstufigen Reinigung unterzogen, bei der man auch Salpetersäure verwendete. Dabei hatten sich vermutlich winzige Spuren von Nickel aus dem Stahl gelöst und in haarfeinen Rissen des Autoklavs abgelagert. Weil es offenbar diese Metallreste waren, die die unerwartete Reaktion in Gang setzten, wurde das ganze Phänomen als »Nickel-Effekt« bezeichnet.

Aus dem Fund zog Ziegler den Schluß, »daß ein völlig aseptisches Arbeiten doch noch zu einem echten Polyethylen würde führen können«. Also wurde beschlossen, nur noch mit Gefäßen zu experimentieren, in denen sich keine Spuren von Schwermetallen befinden konnten. Parallel dazu setzte Ziegler andere Chemiker auf Stoffe an, von denen er vermutete, daß sie ebenso wie Nickel die Aufbaureaktion unterdrücken würden. So versuchte Erhard Holzkamp sein Glück mit einer Chromverbindung.

Erst beim zweiten Versuch kam die Überraschung: Neben einfachen Kohlenwasserstoffen hatten sich Spuren eines hochmolekularen Kunststoffs gebildet – Polyethylen! Heute läßt sich nicht mehr nachvollziehen, wieso Ziegler nicht augenblicklich entschied, in dieser Richtung weiterzuforschen. Statt dessen gab er einem jüngeren Doktoranden, Heinz Breil, den Auftrag, alle erhältlichen Metallverbindungen daraufhin zu untersuchen, ob sie sich zur Herstellung von Polyethylen eigneten.

Breil war froh darüber, mit dem praktischen Teil seiner Doktorarbeit beginnen zu können. Am 26. Oktober 1953, nachdem er bereits die Wirkungen von

Kobalt, Silber, Eisen und Platin untersucht hatte, fügte er der üblichen Aluminiumverbindung eine Zirkonverbindung hinzu. Zu seiner Überraschung reagierte das komprimierte Ethylengas mit dieser Mischung: Ein großer Teil des Gases verwandelte sich in eine feste Masse. Breil geriet in höchste Aufregung. So schnell wie möglich wiederholte er das Experiment, diesmal jedoch mit einer größeren Menge des Zirkon-Katalysators und einem Lösungsmittel.

Er hatte Glück. Das gesamte Ethylen setzte sich zu einem weißen Pulver um, einem Kunststoff, der bereits bei den ersten Tests bewies, daß er dem herkömmlichen Hochdruck-Polyethylen überlegen war: Er ließ sich ziehen wie Nylon und war mechanisch extrem widerstandsfähig. Dann ergab eine spektroskopische Untersuchung, daß das neue Polyethylen aus linearen Kettenmolekülen ohne Verzweigungen bestand. Offenbar gestattete der soeben entdeckte Prozeß ein ungestörtes Wachstum der Ethylenketten. Sie waren aufgrund ihrer inneren Struktur fester als die verzweigten Kettenmoleküle des Hochdruck-Polyethylens.

Unbeeindruckt von dem ausgezeichneten Ergebnis ließ Ziegler weiterforschen. Bereits im Juli 1953 hatte Breil einen Versuch mit einem Titan-Katalysator durchgeführt. Dabei waren mehrere Gramm Polyethylen entstanden. Dieses Experiment wurde nun – unter Zugabe eines Lösungsmittels – wiederholt. Diesmal aber überschlug sich die Reaktion regelrecht. Der Versuchsbehälter wurde heiß, der Druck sank ab. Die Ausbeute war erstaunlich: In dem Behälter lag ausschließlich weißes Polyethylen-Pulver. Damit war für Ziegler klar: Die Zugabe des Titan-Katalysators beschleunigte die Bildung von Molekülketten derart, daß sie weitere Überraschungen versprach. Nun mußte man die Bedingungen für die Polymerisation des Ethylens verändern: den Druck vermindern und die Temperatur senken. Heinz Martin, ein junger und vielversprechender Chemiker, wurde mit diesen Arbeiten betraut. Innerhalb von Stunden, die sich zu zwei, drei Tagen summierten, jagte ein Experiment das nächste, und selbst Ziegler, der selten emotional wurde, sprach von einem »fast dramatischen Geschehen«.

Kurz nach Breils erstem Erfolg hatte Ziegler seinem englischen Lizenzpartner PCL ein Stück des linearen Polyethylens zugesandt. Er schrieb dazu, das neue Verfahren erfordere ein weiteres Abkommen – die bisherige Lizenz reiche dafür nicht aus. Als der Brief mit der Laborprobe bei PCL eintraf, brach Hektik aus. Mit der nächsten Maschine flog der PCL-Manager Ted Borrows nach Deutschland, um mit Ziegler zu verhandeln. Er wollte den Chemiker davon überzeugen, daß der bestehende Vertrag durchaus genüge. Dafür mußte er aber mehr über das neue Verfahren herausfinden.

Bei dem Gespräch mit Borrows schlich Ziegler wie die Katze um den heißen Brei. Er wollte natürlich nichts über den Katalysator erzählen, ohne vorher eine zusätzliche Vereinbarung getroffen zu haben. Das Gespräch fuhr sich fest. Frank McMillan beschreibt in seinem Buch *The Chain Straighteners,* wie sich die Situation dann entwickelte: »›Dr. Borrows, ich vertraue Ihnen‹, sagte Ziegler schließlich ... Dann verriet er das Geheimnis des Co-Katalysators. ›Es tut mir leid‹, sagte Borrows sofort, ›aber das ist im Rahmen unserer Abmachung. Lassen Sie uns noch einmal den Wortlaut überprüfen.‹ ... Nachdem Ziegler peinlich genau das vor ihnen lie-

Nach dem Krieg wurde Erdöl zur Grundlage der Polymer-Chemie: Erste deutsche Spaltanlage für Rohöl.

gende Schriftstück studiert hatte, bestätigte er einfach: ›Sie haben recht, Dr. Borrows!‹ Unmittelbar danach – Borrows war noch in Zieglers Büro – platzte Heinz Martin herein ... Er war offensichtlich erregt und fuchtelte mit einem Glasbehälter herum. ›Es geht im Glas!‹, rief er. Stolz deutete er auf das weißpulvrige Polyethylen, das er ohne Druck und ohne Hitze hergestellt hatte.«

Damit waren Ziegler und seine Mitarbeiter am Ende einer langen Suche angelangt. Mit der Entdeckung von hochwirksamen Metallverbindungen hatte das Mülheimer Team das Dogma gebrochen, das seit fast zwei Jahrzehnten auf dem Ethylen gelastet hatte: Daß es sich nur unter extremem Druck und hohen Temperaturen zu einem Kunststoff polymerisieren ließ. Mochte die Szene, die Borrows in Zieglers Büro erlebt hatte, auch reichlich theatralisch gewirkt haben, so war sie doch authentisch. Ziegler, der die historische Bedeutung des Augenblicks sofort erkannte, ließ eine Institutsfeier ausrufen.

Am 17. November 1953 wurde das »Mülheimer Normaldruckverfahren« zum Patent angemeldet. Ziegler blieb seiner Praxis treu und formulierte die Patentschrift selbst. Doch anstatt den Anspruch auch auf andere Kohlenwasserstoffe auszudehnen – was kein Problem gewesen wäre –, beschränkte er ihn auf Ethylen. Das sollte sich als Fehler erweisen.

Für die Ereignisse, die in den folgenden Jahren abliefen, gibt es keine historischen Parallelen. »Nach Bekanntwerden der Ziegler-Katalysatoren brach ein Sturm los«, schreibt Professor Günther Wilke, der Nachfolger Zieglers am Institut für Kohlenforschung. Beobachter der chemischen Industrie bemerkten international einen Ausbruch von hektischer Labortätigkeit, wissenschaftlichen Veröffentlichungen und schnellen Patentanmeldungen. Nie zuvor war die Situation für einen neuen Kunststoff so günstig gewesen.

In diesen frühen fünfziger Jahren erlebten die Chemiekonzerne einen einzigartigen Aufschwung. Das Mülheimer Polyethylen versprach zudem eine Verbindung von preiswerter Herstellung und hoher Qualität.

Zieglers Lizenzpartner waren die ersten, die von der Erfindung profitieren konnten, und unter ihnen stand wiederum Hoechst an der Spitze. In seinem Buch *Die Rotfabriker* schreibt Ernst Bäumler:

»Dann, als wieder einmal Abgesandte aus Hoechst erschienen, um sich nach dem neuesten Stand der Arbeiten zu erkundigen, präsentierte ihnen Ziegler mit verschmitztem Lächeln ein gewöhnliches Einmachglas. Auf dem Boden dieses Glases befand sich eine weißgelbe, flockige Substanz: Polyäthylen. ... Hoechst brauchte einen solchen Kunststoff. ... Um die Rohstoffversorgung zu sichern, hatte Hoechst schon den Übergang... von der Kohle- zur Petrochemie vorbereitet. ... Hoechst entschloß sich, eine Spaltanlage zu bauen, in der das schwere Rohöl mit Hilfe hoher Temperaturen gespalten werden sollte. Ziel war, Äthylen und andere Olefine (ungesättigte Kohlenwasserstoffe, U. T.) zu gewinnen. ... Schon 1955 zeigte Hoechst auf der Industrieausstellung in Hannover eine Spritzmaschine, die aus Niederdruck-Polyäthylen Likörgläser produzierte. Die erste Anlage für diesen Kunststoff, der ›Hostalen‹ genannt wurde, war in einer Rekordzeit entstanden.«

Es ist keine Übertreibung, wenn der Chronist notiert, daß sich die Besuchergruppen bei Ziegler die Klinke in die Hand gaben. Sie kamen aus allen Ecken der Welt, die einen aus Neugierde, die anderen aus Gewinnstreben, die nächsten, um den Erfindern ihre Bewunderung zu zollen. »In dieser Situation erlebte man den großen Wissenschaftler Karl Ziegler als ebenso erfolgreichen Kaufmann«, schreibt Günther Wilke. Ziegler, mittlerweile flankiert von einem erfahrenen Rechtsanwalt, verkaufte eine Lizenz nach der anderen, und Preise von einer Million Dollar waren keine Seltenheit. Diesem Festbetrag folgten dann noch die laufenden Lizenzzahlungen, oft in enormer Höhe. »Zum großen Glück für unser Institut brachte Ziegler seine Ernte selbst ein und überließ sie nicht anderen zum Nutzen«, schreibt MPI-Chef Wilke. Laut Vertrag durfte Ziegler einen Teil der Einnahmen behalten, einen weiteren Teil bekamen seine Mitarbeiter. Der Reichtum, den der Erfinder auf diese Weise binnen weniger Jahre anhäufte, war gewaltig. Seinen Lebensstil änderte er deswegen jedoch nicht.

Bald aber mußten die Lizenznehmer feststellen, daß Ziegler ihnen wenig mehr verkauft hatte als eine Versuchsanleitung. McMillan: »›Was wir bekamen‹, sagte einer der Empfänger, ›waren Laborjournale.‹« Wie sie diese Notizen in einen industriell verwendbaren Prozeß umsetzten, war ihnen selbst überlassen. Und so begann in vielen Ländern jene bereits erwähnte hektische Aktivität. Während die Forscher versuchten, den Kauf einer Ziegler-Lizenz durch weitere Entwicklungen überflüssig zu machen, schlugen sich die Ingenieure die Nächte um die Ohren, um große Polyethylen-Anlagen zu konstruieren.

Kaum war das erste halbe Dutzend dieser PE-Fabriken in Betrieb, da begann manchem Chemiker und manchem Direktor die fürchterliche Erkenntnis zu dämmern, daß man die Katze im Sack gekauft hatte. Zwar hatten Proben des Mülheimer Polyethylens ihre enorme Druck- und Reißfestigkeit bewiesen; auch ihre Formbeständigkeit und ihre ausgezeichnete Stabilität standen außerhalb jeden Zweifels. Doch so überwältigend positiv die Eigenschaften des Mülheimer Kunststoffs waren, so niederschmetternd wa-

Rettung durch die Reifen: Für die Hula-Hoop-Ringe brauchte man Polyethylen.

ren die ersten praktischen Erfahrungen. Flaschen aus Ziegler-PE begannen undicht zu werden, und einige Polyethylen-Gegenstände ließen sich mit einem Fön in ein Häufchen nutzloser Makromoleküle auflösen.

Wenn sie auch nicht ratlos waren, so standen die Chemiker doch vor einem Rätsel. Die Defekte, so fand man später heraus, hingen mit der Kristallstruktur der PE-Ketten zusammen. Doch eine Lösung des Problems war auf die Schnelle nicht zu finden. Die Situation war kritisch. Die Lagerhallen waren randvoll mit Niederdruck-PE, aber plötzlich wollte kaum jemand den Stoff haben. In den Vorstandsetagen wurde bereits offen über Stillegungen gesprochen. Personelle Konsequenzen, so munkelte man, seien ebenfalls nicht auszuschließen.

Doch dann nahm die Geschichte vom Polyethylen aus Mülheim an der Ruhr eine geradezu märchenhafte Wendung. Frank McMillan schreibt: »Die Wham-O Toy Company brachte den ›Hula-Hoop‹-Reifen aus extrudiertem Polyethylen-Rohr auf den Markt – und im Zuge der folgenden Epidemie fegte die Nachfrage die vollgestopften PE-Lager leer.« Wham-O verkaufte die leichten Hoops zu Millionen, und weil sie aus linearem Polyethylen hergestellt wurden, konnten die neuen PE-Fabriken wieder ihren Betrieb aufnehmen.

Den Chemikern schenkten die heißen Reifen und ihr Umsatzboom erst einmal Zeit. Die Schonfrist war noch nicht verstrichen, da fanden sie heraus, wie man den Kunststoff perfektionieren konnte: Die Zugabe eines zweiten Monomers nahm ihm ein wenig von seiner Kristallinität. Dann gab es kein Halten mehr: Das Niederdruck-PE konnte auf die Öffentlichkeit losgelassen werden. Bald hatte das Ziegler-PE die Küchen erobert: Eimer, Schüsseln, Becher – der Kunststoff aus dem Revier war in aller Hände. Vollends berühmt wurde das Polyethylen, als man damit ein Unterwasser-Fernsprechkabel isolierte, das Europa und Amerika verband. Dieses technische Großunternehmen verschlang 1000 Tonnen Niederdruck-PE.

Doch zurück zur Jahreswende 1953/54. Heinz Martin hatte das erste PE ohne Druck und ohne Hitze synthetisiert. Ziegler schickte Natta sowohl eine Probe des neuen Materials als auch die Anleitung für seine Herstellung. Heinz Breil hatte inzwischen mit einer neuen Versuchsserie begonnen. Er experimentierte mit weiteren ungesättigten Kohlenwasserstoffen (Olefinen). Nach dem Ethylen, dem einfachsten Olefin mit zwei Kohlenstoffatomen, mußte logischerweise das Propylen untersucht werden. Es hat drei Kohlenstoffatome. Dieses Gas fiel in der chemischen Industrie in immer größeren Mengen an; es entstand bei der Spaltung von Rohöl beziehungsweise Rohbenzin. Wenn es gelang, Propylen zu polymerisieren, hatte man sowohl einen neuen Kunststoff entwickelt als auch eine Möglichkeit gefunden, das Gas zu verwerten. Doch Breil hatte kein Glück. Vorerst, so schien es, ließen sich die Propylen-Moleküle nicht zu langen Ketten aneinanderfügen.

Anfang März 1954 – so berichtet Frank McMillan in seinem Buch *The Chain Straighteners* – reiste Ziegler zu seinem italienischen Lizenzpartner. Er wollte die Details des Polyethylen-Verfahrens persönlich überbringen. Immerhin hatte Montecatini 600 000 Mark für die Lizenz gezahlt. Am 9. März unterschrieben Ziegler, Natta und zwei Montecatini-Manager ein Abkommen. Darin wurde Ziegler zugebilligt, das Gebiet der Polymerisation von Olefinen allein bearbeiten zu dürfen.

Ziegler schob jedoch weitere Versuche auf, weil er eine neue Laborausrüstung abwarten wollte. Am 19. Mai kam Natta nach Mülheim. Er fragte Ziegler, ob es ihm gelungen sei, Polypropylen herzustellen. Nein, antwortete der Forscher, das sei noch nicht gelungen. Im folgenden Monat, im Juni 1954, wiederholte Heinz Martin den Propylen-Versuch. Diesmal fand auf Anhieb eine Polymerisation statt. Doch Ziegler ließ noch einmal fast zwei Monate verstreichen, bevor

Folienblasen: Eine Spezialmaschine dehnt Polyethylen zu einer ultradünnen Haut.

In aller Hände: Wenige Jahre nach seiner Entdeckung gab es Ziegler-Polyethylen in jedem Haushalt.

er einen Patentantrag stellte. Dann schickte er eine Probe des Polypropylens nach Mailand. Die Antwort, die dann in Mülheim eintraf, war mehr als überraschend: Natta hatte dasselbe Verfahren bereits zehn Tage zuvor zum Patent angemeldet!

Was war passiert? Als Natta am 19. Mai das Mülheimer Institut besuchte, hatte einer seiner Mitarbeiter – Paolo Chini – bereits Propylen polymerisiert. Er hatte dazu Ziegler-Katalysatoren verwendet. Die Entscheidung, seine Forschungen in diese Richtung voranzutreiben, hatte Natta bereits gefaßt, nachdem Ziegler ihm die erste PE-Probe zugesandt hatte. Nattas ehemaliger Mitarbeiter Piero Pino schreibt: »In der Meinung, daß Ziegler mit seinen Forschungen zum Polyethylen schnell vorankommen würde, entschloß sich Natta, das neue Polyethylen in kleinen Mengen herzustellen, um seine Struktur zu untersuchen; gleichzeitig entschloß er sich, mit der Untersuchung der Propylen-Polymerisation zu beginnen.« Unter dem Datum vom 11. März findet sich in Nattas Notizbuch der lakonische Eintrag: »Heute haben wir Polypropylen hergestellt.« Bei seinem Besuch in Mülheim hatte Natta diesen Erfolg absichtlich verschwiegen. »Ich hatte Ziegler das nicht mitgeteilt, weil ich zuerst die Patente anmelden mußte«, erklärte er später.

Nattas Verhalten wird von Beobachtern unterschiedlich bewertet. Ziegler gab sich nach außen jedenfalls betont zurückhaltend und drückte nur eine gewisse Bestürzung über die Eröffnung aus Mailand aus. In Wirklichkeit aber muß ihn Nattas Verhalten zutiefst schockiert und in Zorn versetzt haben. Noch Jahre danach, in Zieglers Rede anläßlich der Verleihung des Nobelpreises vom 12. Dezember 1963, dringt etwas von diesen Gefühlen durch seine Worte hindurch: »anschließend gelang in Mülheim die Polymerisation des Propylens…, doch kurze Zeit nachdem sie – was wir nicht wußten – mein Kollege Natta in Mailand schon beobachtet hatte.« Aus Zieglers Sicht hatte der italienische Partner sein Wort nicht gehalten. Denn Natta hatte doch in Mailand eigens ein Abkommen unterschrieben, in dem weitere Olefine – und damit auch das Propylen – zu seinem,

Zieglers, ureigenem Forschungsgebiet erklärt wurden.

Wenige Wochen nach diesem Schock fuhr Ziegler nach Mailand. Die Begegnungen dort waren alles andere als erfreulich, und in der folgenden Zeit weigerte er sich, auch nur ein einziges Wort mit Natta zu wechseln. Dennoch rettete er, was zu retten war. Mit der Unterstützung seines Rechtsanwalts gelang es ihm, zunächst eine 30prozentige Beteiligung an den Lizenzgebühren für den Polypropylen-Prozeß zu sichern, die später sogar auf 100 Prozent angehoben wurde. Schließlich schrieb Ziegler einen versöhnlichen Brief an Montecatini; sein Verhältnis zu Natta ging jedoch über den steifen Austausch formeller Höflichkeiten nie wieder hinaus.

In seinem Buch *The Chain Straighteners* gibt Frank McMillan die vielleicht einzig richtige – weil historische – Erklärung für das Verhalten von Natta und Montecatini. »Italiens Industrie- und Technik-Kapitäne waren entschlossen, nicht wieder den Wirtschaftswettlauf zu verlieren, der nach dem Krieg begann, und dieser Zweck heiligte jedes ihrer Mittel und alle Anstrengungen.«

So leicht die Geburt des Polypropylens gewesen war, so schwierig war die juristische Auseinandersetzung um die Vaterschaft. Allein in den Vereinigten Staaten zogen sich die Streitigkeiten zwischen Ziegler und Montecatini über 25 Jahre hin und füllten viele tausendseitige Gerichtsakten.

Als Randnotiz sei angefügt, daß ein anderer Wissenschaftler ebenfalls im März 1954 Polypropylen mit Ziegler-Katalysatoren hergestellt hatte: Dr. Karl Rehn bei Hoechst. Trotz des Erfolgs entschied das Direktorium des Frankfurter Chemie-Konzerns, weder die Propylen-Forschung weiterzuführen noch ein Patent anzumelden. Der Grund für die Entscheidung: Man wollte nicht in Zieglers Arbeitsgebiet eindringen!

Wieder war es Herman Mark, der die Geburtsanzeige des Kunststoff-Babys in aller Welt verbreitete. Das Polypropylen war erstaunlich hart, und die Röntgenanalyse zeigte die Ursache: Es war ähnlich kristallin aufgebaut wie das Niederdruck-Polyethylen. Weltweit wurden die Katalysatoren nun an anderen Olefinen ausprobiert, und bald entstand damit auch eine neue Form des Polystyrols. Für diesen Kunststoff hatte bislang Mark selbst als einer der Erzeuger gezeichnet. Doch wie hatte sich das Material durch den Einsatz der Zieglerschen Metallverbindungen verwandelt: Anstatt wie bisher bei 100 Grad weich zu werden, schmolz das neue, kristalline Polystyrol erst bei 250 Grad.

Wieder begann für die Polymer-Chemiker in aller Welt eine Phase überschäumender Aktivität. Besonders Natta erwies sich in diesen Jahren als her-

Das Mülheimer Polyethylen ist fester als das Hochdruck-PE.

Den Nobelpreis teilte Karl Ziegler mit seinem Kollegen und Rivalen Giulio Natta.

vorragender und weitblickender Organisator. Er verfaßte 170 hochkarätige Beiträge und motivierte seine Mitarbeiter zu einmaligen wissenschaftlichen Leistungen. Mit den modernsten Methoden untersuchten sie die neuen, linearen Polymere. Sie drangen in die Strukturen ihrer Mikrokristalle ein und gaben ihnen Namen. Was Ziegler mit seinen Katalysatoren entdeckt hatte und Natta dann mit ihnen beweisen konnte, war revolutionär. Es war der Weg zur Herstellung von Kettenmolekülen, deren einzelne Glieder man räumlich beliebig anordnen konnte: Das erste links, das zweite rechts (syndiotaktisch), alle auf derselben Seite (isotaktisch) oder ungleichmäßig zu beiden Seiten (ataktisch). Je nachdem, welche Eigenschaften ein Chemiker einem Kunststoff verleihen wollte, konnte er sich fortan für eine dieser drei »stereospezifischen« (räumlichen) Anordnungen entscheiden.

Nachdem Ziegler die Transportmittel erfunden hatte, wagte Natta damit eine Expedition. Dabei erkundete er viele der weißen Flecken auf der Polymer-Landkarte. Die Folge ist, daß es heute nur sehr wenige Menschen auf der Erde gibt, die noch nicht mit einem stereospezifisch konstruierten Kunststoff in Berührung gekommen sind – und sei es nur in Form einer Plastiktüte. Bis hin zum komplizierten synthetischen Gummi reichen die Produkte der Ziegler-Natta-Chemie, und ihre Menge übertrifft die aller anderen Kunststoffe bei weitem. Jahr für Jahr werden weltweit zehn Millionen Tonnen

Polyethylen und ebensoviel Tonnen Polypropylen hergestellt – ein Milliarden-Dollar-Geschäft. Im Rückblick wird deutlich: Bei dem Wettlauf um diese einmaligen chemischen Entwicklungen gab es zwei erste Plätze, den einen für Ziegler, den anderen für Natta. Diese Tatsache wurde 1963 international gewürdigt, als das Nobelpreis-Komitee den begehrten Preis *beiden* Forschern zusprach.

Als Giulio Natta in Stockholm der Laudatio zuhörte, war er bereits von einem Leiden gezeichnet, das den Raum seines Lebens drastisch einschränkte: der Parkinsonschen Krankheit. Nach mehreren erfolglosen Operationen starb er im Mai 1979. Karl Ziegler gab 1969 die Leitung des Mülheimer Instituts an Professor Günther Wilke ab. Daß sich das MPI zu einer hervorragend ausgestatteten Forschungsstätte weiterentwickeln konnte, ist nicht zuletzt einem Fonds und einer persönlichen Stiftung Zieglers zu verdanken.

Zieglers liebstes Hobby war die Astronomie geworden. So fuhr er eigens zu den Kapverdischen Inseln, um eine totale Sonnenfinsternis zu beobachten. Als sich bei einer anderen erwarteten Finsternis der Himmel plötzlich zu bedecken drohte, charterte Ziegler kurzentschlossen ein Flugzeug. Hoch über der Wolkenzone konnte er das Ereignis dann ungestört verfolgen. Am 11. August 1973, am Tag vor einer Reise in die Alpen, starb Ziegler an einem Herzversagen.

DIE SUPER-WERKSTOFFE

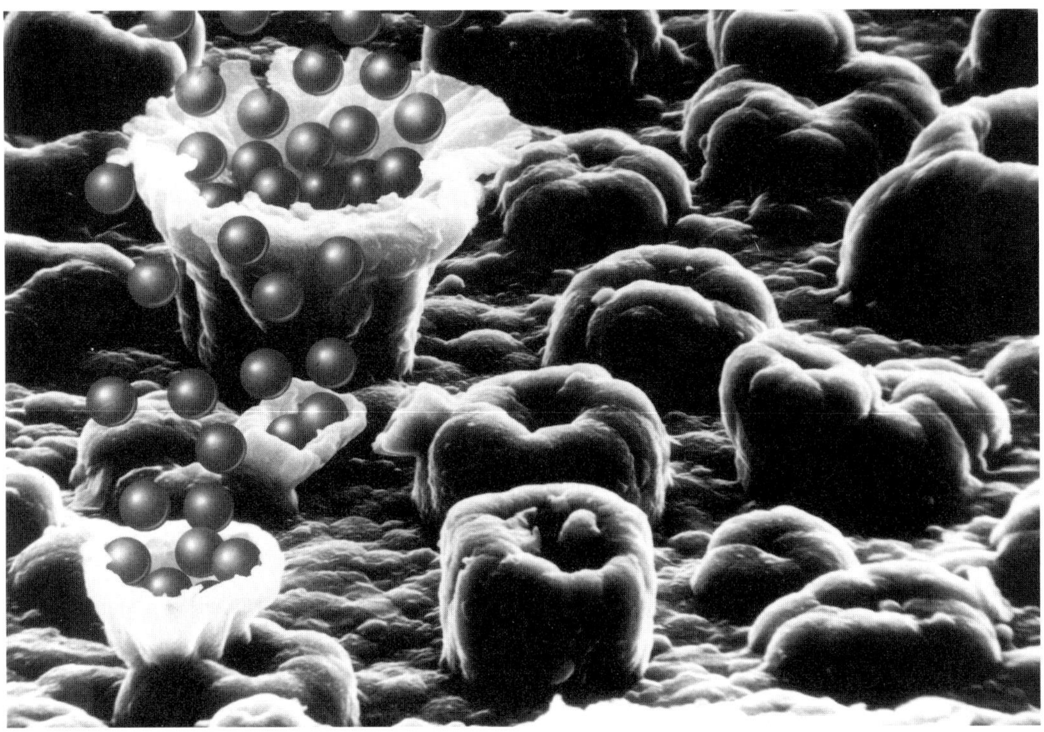

Leitfähige Kunststoffe: Elektronen schlüpfen zwischen Riesenmolekülen hindurch.

Mit Karl Ziegler und Giulio Natta geht in der Geschichte der Kunststoffe eine Ära zu Ende. Bis in die fünfziger Jahre wurde die Wissenschaft von den Riesenmolekülen meist von Persönlichkeiten geprägt, die sowohl durch ihre genialen Gedankenleistungen als auch durch ihre kreative bis exzentrische Lebensführung auffielen. Damit soll nicht behauptet werden, daß es heute keine außergewöhnlichen Polymer-Forscher mehr gibt. Der historische Wandel liegt vielmehr in der Veränderung des Wissenschafts- und Industriebetriebes begründet: Weil seit dem Zweiten Weltkrieg zunehmend in Teams gearbeitet wird, kann sich das öffentliche Interesse kaum noch auf einzelne Wissenschaftler richten.

Blickt der Historiker jedoch auf die Materialien und Verfahren, die nach 1950 in den Labors entwickelt wurden, dann zeigen sich ausgeprägte Linien. Chemikern gelang es, vollkommen neuartige Werkstoffe herzustellen – Werkstoffe, die man noch wenige Jahre zuvor nicht für möglich gehalten hätte. Heute erst beginnt man, die weitreichenden Möglichkeiten dieser grundlegenden Erfindungen zu erkennen. Und es darf ohne Übertreibung behauptet werden: Wissenschaftler überschreiten derzeit die Schwelle zu kaum vorstellbaren Hochtechnologien. Das Zeitalter der Superwerkstoffe ist angebrochen.

Markus Schwoerer, Experimentalphysiker an der Universität Bayreuth, ist einer dieser Wissenschaftler. Seine Vision: Datenverarbeitung in einer neuen Dimension. Für ihn ist die Geschichte vom »optischen Computer« durchaus kein Märchen. »Licht statt Strom«, heißt Schwoerers Devise, die gleichzeitig der Leitspruch einer noch jungen Wissenschaft ist: der Optoelektronik. Anstatt elektrischen Strom auf schmalen Wegen durch Chips zu schicken, lassen die Optoelektroniker Laserstrahlen durch Kunststoffe flitzen. Schon sind sie in der Lage, das Grundprinzip des Computers – die Schaltung »Ein/Aus« beziehungsweise »Ja/Nein« – mit beachtlichen Geschwindigkeiten zu verwirklichen.

Das Geheimnis dieser optoelektronischen Schalter besteht aus speziellen Kunststoffen. Wird ein Laserstrahl, der durch sie hindurchgeht, von einem zweiten Strahl getroffen, dann ereignet sich Ungewöhnliches: Der erste Strahl wird intensiviert und dadurch abgelenkt – er ändert seine Richtung. Das ist bereits ein Schaltvorgang mit zwei Zuständen: »Ein« und »Aus«. Dieser Richtungs- oder Zustandswechsel kann optoelektronisch viel schneller ablaufen als in herkömmlichen Computerchips.

Bayreuth ist das deutsche Mekka für avantgardistische Kunststoff-Forscher. An den Türen der Laboratorien, in denen für den Sonderforschungsbereich »Makromolyekülsysteme« gearbeitet wird, warnen gelb-schwarze Schilder vor den intensiven Laserstrahlen; ein Rotlicht zeigt an, wann der Zutritt verboten ist. Hier ist auch das Reich des Experimentalphysikers Dietrich Haarer. Er ist seinen Kollegen in aller Welt bestens bekannt als der Mann, der Moleküle färbt.

»Auf einer Polystyrol-Platte mit 30 Zentimeter Durchmesser haben alle Bücher der Welt Platz«, behaupter Haarer. »Wenn man sie mit meinem Verfahren des Lochbrennens darauf speichert«, fügt er hinzu. Die Grundlagen des »Photochemischen Lochbrennens« wurden in der Sowjetunion entdeckt und dann von Haarer zur Patentreife entwickelt. Mit einem grünen Laserstrahl kann der Physiker einzelne Molekülgruppen anregen, ihnen sozusagen ein Loch in ihr Farbspektrum brennen (»Einschalten«). Anschlie-

Der Mann, der Moleküle färbt: In seinen Laser-Labors entwickelt Dietrich Haarer neue Computerspeicher.

ßend kann er den ganzen Vorgang mit einem blauen Laser wieder rückgängig machen (»Ausschalten«). Auf der winzigen Fläche eines Laserstrahls lassen sich – zumindest theoretisch – bis zu 10 000 verschiedene Molekülgruppen ein- und wieder entfärben. Mit dem Polymer-Speicher würde Haarer die Kapazität der bisherigen Computer-»Gedächtnisse« um das Zehntausendfache übertreffen. Voraussetzung: Die erinnerungsfähigen Kunststoffe müssen extrem tiefgekühlt werden.

Was früher »Kunststoff-Entwicklung« hieß, firmiert heute unter schwerverdaulichen Namen wie: Erforschung makromolekularer Systeme, Technologie ultradünner Schichten, Grenzflächenforschung, nichtlineare Optik, organische Metalle. Für Professor Gerhard Wegner, Leiter des Max-Planck-Instituts für Polymerforschung in Mainz, sind diese Begriffe jedoch leichte Kost. »Wir kombinieren heute die Methoden und Denkweisen von vielen Disziplinen«, sagt Wegner. »Dadurch können wir – anders als noch vor zehn Jahren – ohne Einschränkung *alle* polymeren Werkstoffe je nach Anforderung wie einen Maßanzug schneidern.«

Doch am Mainzer MPI wird nur selten nach vorgegebenen Maßen gearbeitet. Das, was die Forscher dort unternehmen, läßt sich eher mit abenteuerlichen Erkundungszügen ins polymere Neuland vergleichen. Mit den Apparaten von europäischen Großforschungszentren können sie sogar die Gestalt einzelner Atomgruppen sichtbar machen. Dabei entdeckten sie, daß die Moleküle der meisten Kunststoffe wirr durcheinander liegen wie die Fäden eines Wollknäuels. Dieser Zustand war allerdings für die bisherigen Anwendungen der Kunststoffe durchaus erwünscht. Doch wo Unordnung ist, kann man mit Ordnung oft neue, stärkere Strukturen schaffen. Würde man – so die Überlegung der Forscher – die Molekülstränge bereits bei der Herstellung parallel ausrichten, dann wäre selbst ein Allerweltskunststoff wie Polyethylen stark wie Stahl.

Den Anstoß zu diesen Gedankengängen hatte die amerikanische Chemikerin Stephanie Louise Kwolek gegeben. 1950 begann sie bei Du Pont in Wilmington neue Kunststoffe zu entwickeln. Fünfzehn Jahre lang forschte sie unermüdlich. In einem Interview mit mir sagte sie über diese Zeit: »Ich war ungemein ausdauernd und habe probiert und immer wieder neu probiert.« Wo andere längst aufgegeben hätten, schaffte die Chemikerin dann den Durchbruch. Es gelang ihr, Polymerfasern zu ziehen, die stärker waren als fast alle bekannten Materialien, einschließlich Stahl. Stephanie Kwolek hatte die Aramide entdeckt.

Bereits 1956, neun Jahre vor dieser Entwicklung, hatte der amerikanische

Entdeckte nach zäher Arbeit die Aramide: Stephanie Louise Kwolek.

Polymer-Theoretiker und Nobelpreisträger Paul Flory solche Werkstoffe vorhergesagt. Das Geheimnis ihrer Riesenmoleküle liegt in einer Eigenschaft, die als »flüssig-kristallin« bezeichnet wird: Wenn diese Materialien flüssig sind, legen sich ihre Moleküle zu Bündeln nebeneinander und bilden starke Teams. Dieses Prinzip soll nun verbessert werden. Gerhard Wegner: »Wir versuchen, Moleküle zu entwickeln, die im flüssigen Zustand noch flexibel sind und sich erst bei der Abkühlung zu Bündeln zusammenlagern.« Dieser Effekt der »Selbstverstärkung« macht vielleicht eines Tages die klassischen Verbundwerkstoffe überflüssig, bei denen Glas- oder Kohlenstoff-Fasern in Harze eingelagert werden.

Spezialist für ultradünne Schichten: MPI-Chef Gerhard Wegner demonstriert einen polymerisierbaren Flüssigkeitsfilm.

Für den Grundlagenforscher Gerhard Wegner gibt es aber nicht nur die Sphären der Zukunftswerkstoffe. Er diagnostiziert bereits heute eine vollkommene Abhängigkeit der Technik, letztendlich der gesamten westlichen Zivilisation von Kunststoffen. »Das geht bei der Morgenzeitung los«, sagt der Mainzer MPI-Chef. »Sie kann nur deshalb mit aktuellen Nachrichten auf den Tisch kommen, weil sie mit Hilfe von lichtempfindlichen Kunststoffschichten hergestellt wird. Mit Kunststoffen werden Medikamente überzogen, mit Kunststoffen funktioniert die moderne Medizin; die Kleidung, der Sport, die Verkehrsmittel, die Kommunikationstechnik – fast alles hängt von Kunststoffen ab.«

Dieser Trend wird sich in Zukunft noch verstärken. Schon gibt es wiederaufladbare Batterien, deren Elektroden aus Kunststoffen bestehen. Solche elektrisch leitenden Polymere sind beliebte Spielzeuge für vorausdenkende Forscher. Kunststoffe, die elektrischen Strom leiten – das bedeutete noch vor kurzem, die Welt auf den Kopf stellen. »Vor zwanzig Jahren hätte das ungläubiges Erstaunen erweckt«, sagt Alan G. MacDiarmid, einer der Väter dieser eigenartigen Entwicklung, in der Kunststoffe die Rolle von Metalldrähten übernehmen.

Wie so oft, hatte dabei der Zufall Pate gestanden. Ein Student des japanischen Forschers Hideki Shirakawa hatte 1971 mit dem Gas Acetylen experimentiert. Dabei wiederholte er längst bekannte und gut dokumentierte Versuche. Doch plötzlich hielt er etwas in den Händen, das in seiner Anleitung nicht vorgesehen war: eine silbrige Polymer-Folie. Die Erfindung dieses »organischen Metalls« beruhte auf einem Irrtum. Der junge Chemiker hatte die Versuchsanleitung falsch gelesen und die tausendfache Menge an Katalysator genommen.

Fünf Jahre später versetzten MacDiarmid und Shirakawa die seltsame Polyacetylen-Folie mit Jod – ein Vorgang, der »Dotieren« genannt wird. Das Ergebnis überraschte: Der so behandelte Kunststoff leitete auf einmal elektrischen Strom, und zwar mit erstaunlich geringen Verlusten! In den folgenden Jahren entdeckten Forscher weitere Kunststoffe, die sich nach dem Dotieren verhielten, als wären sie stromleitende Metalle. 1987 schafften es dann Chemiker der BASF, ein extrem reines Polyacetylen herzustellen. Dieser Kunststoff leitet doppelt so gut wie Kupfer (bezogen auf die Masse).

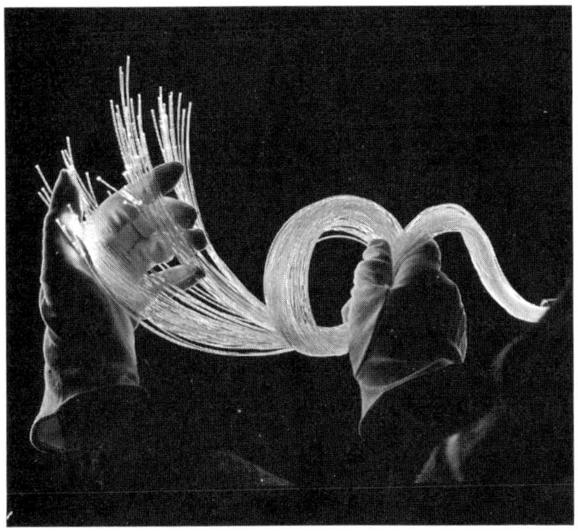

Datentransfer mit Licht-Bits: Polymerstrippen ersetzen Kupferdrähte.

Kaum hatte das Wort von der Polymerbatterie die Runde gemacht, klingelte bei Dr. Franz Brandstetter, Spezialist für technische Kunststoffe bei der BASF, das Telefon. »Da fragte mich ein Erfinder, ob wir daran gedacht hätten, die Rohre von Fahrradrahmen mit einer solchen Batterie auszufüllen. Die sollte dann die Energie für einen kleinen Elektromotor liefern – damit man leichter die Berge hochkommt.« Die Batterien mit elektrisch leitendem Kunststoff lassen sich nämlich fast beliebig formen – zur Freude der Designer von tragbaren Radios und Recordern. Doch die »organischen Leiter« sind nicht nur für Batterien gut; sie können auch elektronische Geräte abschirmen und so die Einflüsse schädlicher Strahlung neutralisieren.

Kunststoffe beginnen also auf breiter Front in Domänen einzudringen, die bisher ausschließlich den Metallen vorbehalten waren. So auch im Auto. Unter der Motorhaube übernehmen dünne Strippen aus Plexiglas – sogenannte Lichtwellenleiter – Aufgaben, die bislang von Kupferdrähten erfüllt wurden. Sie übertragen die Steuerimpulse für elektronische Bauteile: das ABS-Bremssystem, die Einspritzung, das Autotelefon. Im Gegensatz zu Metalldrähten rosten sie nicht und wiegen weniger. Außerdem lassen sie sich nicht von elektromagnetischen Feldern stören und übermitteln in derselben Zeit erheblich mehr Impulse.

An den Fahrzeugen der Industriegesellschaft zeigen sich die neuen Kunststoffentwicklungen am deutlichsten. Im Jahre 1939 schrieb William Cruse in der amerikanischen Zeitschrift *Modern Plastics:* »Die wichtigste Anwendung von Kunststoff im modernen Automobil ist das Sicherheitslenkrad.« Heute besteht ein PKW zu fast 15 Prozent aus synthetischen Polymeren: Außen sind zumindest die Rammschutzleisten und Stoßfänger, die Heckklappe und die Rücklichter aus Kunststoff, innen die meisten Verkleidungen. Unter der Karosserie, den Blikken entzogen, nimmt ein kompliziert geformter Polymer-Tank den Treibstoff auf, sind Schaltungsgelenke, Bremsleitungen und auch Ansaugrohre längst Produkte chemischer Synthesen. In Testfahrzeugen werden mittlerweile sogar Hinterachsen aus Verbundwerkstoffen erprobt. Wird der Kunststoffanteil am Auto noch einmal um gut die Hälfte erhöht, dann können aufgrund der Gewichtsverminderung zehn Millionen Tonnen Benzin gespart werden. Aus der Sicht der Autohersteller sieht die Zukunft der Kunststoffe rosig aus: Zylinderhauben, Pleuelstangen, sogar komplette Karosserien aus polymeren Werkstoffen sind im Kommen.

Bis etwa 1950 entstanden die meisten Kunststoffe auf der Basis von Kohle. Seitdem bildet das Erdöl die Hauptgrundlage für diese Produktion. Doch es gibt erstaunliche Ausnahmen von dieser Regel. So werden seit mehreren Jahrzehnten in einigen Ländern Asiens und Südamerikas Kunststoffe auch aus Zucker und anderen Pflanzenprodukten gewonnen. Der britische Konzern ICI läßt ein spezielles Polymermaterial sogar von Bakterien produzieren; diese Einzeller der Art *Alcaligenes Eutrophus* bauen aus Zucker lange Molekülketten auf, die sich dann in einen Kunststoff verwandeln lassen. Die ursprüngliche Erfindung dieses aus der Natur gewonnenen Werkstoffs stammt aus einem Göttinger Labor. Der Mikrobiologe Professor Hans-Günter Schlegel hatte die winzigen Polymer-Produzenten bereits in den sechziger Jahren entdeckt. Die Besonderheit dieses Kunststoffes: Er ist biologisch abbaubar. Auf der Müllkippe, unter der Einwirkung von Wind und Wetter, löst er sich in unschädliche Bestandteile auf. So könnte er eines Tages dazu beitragen, das Problem der Abfallbeseitigung zu entschärfen.

Besonders intensiv wird auf dem Gebiet der Hochleistungspolymere geforscht. So suchte die NASA in den sechziger Jahren nach einem Werkstoff, der bei den extremen Hitze- und Kältegraden des Weltraums intakt und flexibel bleiben sollte. Die amerikanische Hoechst Celanese lieferte schließlich, was die Astronauten brauchten: einen Kunststoff namens PBI (Polybenzimidazol). Sein Debüt gab PBI als Sicherheitsleine, die sich die Raumfahrer bei Außenbordspaziergängen in 200 Kilometer Höhe anlegten. Inzwischen ist PBI auf der Erde gelandet: Es schützt Arbeiter vor der funkensprühenden Glut von Hochöfen und umgibt Feuerwehrleute, Rennfahrer und Piloten mit einer zweiten Haut, die auch bei 600 Grad Hitze nicht verkohlt. Außerdem erfüllt PBI die strengen Anforderungen, die in den neunziger Jahren an die

Gigantische Dimensionen: Mit Superwerkstoffen stoßen die Forscher in unbekannte Bereiche vor.

Feuersicherheit von Flugzeugkabinen gestellt werden.

»Wenn es um außergewöhnliche Temperaturbelastungen geht«, sagt Professor Harald Cherdron, Chef der Polymerforschung bei Hoechst, »dann sind allerdings die sogenannten carbonisierten und graphitisierten Kunststoffe am interessantesten. In einer Stickstoffatmosphäre halten sie bis zu 4000 Grad aus!« Um diese Extremwerkstoffe herzustellen, werden Kunststoff-Folien oder -Fasern einer »programmierten Temperaturbehandlung« unterworfen: Unter Sauerstoff werden sie auf 300 Grad erhitzt, dann unter Stickstoff sogar bis auf 2000 Grad. Zwischen diesen Torturen werden die Molekülketten auch noch gestreckt, damit ihre mechanische Festigkeit erhöht wird. Schon gibt es – als Arbeitsgerät für chemische Labors – Tiegel und Platten aus derart hergestelltem »Kohlenstoff-Glas«, und neuerdings verwenden Ofenbauer »Kohlenstoff-Schaum« anstelle von Schamott.

Die Superwerkstoffe von morgen werden bereits heute in geheimen Bereichen erprobt. So besteht das Europäische Jagdflugzeug EFA in seiner Struktur zu 70 Prozent aus Carbonfaser-Verbund: aus Kunstharzen, die durch die Einlagerung von Kohlenstoff-Fasern extrem widerstandsfähig geworden sind. Aber auch in zivilen Bereichen ermöglichen Faserverbundwerkstoffe den Vorstoß in neue Dimensionen; Forschungsflugzeuge, die

Ozon-Meßinstrumente in die hohe Atmosphäre transportieren, werden zunehmend mit Verbundwerkstoffen gebaut.

Viele High-Tech-Polymere beginnen ihre Randbereiche zu verlassen und in den Alltag einzudringen. Ein Paradebeispiel für einen solchen Grenzübertritt ist das Polycarbonat. Am 16. Oktober 1953 hatte die Bayer AG eine Erfindung ihres Chemikers Dr. Hermann Schnell patentieren lassen. Schnell hatte sich gegen die Warnungen und Unkenrufe vieler Kollegen auf die Polycarbonate spezialisiert. Dieser Kunststoffgruppe gaben Spezialisten keine Chancen. Alles deutete darauf hin, daß ihre Ausgangsstoffe viel zu instabil waren, um ein haltbares Endprodukt erwarten zu lassen. Schnell aber hatte sein chemisches Einmaleins gelernt. Das Material, das er schließlich entwickelte, war sogar das Gegenteil von instabil: Es war unzerbrechlich.

Nach Tests in amerikanischen Innenstädten fertigte man aus Polycarbonaten schließlich »vandalensichere« Scheiben für Telefonhäuschen und dann durchsichtige Helmvisiere für Polizisten und Motorradfahrer. In den achtziger Jahren ermöglichten die Polycarbonate in Form von Compact Discs dann neue Klangräume. Ein findiger Optikhersteller – Steiner in Bayreuth – kam auf die Idee, seine Ferngläser mit dem bruchsicheren Kunststoff zu armieren. Bei den hochwertigen Gläsern kommt es auf höchste Präzision und Stabilität an. Das leichte Gehäuse aus faserverstärktem Polycarbonat behält sowohl bei arktischer Kälte als auch unter afrikanischer Sonne seine Maße bei. Sogar ein mehrstündiger Aufenthalt im Salzwasser macht aus einem Polycarbonat-verpackten Fernglas keinen Reparaturfall. Potentiellen Kunden jagen die Bayreuther Optiker aber erst einmal einen gehörigen Schrecken ein. Um die Widerstandskraft der Gehäuse zu demonstrieren, legen sie ein Tausend-Mark-Fernglas auf die Straße. Dann rollen sie mit einer schweren Limousine darüber. Wenn sich auch die Gesichter in Erwartung des splitternden Geräuschs verziehen: Das Glas bleibt intakt.

Unzerbrechlicher Hörgenuß: Die CD aus Polycarbonat bringt das Orchester ins Wohnzimmer.

Im Sport gelten Kunststoffe als die Rekordmacher schlechthin. Nach dem Zweiten Weltkrieg schnellten die Leistungen in vielen Disziplinen steil nach oben – oft nur deshalb, weil neue Kunststoffprodukte eingeführt worden waren. Vor der Olympiade von Helsinki 1952 trainierten Stabhochspringer noch mit Bambusstäben – und kamen nicht über

Gipfelhöhen von vier Meter hinaus. In den sechziger Jahren wagten sich Sportler an die ersten glasfaserverstärkten Stäbe – und sprangen über Traummarken. Das neue Material eroberte die Stadien im Sturm. Die fünf Meter langen, aber nur 1500 Gramm schweren Stäbe speichern die Anlaufenergie des Athleten, indem sie sich biegen; streckt sich der Springer, dann gibt der Verbundwerkstoff die Energie wieder ab und katapultiert ihn über die Latte. Rekordmarken, die um die sechs Meter liegen, sind dadurch die Regel geworden.

Ob im telegenen Tennismatch mit Kohlenfaserrackets oder beim Sprint im hochelastischen Spezialschuh auf der energiespeichernden Polyurethan-Bahn – wenn Rekorde gemacht werden, sind Kunststoffe mit von der Partie. Aber auch den Breitensport haben die Riesenmoleküle aus der Retorte revolutioniert. Kunststoffski in Sandwichbauweise zeigen, was moderne Werkstofftechnologie leisten kann: Sprünge federn sie ab, ohne zu brechen, bei der Schußfahrt halten sie die Spur, und abseits der Piste sind sie leicht zu pflegen.

Kunststoffe haben auch die nassen Reviere für ein breites, aktives Publikum erschlossen. Mit Segelyachten aus glasfaserverstärktem Kunststoff, Surfbrettern aus Epoxidharz und Kajaks aus stoßfestem Aramid können Wochenendsportler nun in Bereiche vorstoßen, die bis vor kurzem Profis vorbehalten waren. Aus dem Kampf gegen die Elemente ist das Spiel mit Starkwind, Wellengang und Wildwasser geworden.

Doch manchmal lassen die extrem belastbaren Materialien vergessen, mit welchen Gewalten man umgeht. Heinz Zölzer, Kajakspezialist aus Essen, hat einige Kunden, die ihr Leben seinen Rettungs-

Eine Schwimmleine aus Polypropylen rettet den gekenterten Kajakfahrer.

geräten verdanken. Eine dieser Vorrichtungen ist der »Wurfsack« – jedem Wildwasserpaddler bestens bekannt. »Das ist im Prinzip ein 20 Meter langes Seil aus schwimmfähigem Polypropylen, das in einem Nylonsack aufgewickelt ist«, erläutert Zölzer das Prinzip. »Kürzlich erst ist ein Paddler auf einem korsischen Wildfluß in der Nähe eines Wasserfalls gekentert. Plötzlich war er einfach weg. Da haben die anderen Kajakfahrer das Seil ins Wasser geworfen. Das verschwand dann unter der Oberfläche und trieb bis hinter den Wasserfall – und plötzlich zog jemand dran. Das war der gekenterte Kollege, der denselben Weg genommen hatte.«

Gegen Ende der sechziger Jahre hatte Heinz Zölzer begonnen, das Potential von synthetischen Geweben aus Kunststoffen für den Kajakbau auszuloten. »Als dann Neopren aufkam, habe ich daraus mit speziellen Reißverschlüssen die ersten wasserdichten Trockenanzüge und Taschen für Wassersportler gemacht. Das war ein echtes Erfolgserlebnis«, erinnert er sich.

Wasserdicht – das ist das Zauberwort, mit dem auch die Sportbekleidungsindustrie wirbt. Die neue Generation regenfester Jacken und Mäntel hat mit dem altvertrauten Friesennerz allerdings wenig gemein. Eher kann man sie mit der menschlichen Haut vergleichen, lassen doch die in Spezialverfahren hergestellten Kunststoffe den Schweiß nach außen durch, versperren der Nässe aber den Weg nach innen.

Der Pionier der atmungsaktiven Regenbekleidung ist der Amerikaner Bob Gore. Sein Vater, William L. Gore, hatte bei Du Pont an der Entwicklung des PTFE – Teflon – mitgearbeitet und dann eine eigene Firma gegründet. Gores Spezialität war Isolationsmaterial für elektrische Geräte aus dem geschmeidigen Kunststoff. Im Herbst 1969 begann sein Sohn Bob, mit Teflonstäben zu experimentieren, um dem Material neue Einsatzfelder zu erschließen. Er wollte zuerst versuchen, das Teflon zu strecken und somit sein Volumen zu vergrößern; auf diese Weise sollte der Verbrauch an teurem PTFE verringert werden. Bob Gore erhitzte den ersten Stab und zog dann ganz vorsichtig an beiden Enden. Mit einem leisen Schnappen brach der Kunststoff.

»Wütend riß er den Teflonstab auseinander«: So entdeckte Bob Gore das nach ihm benannte Gewebe.

In den folgenden Wochen stellte Bob einen unfreiwilligen Rekord im Zerbrechen von Teflonstäben auf. Er war fast am Ende seiner Geduld angelangt, als an einem Oktoberabend das Unerwartete geschah: Mehr wütend als sorgsam nahm er einen glühendheißen Stab in seine asbestgeschützten Fäuste. Dann riß er seine Arme mit Wucht auseinander – und der Stab dehnte sich, ohne zu brechen. »Ich habe es einfach nicht geglaubt«, sagte er später. »Ich sagte niemandem etwas davon, weil ich dachte, es wäre ein dummer Zufall gewesen.«

Doch der dumme Zufall ließ sich beliebig oft wiederholen, und bald sah man Mitarbeiter der Firma beim Tauziehen – nur daß das Tau ein heißes Stück PTFE war. Auf ein Kopfnicken liefen sie los. Wenn sie an den entgegengesetzten Ende der 30 Meter langen Halle angelangt waren, hatten sie ein Stück PTFE-Dichtungsband hergestellt – denn als solches wurde der gestreckte Kunststoff dann verkauft. Daß sie das Zukunftsprodukt einer bald rapide wachsenden Hochtechnologie in den Händen hielten, konnten sie nicht wissen.

Vater William Gore war begeisterter Bergwanderer. Als Versuche ergaben, daß der neue, gewebe-ähnliche Kunststoff – inzwischen auf den Namen »Gore-Tex« getauft – wasserdicht und zugleich atmungsaktiv war, nähte Gores Frau ein Zelt daraus. Eines Nachts kampierten sie in der Wildnis der Wind River-Berge in Wyoming. Es fing an zu regnen. »Wir blieben nußtrocken«, erzählte William Gore ein paar Tage später. »Aber dann kam der Hagel, und die Eiskörner durchlöcherten das Zelt. Das Wasser stand schließlich fünf Zentimeter hoch.«

Wenige Monate später probierte ein professioneller Bergsteiger und Zeltmacher das Material aus, bei minus zwei Grad und Regen. Jedes andere Zelt wäre innen klatschnaß mit Kondenswasser gewesen – nicht aber dieses. Nach dem Extremtest ging das Zelt in Serie und wurde unter dem Namen »Light Dimension« in den USA ein Bestseller. Bald folgten die ersten Kleidungsstücke aus gestrecktem PTFE, und bereits nach wenigen Jahren hatte das Material mehrere Achttausender erobert, Wildflußfahrten bestanden und Schneestürme überdauert. Das Geheimnis der PTFE-Membrane besteht aus winzigen Löchern, sage und schreibe anderthalb Milliarden auf einen Quadratzentimeter. Sie lassen die Feuchtigkeit des Körpers entweichen, versperren aber dem Regenwasser den Weg.

In den ersten Jahren hatte Vater William Gore immer ein Stück PTFE-Band in der Tasche. Als er es beim Skifahren seinem Freund, dem Arzt Dr. Eiseman, zeigte, sagte der: »Fühlt sich gut an. Gib's mir mal mit.« Nach zwei Wochen rief Eiseman an: »Ich hab' eine künstliche Ader draus gemacht und sie einem Schwein implantiert – es ist unglaublich, aber sie funktioniert!« Ohne darauf vorbereitet zu sein, wurden die Gores mit den Anforderungen einer riesigen, spezialisierten Branche konfrontiert: der Ersatzteilmedizin. Plötzlich stand PTFE bei den Chirurgen hoch im Kurs, und es dauerte nur wenige Jahre, da wurde der Kunststoff der Gores in vielen Kliniken verwendet. Herz- und Gefäßchirurgen waren – und sind – von seiner Stabilität und Verträglichkeit so überzeugt, daß sie bis heute mehr als einer Million Patienten künstliche Adern aus gestrecktem PTFE eingesetzt haben.

PTFE ist nicht das einzige Polymer-Material, das Kranken hilft. Alleine in der Bundesrepublik werden jedes Jahr 60 000 defekte Hüften gegen Gelenke aus Metall und Polyethylen ausgetauscht; viele Operateure verankern die Prothesen mit PMMA (Plexiglas). Von der Bandscheibe bis zur Herzklappe, von der Niere bis zur Haut: Die unterschiedlichsten Körperteile, Organe und Gewebe werden mittlerweile aus Kunststoffen hergestellt und Menschen eingepflanzt. In den Magazinen der Chirurgen liegen reihenweise Adern und Speiseröhren aus polymeren Werkstoffen, alle auf den zehntel Millimeter genormt, und Orthopäden implantieren seit einigen Jahren Kunst-Knochen aus Carbonverbund, weil sie harte Belastungen ohne Beschädigungen aushalten.

Die Kunststoffe der Ersatzteilmedizin haben eine ebenso seltene wie erfreuliche Eigenschaft: Sie werden vom Immunsystem des Menschen nicht als Fremdkörper klassifiziert. Deshalb erfolgt gegen implantierte Ersatzteile aus bioverträglichen Kunststoffen auch nicht die gefürchtete Abwehrreaktion, die das Immunsystem gegen verpflanzte natürliche Organe führt. Weil die Abwehrzellen nicht angreifen, kann der Körper seine gesamte Energien auf die Heilung konzentrieren.

Forscher in aller Welt arbeiten intensiv daran, die Eigenschaften der Ersatzteile zu verbessern. So konstruiert Professor Helmut Reul von der Technischen Hochschule Aachen eine neuartige Herzklappe aus Polyurethan. Auf Laser-Prüfständen werden künstliche Klappen rigorosen Strömungs- und Härtetests unterzogen. Im Discoflackerlicht eines Stroboskops verfolgt Reul, wie sich die hauchfeinen Kunststoffsegel der Herzklappe aufblähen und wieder zusammenfalten. Noch halten die Segel, die den Blutstrom wie ein Ventil steuern, nicht lange genug, um damit herzkranken Patienten das Leben zu retten; doch neue, stärkere Makromolekül-Designs aus den Labors der Chemiker geben Anlaß zur Hoffnung.

1953 setzte der Washingtoner Arzt Dr. Charles Hufnagel ein Kugelventil aus Plexiglas in die Körperschlagader eines Menschen ein. Diese historische Operation machte die Herzklapppenchirurgie zur Wachstumsbranche. In der Bundesrepublik leben derzeit mehr als 80 000 Menschen mit einer Klappenprothese, und jedes Jahr werden 4000 neue Herzventile implantiert. Dabei ist die Klappenoperation nur einer von vielen Bereichen der Ersatzteilmedizin, und bei weitem nicht derjenige mit den höchsten Zuwachsraten. Schon existieren in Labors die vielversprechenden Modelle einer »biopolymeren« Bauchspeicheldrüse; sie könnte Zuckerkranken wieder zu einem normalen Leben verhelfen. In winzigen Kapseln aus Kunststoff werden Zellen versteckt, die Insulin produzieren. Dem Immunsystem des Diabetikers gelingt es nicht, diese Zellen – die von anderen Menschen stammen – aufzuspüren und zu vernichten; durch die clevere Polymer-Verpackung sind sie für das Immunsystem »unsichtbar« geworden.

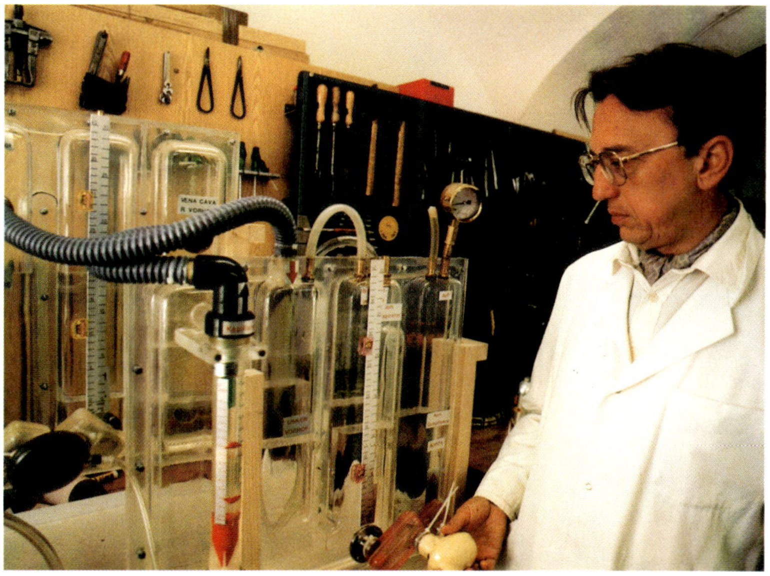

Lebensretter Kunststoff: Professor Thoma, Wien bei der Prüfung von Herzpumpen.

Austauschteile aus körperverträglichen Kunststoffen haben Millionen Unfallopfern und Kranken ein zweites Leben geschenkt. Doch seit einigen Jahren beginnen die ausgefallenen Produkte einer wuchernden Medizintechnologie, den guten Ruf der Ersatzteilmedizin zu schädigen. Beispiel: das Kunstherz. Die amerikanische Krankenhauskette »Humana Hospitals« veranstaltete einen gigantischen Werberummel, um das Maschinenherz zu vermarkten. Der Grund: Man hoffte auf ein Milliardengeschäft mit Herzpatienten. Doch die flotten Sprüche der Humana-Manager (»Bald wird der weltbeste Marathonläufer ein Mann mit Kunstherz sein!«) klingen wie blanker Hohn, wenn man den Leidensweg der Kunstherzpatienten verfolgt und ihn mit den Millionen-Dollar-Gagen kontrastiert, die von den Kunstherzchirurgen kassiert werden. William J. Schroeder war der zweite Mensch, dem eine künstliche Blutpumpe als Dauerersatz eingepflanzt wurde. Seine Krankengeschichte – Bewußtseinsstörungen, Schlaganfälle und Sprachverlust durch das Kunstherz – ist minutiös dokumentiert. Nach seinem Tod am 6. August 1986 sagten die Ärzte, das Kunstherz habe Schroeders Leben um 620 Tage verlängert. Recht hatten allerdings eher die Kritiker, die behaupteten, Schroeder sei 620 Tage lang am Kunstherzen gestorben.

Viele Ersatzteile weisen jedoch vielversprechende Perspektiven für die Zukunft auf. Immer mehr Wissenschaftler gehen dazu über, sie nach den Maßstäben einer *forgettable technology* zu konstruieren: einer Technik, die so hilfreich, zuverlässig und risikoarm ist wie mittlerweile der Herzschrittmacher. So entsteht derzeit eine Reihe körperfreundlicher Organe und Gewebe, die nur einige Wochen oder Monate im Körper verbleiben. Ihr Sinn: Sie geben dem Körper eine Überbrückungshilfe, die er für die eigene Heilung nutzen kann. Nach einer derart unterstützten Genesung werden die Ersatzteile vom biologischen System in ungefährliche Partikel zerlegt und ausgeschieden.

Wenn Krankheit auch ein Zustand ist, den jeder zu vermeiden trachtet – vollkommen gesund ist niemand. Das mag trösten. Mehr aber tröstet die Aussicht, daß es Menschen gibt, die sich darum bemühen, ihr chemisches und medizinisches Fachwissen für das Wohl anderer Menschen einzusetzen. Übertriebene Erwartungen sollte man aber deshalb nicht hegen. Denn Ersatzteile sind – wie ihr Name bereits sagt – immer nur eine Nachbildung von Strukturen, die sich in einem Jahrmillionen dauernden Kampf bewährt und durchgesetzt haben. Die Ersatzteile werden also immer unvollendete Kopien bleiben; das schließt aber nicht aus, daß sie gleichzeitig Linderung und Hoffnung schenken.

Den Kunststoffmenschen wird es also nicht geben, höchstens in der Phantasie von Science-Fiction-Autoren. Die Kunststoff-Kunst hingegen ist Realität. Jener Stoff, der die »Umwandlung der Materie« personifiziert, die »magische Operation par excellence« (Roland Barthes) – eben der Kunst-Stoff – wurde seit seinen ersten Anfängen von Künstlern geschätzt und gestaltet. Seine verblüffende Wandlungsfähigkeit, seine Eigenschaft, in jede beliebige Form fließen zu können, hat neuartige und unvergleichbare Wahrnehmungsräume geschaffen. Mit Erstaunen muß allerdings angemerkt werden, daß bislang kaum ein Industriehistoriker, kaum ein Kunstgeschichtler die prägenden Einflüsse der polymeren Werkstoffe auf Kunst und Formgebung untersucht hat. Dabei begann sich bereits in den zwanziger Jahren ein Designdenken durchzusetzen, das zunehmend durch die Eigenschaften der Kunststoffe geprägt wurde.

Hier soll – stellvertretend für viele – nur von *einem* Künstler die Rede sein: Christo. Viele kennen ihn, nicht alle mögen ihn, aber manche bezahlen Unsummen, damit er seine Projekte realisieren kann. Christo ist ein Verpackungskünstler. Bevor er aber eines seiner Werke errichten darf, muß er ein Umweltgutachten erstellen lassen. Nicht irgendeines, sondern ein richtiges, so wie bei seinem *Running Fence,* dem 40 Kilometer langen Zaun aus Nylongewebe, den er dann schließlich in Kalifornien hochzog. Für dieses Gutachten heuerte er mehr als ein Dutzend Wissenschaftler aus allen möglichen Disziplinen an. Sie präsentierten ihm dann einen voluminösen Bericht – für 100 000 Mark. Dann erst durfte Christo sein »Projekt ohne Sinn« in die Landschaft setzen. Der glänzende *Running Fence,* den man vom Mond aus mit bloßem Auge hätte sehen können, kostete über drei Millionen Dollar.

Der gebürtige Bulgare Christo Javacheff ist es gewohnt, daß man über ihn schimpft, ihn verehrt, ihn schneidet. Es gibt auf seinem Gebiet niemanden, der in solch gigantischen Dimensionen denkt und handelt. So kaufte Christo 1969 mal eben 300 000 Quadratmeter Polypropylenfolie und »verpackte« ein zweieinhalb Kilometer langes Stück australischer Felsenküste. 1983 umgürtete er bei Miami elf Inseln mit einem rosaroten Fasergewebe. Die als Gutachter angeforderten Meeresbiologen bestanden auf einer Spezialanfertigung mit besonders weiten Maschen – damit die Seekühe darunter genügend Luft bekommen konnten.

Christo nimmt Kunststoffe nicht nur ernst, er geht sogar wissenschaftlich mit ihnen um. Er wägt die Materialdaten gegeneinander ab, testet Proben vor Ort unter extremen Bedingungen und läßt Einwirkungen wie Windstärke, UV-Strahlung und die Abnutzung durch Besucher berechnen. Ein solcher Umgang mit dem Material ist übrigens kennzeichnend für viele der Künstler, die mit Polystyrol, Plexiglas oder Polyester arbeiten. Sie bedienen sich auch oft der modernsten Verarbeitungsmethoden, um ungewöhnliche Effekte zu erzielen. Kunststoff hat den Vorteil, daß er sich selbst den ausgefallensten Formen fügt. Dennoch: »Die Formensprache des künstlerisch genutzten Werkstoffs Plastik liegt immer noch im Schneewittchensarg«, schreibt Professor Hans Broeg in dem Buch *Plastikwelten.* »Die Muse muß noch viele Frösche küssen, bevor der Prinz gefunden ist.«

Christo vergleicht seine Arbeit oft mit dem Bau einer mittelalterlichen Kathedrale. Der Vergleich mag zutreffen, denn der Polymer-Artist ist immer auf die Mithilfe von Arbeitern und Anwohnern, Beamten und Ingenieuren, Wissenschaftlern und Kaufleuten angewiesen. Die riesigen Mengen Material, die Christo für seine Werke verbraucht, werden – wo möglich – nach der Demontage weiterverwendet. 1984 verhüllte er die älteste Brücke von Paris, den Pont-Neuf, mit 40 000 Quadratmetern Nylongewebe. Die Pfeiler, die Brüstungen, die Laternen – alles, was in den goldfarbenen Stoff eingehüllt war, wollte auch wieder ausgepackt werden. Doch wohin mit dem Nylon? Christo schenkte es einer internationalen Hilfsorganisation. Das Pont-Neuf-Gewebe verschwand zunächst einmal aus dem Gesichtsfeld der Öffentlichkeit. In Pakistan tauchte es dann wieder auf – diesmal in Form von Zelten. Unter ihren Dächern fanden schließlich afghanische Flüchtlinge Schutz.

Der »Running Fence« des Verpackungskünstlers Christo in Kalifornien.

Der Weg, den die Kunststoffe von ihren ersten Tagen bis heute zurückgelegt haben, ist weit und voller Abenteuer. Im Laufe der Jahrhunderte gelang es Chemikern, vollkommen neuartige Werkstoffe herzustellen, mit denen dann revolutionäre Technologien entstanden. Dabei lösten sich die Wissenschaftler zunehmend von ihrem großen Vorbild, der Natur. So beschreibt die Geschichte der Kunststoffe gleichzeitig den Weg, der die Menschheit in das Zeitalter der Hochtechnologien geführt hat. Die Entwicklung vom Kaseinkunststoff des Mittelalters bis zu den heutigen Superwerkstoffen war voller Zufälle und weitreichender Erfindungen; man darf erwarten, daß die Polymerforscher in den kommenden Jahrzehnten mit technologischen Innovationen aufwarten werden, die unsere Denk- und Handlungsweisen maßgeblich beeinflussen können.

Nachwort

von
Professor Gerhard Wegner
Leiter des
Max-Planck-Instituts
für Polymerforschung,
Mainz

Wir sind Zeugen großer gesellschaftlicher Umwälzungen. In welche Richtung werden sie gehen? Wer trägt die Verantwortung für die Zukunft? Fragen, die uns mit Recht bewegen, vor allem in einer Zeit, in der die Rolle von Forschung und Technik für die Entwicklung und das Überleben der Gesellschaft zunehmend kritisch diskutiert wird. In dieser Situation gilt es zu überlegen, welche Grundbedürfnisse die Menschen haben und wie die Probleme bewältigt werden können, vor die uns das noch immer ungebremste Wachstum der Weltbevölkerung stellt.

Zu den Grundforderungen jenseits aller Ideologien und staatlichen Systeme gehören: ausreichende Ernährung und Bekleidung, menschenwürdiges Wohnen, saubere Umwelt, Sicherung von Kommunikation und Information sowie die Gewährleistung des Transports von Gütern und Menschen.

Schon jetzt wären große Teile der Erdbevölkerung ohne moderne Technik nicht zu versorgen; dabei spielt die Verfügbarkeit fortschrittlicher Materialien, wie es polymere Werkstoffe sind, eine entscheidende Rolle. Mit Kunststoffen werden Lebensmittel und verderbliche Güter steril oder vakuumdicht verpackt und dadurch haltbar und transportfähig gemacht. Auf dem Sektor der Textilien sind es die aus künstlichen Polymeren hergestellten Fasern, die den riesigen Bedarf an Bekleidung, Decken und anderen Stoffen sichern – ein weltweiter Bedarf, der die Versorgungsmöglichkeiten durch Naturfasern bei weitem übersteigt. Auch der Transportsektor ist auf synthetische Polymermaterialien angewiesen: So sind z. B. Autoreifen die Produkte einer Technologie, die auch bei höchsten Belastungen noch Sicherheit gewährleistet.

In anderen Bereichen – so meint man auf den ersten Blick – spielen Kunststoffe keine bedeutende Rolle. Schließlich bestehen Brücken, tragende Gebäudeteile, Schiffe und andere Großkonstruktionen aus Stahl. Sie alle würden jedoch in kurzer Zeit ihre Funktion verlieren, gelänge es nicht, durch Schutzanstriche ein Verrosten zu verhindern. Anstriche und Lacke aber sind Produkte der modernen Polymerchemie. Nur sie stellen sicher, daß die metallischen Bauelemente dauerhaft funktionieren. Ebenso garantieren polymere Werkstoffe – und nur sie – als Isolatoren, Gehäuse und Schalter die Funktionsfähigkeit und Sicherheit elektrischer Anlagen und Geräte.

Längst haben photoempfindliche Druckplatten den traditionellen Bleisatz verdrängt. Dadurch sind Informationen schneller und preiswerter verfügbar geworden. Moderne Großraumflugzeuge wären ohne den Einsatz von ultraleichten Verbundwerkstoffen nicht zu bauen und zu betreiben, und auch schadstoffärmere Fahrzeuge und Verkehrssysteme ließen sich ohne Spezialpolymere nicht konstruieren.

Diese neuartigen Werkstoffe sind die Ergebnisse einer systematischen Forschung, die nicht vor den Grenzen haltmacht, die dem Menschen durch die konventionellen Materialien bisher gesetzt waren. Warum sollen wir die Einsichten der Chemie und Physik in das, was die Natur im Innersten zusammenhält, nicht nutzen, um uns von Beschränkungen zu befreien? Im Gefolge dieser Erkenntnis haben sich die Polymerwissenschaftler eine Reihe von Aufgaben gestellt, die sie lösen wollen.

Derzeit erkunden sie die Grenzen der Festigkeit, die sich prinzipiell bei einer Faser aus Makromolekülen erreichen lassen. Aber nicht Festigkeit alleine ist das Ziel. Eine Faser soll auch elastisch sein; sie soll natürlichen Einflüssen standhalten, sich also im Sonnenlicht nicht spontan zersetzen, soll sich reinigen lassen und viele Waschvorgänge aushalten. Sie muß Farben annehmen, darf nicht oder nur schwer entflammbar sein, muß aber letzten Endes auch in einer sinnvollen und umweltschonenden Weise wieder entsorgt werden können.

Ein solcher Katalog vielfältiger und oft widersprüchlicher Forderungen will erfüllt sein, vertraut doch der Verbraucher darauf, daß Sicherheitsgurte ihn zuverlässig zurückhalten, daß Textilien in Großraumflugzeugen und Hotels bei einem Brand nicht das Feuer schüren. Nur Kunststoffe können derartige Anforderungen erfüllen, und deshalb haben sie konventionelle Materialien in vielen Bereichen verdrängt.

Die neuen Werkstoffe sind für die Bedürfnisse der Massenfertigung entwickelt. Längst sind es nicht mehr die Produktionsmengen der metallischen Grundstoffe und Spezialstähle, die Auskunft über das Wirtschaftspotential eines Landes geben; als Maß gelten vielmehr die neuen Technologien, die auf der Grundlage fortschrittlicher Werkstoffe zu innovativen Produktlinien beitragen. Dort liegen die Aufgaben und die Chancen von Industrie und Forschung. Sie können die chemische Materialstruktur vielfältig variieren und so die speziellen Anforderungen des Ingenieurs ebenso erfüllen wie die des Verbrauchers.

Dabei rückt zunehmend die Maßgabe in den Vordergrund, die Grundwerkstoffe sauber und schadstoffrei herzustellen. Die Tatsache, daß man Gegenstände aus traditionellen Werkstoffen wie Glas und Metall als »kultiviert« oder »schön« empfindet, muß nicht bedeuten, daß diese Rohstoffe unter heute noch akzeptablen Bedingungen gewonnen und entsorgt werden können und ihre Verarbeitung unter umweltgerechten Bedingungen abläuft.

Die Polymerwissenschaft befindet sich in einer stürmischen Entwicklung. Ihre Ziele orientieren sich an den Materialeigenschaften, die für Hochtechnologieprodukte gefordert werden. Ihre methodischen Ansätze stammen nicht mehr – wie früher – ausschließlich aus der organischen Chemie, sondern beruhen auf der Kombination der Methoden und Denkweisen verschiedener Disziplinen: der Festkörperphysik, der Ingenieurwissenschaften, der theoretischen Physik und der traditionellen Chemie.

So kann es nicht verwundern, daß immerhin 10–15 Jahre intensiver Entwicklungsarbeit nötig sind, bis aus einer innovativen Forschungsidee ein neuer, verkäuflicher Werkstoff geworden ist. Aufgrund dieser langen Vorlaufzeit lassen sich schon heute die Entwicklungslinien erkennen, die zu den Materialien und Werkstoffen des nächsten Jahrtausends führen werden.

So verstehen es die Chemiker mittlerweile, durch Mischen – d. h. Legieren – verschiedener Polymere in *einem* Werkstoff Eigenschaften zu vereinen, die bislang für unvereinbar galten. Dabei kommt es darauf an, die innere Struktur der Mischungen gezielt so einzustellen, wie dies die Metallurgen bei der Erzeugung von Speziallegierungen tun. Auf diese Weise gelingt es z. B. Materialien herzustellen, die sowohl transparent sind als auch elastisch und zäh – also nicht spröde wie die üblichen Gläser. Ein Trinkbecher aus einem solchen Werkstoff ist glasklar und zerbricht nicht, wenn er hinfällt.

Ein anderer Trend geht zu Formteilen aus Kunststoff, deren Präzision das menschliche Vorstellungsvermögen bei weitem überschreitet. So beruht das Funktionieren von Quarzuhren und Compact Discs auf Polymerteilen, die auf den Bruchteil eines tausendstel Millimeters genau gefertigt sein müssen.

Die neuen Technologien setzen nicht nur Präzision bei der Verarbeitung voraus, sondern verlangen auch höchste Reinheit der Materialien. Diesen Trend kann man mit dem Schlagwort »Neuheit durch Reinheit« beschreiben. Ein schon fast klassisches Gebiet sind die licht- und strahlungsempfindlichen Lacke, die als sogenannte Resists eine unersetzbare Rolle in elektronischen Schaltungen und in der Mikromechanik spielen. Besonders hohe Anforderungen an die Reinheit werden an polymere Werkstoffe gestellt, die für die optische Informationsübermittlung und -verarbeitung eingesetzt werden.

Wenn ein Forscher polymere Werkstoffe entwickelt, versucht er, ihre Eigenschaften zu gestalten, indem er die Moleküle manipuliert. Ähnlich wie durch den Vorgang des Strickens aus ungeordneten Wollfäden ein Socken entsteht, so erhalten auch Makromoleküle ihre Struktur bei der Verarbeitung. Dem Werkstoff werden seine Eigenschaften dadurch verliehen, daß sich die Moleküle (selbst) organisieren, und zwar zu höheren – supramolekularen – Ordnungszuständen.

Diese Möglichkeiten eröffnen selbst herkömmlichen Kunststoffen ungewöhnliche Perspektiven. So könnte Polyethylen im Prinzip genauso fest sein wie Baustahl; dazu müßte es allerdings gelingen, alle seine Makromoleküle in Richtung der mechanischen Belastung zu orientieren. Daher versucht man, Moleküle zu entwickeln, die starr wie Bleistifte sind und sich spontan zu Bündeln zusammenlagern. Diese Ausrichtung führt zu hochorientierten und deshalb enorm festen Materialien. Doch es gibt noch Probleme mit diesen flüssig-kristallinen Polymeren. Als Ziel visieren die Forscher an, Moleküle herzustellen, die in der Schmelze flexibel sind, sich bei der Abkühlung aber spontan in Form steifer Stäbe zusammenpacken. Diesen Effekt bezeichnet man als Selbstverstärkung, denn ähnlich wie in einem Verbundwerkstoff wirken die ausgerichteten Riesenmoleküle als verstärkende Elemente in ihrer eigenen Umgebung.

Neuland hat die Polymerforschung betreten, als sie die ersten makromolekularen Stoffe herstellte, die elektrischen Strom leiten können. Damit wurde die Türe für zahlreiche neue technologische Entwicklungen geöffnet. Mit diesen Werkstoffen können konventionelle Kunststoffartikel antistatisch gemacht werden, können z. B. Computer elektromagnetisch abgeschirmt werden. Außerdem lassen sich die leitfähigen Polymere zu elektronischen Bauteilen und zu Speichermaterialien in kleinen Batterien entwickeln. Weil sie die Naß-Elektrolyte in herkömmlichen Akkumulatoren ersetzen können, werden die Polymerbatterien sicherer und damit verbraucherfreundlicher.

Gegenwärtig findet eine Verzahnung von Chemie, Elektronik und Optik statt. Von dieser Durchdringung kommen starke Impulse für die Entwicklung und Verarbeitung von neuen Werkstoffen. So besteht ein dringender Bedarf nach polymeren Materialien für optische Kommunikationssysteme – Lichtleiter, Signalwandler, Anzeigeelemente und vieles mehr.

Die Entwicklung solcher Systeme erfordert winzige Strukturen von höchster Präzision. Auf einigen Gebieten ist eine Miniaturisierung sogar bis hin zur Größe einzelner Moleküle notwendig. Man spricht dann bereits von einer »molekularen Elektronik«. Für den Forscher besteht die Herausforderung darin, Moleküle so zu manipulieren, daß großräumige Strukturen entstehen – Strukturen, die er nach einem Bauplan aus vielen tausenden Einzelmolekülen konstruiert. Auch die Herstellung von ultradünnen Polymerschichten – die oft nicht dicker als ein Molekül sind – kann die gesamte Datenverarbeitung revolutionieren.

Heute und in Zukunft spielt der Aspekt der möglichst geringen Umweltbelastung durch Kunststoffe eine bedeutende Rolle. Es gibt bereits viele Ansätze, biologisch abbaubare Makromoleküle – für spezielle Anwendungen – herzustellen und andere Polymermaterialien nach dem neuesten Stand der Technik wiederzuverwerten; in den Laboratorien wird derzeit daran gearbeitet, diese Verfahren bis zur Einsatzreife weiterzuentwickeln. Auch auf diesem Gebiet werden von den Grundlagenforschern wichtige Impulse für Innovationen erwartet.

Polymere Materialien sind aus ihrem ehemaligen Schattendasein als bloße »Ersatzstoffe« herausgetreten. Forscher in aller Welt arbeiten fieberhaft daran, die Kontrolle über die molekularen Strukturen und ihre Herstellung zu gewinnen. Die bereits erzielten Ergebnisse deuten darauf hin, daß bald Werkstoffe mit vollkommen neuen, vielleicht sogar unerwarteten Eigenschaften entstehen werden. So kann die Polymerwissenschaft schon heute von sich behaupten, eine Schlüsselfunktion für die Zukunft der Menschheit und des technischen Fortschritts einzunehmen. Es hängt von uns allen ab, ob wir diese Chance nutzen wollen.

Daten aus der Kunststoff-Geschichte

1530 Rezeptur des B. Schobinger für einen Kunststoff aus Milchkasein; bei Intarsienarbeiten diente er als Ersatz für Rinderhorn

1823 C. Mackintosh stellt den ersten Regenmantel aus behandeltem Naturkautschuk her (s. 1839)

1835 E. Simon destilliert Styrol aus dem Balsam des Styraxbaumes; es wird Ausgangsstoff für Polystyrol (s. 1936, 1949)

H. V. Regnault stellt Vinylchlorid her und beschreibt seine Poylmerisation – Grundlage für das PVC (s. 1912, 1937)

1839 C. Goodyears Vulkanisation mit Schwefel macht den Kautschuk haltbarer

1846 C. F. Schönbein stellt Nitrozellulose her; daraus entstehen u. a. Zelluloid und Kunstseide (s. 1870, 1883, 1884)

1856 A. Parkes meldet Patente für die Vorläufer eines Zellulose-Kunststoffs an (s. 1862)

1860 G. Williams destilliert das Isopren, den Grundbaustein des Naturgummis

1861 T. Graham entwickelt das Konzept der Kolloide und damit eine Vorstellung von Riesenmolekülen (Poylmeren)

1862 A. Parkes präsentiert auf der Londoner Weltausstellung den Zellulose-Kunststoff Parkesin, einen Vorläufer des Zelluloids (s. 1870)

1863 M. Berthelot entwickelt eine – noch ungenaue – Theorie der Polymerisation

1865 P. Schützenberger stellt Zelluloseacetat her, einen Kunststoff auf Naturbasis (s. 1905, 1951)

1870 J. W. Hyatt erfindet mit dem Zelluloid den ersten industriell verwendbaren Kunststoff

1872 A. von Baeyer gewinnt aus Phenol und Formaldehyd ein Kunstharz; es ist ein Meilenstien auf dem Weg zum Bakelit (s. 1907)

1877 Die Gebrüder Lilienthal stellen Anker-Steinbaukästen aus Kasein-Kunstharz her – jahrzehntelang ein beliebtes Spielzeug (s. 1530)

1883 J. W. Swan meldet Kunstseide auf der Grundlage von Zellulose zum Patent an

1884 Graf Chardonnet stellt Kunstseide aus abgewandelter Zellulose her.

G. Eastman erfindet den fotografischen Film auf Zelluloidbasis

1892 Cross, Bevan und Beadle erfinden die Viskose, aus der später »Reyon«-Kunstseide hergestellt wird

1897 W. Krische und A. Spitteler entwikkeln den Kasein-Kunststoff Galalith, ein Material auf Milchbasis

1899 S. Kipping erforscht organische Silicium-Verbindungen – Basis für die vielfältigen Silicon-Kunststoffe (s. 1940, 1942)

1902 C. H. Meyer stellt mit Phenol und Formaldehyd einen Ersatzstoff für den teuren Schellack her

1905 C. D. Harries entwirft ein Atommodell des Kautschuks

1905 G. W. Miles entwickelt Zelluloseacetat weiter; im 1. Weltkrieg werden damit Flugzeug-Tragflächen versteift (s. 1865, 1951)

1907 L. H. Baekeland stellt aus Phenol und Formaldehyd den ersten vollsynthetischen Kunststoff der Welt her: Bakelit (s. 1872)

1910 Die industrielle Produktion von Bakelit läuft an – in Erkner bei Berlin

Der erste Autoreifen aus Leverkusener Methylkautschuk wird gepreßt

1911 R. Escales prägt das Wort »Kunststoffe« und begründet die gleichnamige Zeitschrift

1912 F. Klatte läßt ein Verfahren zur Herstellung von PVC patentieren (s. 1835, 1937)

1920 H. Staudinger begründet mit seinem Artikel *Über Polymerisation* die moderne Polymerwissenschaft

1926 Vielbesuchte Ausstellung von Haushalts-Gegenständen aus Kunststoff im Kaufhaus Harrods in London

1927 O. Röhm erfindet splittersicheres Verbundglas mit Acrylkunststoff, das zu Auto-Frontscheiben weiterentwickelt wird (s. 1931)

1929 In Leverkusen entsteht Buna-S, ein robuster Kunstkautschuk, der dann im 2. Weltkrieg eingesetzt wird

1931 W. H. Carothers entwickelt Neopren, einen künstlichen Kautschuk

O. Röhm fertigt die erste Plexiglas-Scheibe (s. 1927, 1953)

1933 E. W. Fawcett und R. O. Gibson stellen unter hohem Druck und Hitze den Kunststoff Polyethylen her (s. 1937, 1953)

1935 W. H. Carothers erfindet das Nylon (Polyamid 66)

1936 Polystyrol, von H. Mark und C. Wulff entwickelt, wird industriell produziert (s. 1835, 1949)

1937 Die ICI beginnt die Polyethylen-Herstellung in einer Pilotanlage (s. 1933)

In Deutschland läuft die Großproduktion von PVC an (s. 1835, 1912)

O. Bayer formuliert das Grundpatent auf die Herstellung der vielseitigen Polyurethan-Kunststoffe (s. 1941)

1938 P. Schlack entwickelt das Perlon (Polyamid 6) als deutsches Gegenstück zum amerikanischen Nylon

R. J. Plunkett entdeckt das PTFE (Teflon), das später bei der Urananreicherung für die Atombombe eingesetzt wird

1940 In den USA werden mit überwältigendem Erfolg die ersten Nylonstrümpfe verkauft

E. G. Rochow entdeckt ein industrielles Syntheseverfahren für Silicone (s. 1899, 1942)

1941 J. R. Whinfield und J. T. Dickson entwickeln Textilfasern aus Polyester

H. Rein entwirft einen Produktionsprozeß für Acrylfasern

In Leverkusen wird Polyurethan-Schaum hergestellt (s. 1937)

1942 In den USA läuft die Großproduktion des kriegswichtigen GR-5-Kautschuks an

In den USA werden Silicone industriell produziert (s. 1899, 1940)

1947 Du Pont startet ein Forschungsprogramm für den Kunststoff Polyformaldehyd

1949 F. Stastny erfindet das Styropor, Ausgangsprodukt für wärmedämmende Materialien (s. 1835, 1936)

1951 Der feuersichere Kinofilm aus Zellulosetriacetat wird eingeführt (s. 1865, 1905)

1953 K. Ziegler und sein Team stellen Polyethylen mit speziellen Katalysatoren her, bei Zimmertemperatur und Normaldruck (s. 1933)

H. Staudinger erhält für die Aufklärung der Polymerisation den Nobelpreis für Chemie

H. Schnell entwickelt die Polycarbonate, aus denen u. a. zerstörungssichere Scheiben und CDs entstehen

C. Hufnagel implantiert eine künstliche Herzklappe aus Plexiglas (s. 1931)

1954 G. Natta und sein Team stellen mit Ziegler-Katalysatoren den Kunststoff Polypropylen her (s. 1953)

1956 J. P. Flory formuliert eine Theorie der flüssig-kristallinen Polymere (s. 1965)

1963 K. Ziegler und G. Natta erhalten den Nobelpreis für Chemie

1965 S. L. Kwolek und P. Morgan entwikkeln synthetische flüssig-kristalline Polymere – die Aramid-Fasern (s. 1956)

1976 H. Shirakawa und A. G. MacDiarmid stellen einen elektrisch leitenden Kunststoff her (Polyacetylen)

Register

Académie Française *39*
Acetat *43*
Acetatseide *158*
Aceton *132, 183*
Acetylen *129ff., 152, 182f., 207*
Acryl-Kunststoff *120-126*
Acrylchlorid *131*
Acrylnitril *131, 137*
AEG *136*
AGFA *158*
Agrochemie *46*
Albany Billard Ball Company *32*
Alcaligenes Eutrophus *209*
Aldehyd *57, 184*
Amid *154*
Aminocapronsäure *158*
Aminoplast *96*
Ammoniak-Synthese *88*
Amos and Andy *70*
Amsterdam *138ff.*
Andechs *10, 13*
Anilin *46, 48*
Anker-Steinbaukästen *14f.*
Aristoteles *16*
Amstrong, Neil *176*
Arsensäure *46*
Art Déco-Design *72, 100*
artificial silk s. Kunstseide
Atombombe *125, 173ff.*
Atomtheorien *16*
Aufbaureaktion *192f.*
Augsburg *9f., 12f.*
Autoklav *194*

Badische Anilin- & Soda-Fabrik s. BASF
Baekeland, Leo Hendrik *7, 51-56, 59-63, 66ff., 74, 77, 101*
Baeyer, Adolf von *29, 58, 60*
Bakelit *8, 51, 59ff., 63, 65-75, 96, 101, 152*
Bakelit A *63*
Bakelite GmbH *61*
Bandalasta *95f., 101*
Baruch Komitee *112f.*
Basel *18, 20, 23, 88*
BASF AG, Ludwigshafen *46, 48, 86, 103, 114, 117, 129, 208*
Bauhaus *100f.*
Bayer AG, Leverkusen *46, 183, 211*
Bayer, Friedrich *46*
Bayer, Otto *168-171, 192*
Bayreuth *205, 211*
Beadle *42*
Benz, Berta *65*
Benz, Carl *65*
Benzol *54, 104*
Bergmann, Max *80*
Berlin *80, 82ff., 88, 104, 123, 157f.*
Barthelot, Marcelin *43f, 104*
Berzelius, Jöns Jacob *16*
Bevan *42*
Bindungszahl *53*
Birmingham *22, 146*
Bitterfeld *88, 131f.*
Blitzen-Benz *64f.*
Blumer, Louis *58*
Blyth *104*
Bobingen *41, 161f.*
Bois Durci *8*
Bolton, Elmer *152*
Bombenofen *139-142, 159*
Bombyx mori *159*
Borrows, Ted *195f.*
Bosch, Robert *65*
Boston *20, 181*
Boyle, Robert *16*
Brandenberger, Jacques *42*
Breil, Heinz *194f., 198ff.,*
British Cyanides *96*
Brooklyn *93*
Brüning, Adolf *46*
Buna *103, 110ff.*
Burghausen *182*
Burman, Bob *64f.*
Burroughs, Charles *102*
Butadien *110-113*

Calciumoxid *107*
Cambridge *83, 141*
Cape Kennedy *186*
Caprolactam *157-160, 162*
Carbide and Carbon Chemicals *127*
Carmarin *117*
Carothers, Wallace Hume *150-155, 157f., 160, 164-167*
Casein *50*
Celanese Corporation *43*
Cellophan *42f.*
Celluloid Manufacturing Company *34, 36*
Chandler *54, 59*
Chardonnet de Grange, Hilaire Bernigaud Graf von *39-42, 158*
Chemisches Institut Halle *190*
Chini, Paolo *200*
Chlor *131*
Chlorgas *88*
Christo *217f.*
Churchill, Winston *146*
Columbia University *54, 63*
Consortium für elektrochemische Industrie *182f.*
Copolymer *112, 131f.*
Cornell University *178*
Corning Glass Works *180*
Coventry *146*
Cruse, William *208*

Dacron *165*
Dalton, John *16*
Darmstadt *53, 119, 121-125, 131*
Darmstädter Chemiefabrik Röhm & Haas AG *119, 121*
Daytona *63*
Demokrit *16*
Denitrierung *41*
Deutsch, Meta *123*
Deutscher Werkbund *99*
Dickson, J.T. *165*
Divinylacetylen *152*
Doolittle, James H. *125*
Dormagen *89*
Dotieren *207f.*
Dow-Corning Corporation *180, 182*
Dr. West *155*
Dresden *80*
Du Pont *42, 88, 145, 149-155, 157f., 175f., 206, 213*
Duisberg, Carl *86, 88*
Duroplaste *13*
Düsseldorf *80, 111, 117, 135*
Dynamit Nobel AG, Troisdorf *107*

Eastman, George *28, 55*
Ebonit *8, 97, 99*
Edward VII. *97*
Eiffel, Alexandre Gustave *41*
Einstein, Albert *173f.*
Einzeller *209*
Eisemann, Dr. *214*
Eiweißstoff *44f., 74, 158*
Ekco SH 25-Empfänger *70*
Elberfeld *42, 89*
Elberfelder Glanzstoff-Fabriken *42*
Emulsionsverfahren *132*
Engelhorn, Friedrich *46*
Englisches Pflaster *21, 24, 32, 40*
Erkner *61, 63*
Ersatzstoffe *75, 110f., 135, 222*
Ersatzteilmedizin *214ff.*
Escales, Richard *75ff.*

Essen *8, 212*
Ethylen *43, 104, 139–142, 191, 195f., 199*
Extruder *101f.*

Fairbanks *168*
Faserstoffchemie *80–85*
Fawcett, Eric William *138–142, 146*
Fermi, Enrico *173f.*
Fiberglas *180*
Fikentscher, Hans *131*
Fischer, Emil *44f., 151*
Fischer, Franz *188*
Fischer-Tropsch-Synthese *188*
Flory, Paul *207*
forgettable technology *216*
Formaldehyd *49f., 56–59, 63, 94, 96*
Formosa *37*
Fotochemie *52f., 55*
Frankfurt/M. *86ff., 108, 110, 135, 190, 192*
Frankl, Paul *101*
Franklin, Benjamin *54*
Friedrich Bayer & Co., Elberfeld *46, 89*
Friedrich Wilhelm I. *16, 61*
Fuchsin *46, 48*
Fugger, Anton *9f.*
Fuller, Richard Buckminster *169*

Gagat *97*
Galalith *8, 50, 75, 99*
Gaus *92*
General Bakelite Company *63*
General Electric *66, 70, 180, 182*
Gent *53*
Gesellschaft Deutscher Chemiker *191*
Gesellschaft Deutscher Naturforscher und Ärzte *80*
Gibson, Reginald Oswald *138–142, 146*
Gießener Laboratorium *45, 128*
Gießharz *71f.*
Gilette *181*
Giustiniani, Piero *193*
Glasfaser *180*
Glaskohlenstoff *74*
Goodyear *77, 154*
Goodyear, Charles *24*
Gore, Bob *213*
Gore, William L. *213f.*
Graham, Thomas *43f., 77*
Griesheim *129ff.*
Gropius, Walter *101*
Groves, Leslie R. *174*
GRS (Government Rubber-Styrene) *113*

Gustav VI. *91*
Gutta Percha *8, 97, 145*

Haarer, Dietrich *205f.*
Haas, Otto *121, 124*
Haber, Fritz *78, 82f., 86, 88*
Halle *16, 187, 190*
Haller, Ernst *122*
Hannover *48, 197*
Harnstoff-Formaldehyd *94f.*
Harries, Carl D. *44, 79*
Harrods *94ff.*
Hartschaum *116*
Hawkette *72*
Heidelberg *190*
Hermann, Willy O. *184*
Herzog, Reginald Oliver *83*
Hill, Julian *153*
Hindenburg, Paul von *70, 108*
Hiroshima *125, 175*
Hitler, Adolf *42, 70, 92, 108, 145*
Hochdruck-Apparatur *138*
Hochdruck-Polyethylen *195*
Hoechst *45, 88, 108, 111, 129, 197*
Hoechst AG *46, 162, 164, 201, 210*
Hoechst Celanese *209*
Hofmann *104*
Holz, Arno *51f.*
Holzkamp, Erhard *193f.*
Hooke, Robert *40*
Hoover, Herbert *150*
Hope, Bob *148*
Hostalen *197*
Hufnagel, Charles *215*
Hula-Hoop-Reifen *198*
Humana Hospitals *216*
Hyatt, John Wesley *31–35, 38, 40, 101f.*
Hyde, Franklin J. *180*

I.G. Farben *86ff., 110, 132, 135f.*
I.G.-Werk Ludwigshafen *85, 88, 92, 105, 111f., 129, 131*
I.G.-Werk Hoechst *108, 111*
I.G.-Werk Leverkusen *108, 111f.*
I.G.-Werk Schkopau *132*
Iatrochemie *15*
ICI *88, 92, 110, 125, 137–142, 144f., 191, 209*
Igelit *135*
Imbert, Georges *183*
Indigo *29, 58, 183*
Infrarot-Spektrophotometer *113*
Institut für Faserforschung, Berlin *82–85, 87f.*
Interessengemeinschaft der Deutschen Teerfarbenfabriken *86*
Isocyanate *170f.*

Isopren *44*
Isopren-Molekül-Ring *44, 79*

Jeffers, William *113*
Joliot *173*
Judet, Gebr. *126*

Kaiser-Wilhelm-Institut für Faserstoffchemie, Berlin *80, 82f.*
Kaiser-Wilhelm-Institut für Kohlenforschung, Mülheim *187f.*
Kaiser-Wilhelm-Institut für Lederforschung, Dresden *80*
Kalander *132*
Kalle *42*
Kaltziehen *153*
Kampfer *32–35, 37*
Karbid *129, 182*
Karl V. *9*
Kaseinharz *14*
Kaseinkunststoff *12–15, 49f., 218*
Katz, Sylvia *27*
Kautschuk *8, 22, 24, 44, 57, 74, 77, 79, 89f., 97, 105, 112ff., 135, 170f.*
Kautschuk-Zentrallaboratorium, Leverkusen *111*
Kekulé, Friedrich August *45, 53f., 128*
Kelsterbach/M. *41*
Kettering, Charles Franklin *65*
Kipping, Frederic Stanley *179f.*
Klatte, Fritz *129ff.*
Kleeberg *58f.*
Kodak Pathé *161*
Kodak-Konzern *28, 55, 72*
Kohlechemie *188*
Kohlenstoff-Glas *210*
Kohlenstoff-Schaum *210*
Kollodium *20, 24f., 32ff.*
Kollodiumseide *40f.*
Kolloid *44, 47*
Konrad, Erich *111f.*
Kopenhagen *158*
Köln *14, 131, 184f., 187*
Kölsch, Hans Ulrich *8*
Krische, Wilhelm *48ff.*
Krupp, Alfred *61*
Krystallit *80*
Kunstfaserindustrie *41f.*
Kunstharz *13, 58f., 77, 95f.*
Kunsthorn *12f., 50, 74*
Kunstseide *40f., 44, 75, 77, 157f., 165, 167*
Kunstseidenfabrik „Aceta", Berlin *158*
Kunstseidenfabrik Bobingen *161*
Kurtz, Peter *171*
Kuteko (Kunststofftechnische Kommission) *135*

Kuweit *116*
Küchenpolymer *108*
Kwolek, Stephanie Louise *206*

Lab Z *138f.*
Laccain *58f.*
Laccifer-lacca-Läuse *59*
Lactam *158ff., 162*
Laue, Max von *83f.*
Lavoisier, Antoine Laurent *16*
Leipzig *161*
Leukipp *16*
Leuna *162*
Leverkusen *46, 89, 108, 111, 112, 170, 172, 192*
Liebig, Justus von *17, 45f., 128*
Lilienthal, Gebr. *13ff.*
Linga-Longa *95f.*
Liquidamber orientalis *104*
Loewy, Raymond *102*
London *21f., 25, 53, 94ff., 102, 135, 146*
Londoner Weltausstellung *21f.*
Ludwigshafen *46, 85, 88, 92, 105, 107, 111f., 114, 131ff., 160, 162*
Luft *60*
Luglas *120*
Lumière, Gebr. *28*
Luvitherm-Verfahren *133, 136*
Luzern *59*
Lyon *128*

MacDiarmid, Alan G. *207*
Mailand *72f., 192f., 200f.*
Mailänder Institut für Industrielle Chemie *192*
Mainz *129, 206, 219*
Markomoleküle *12f., 19f., 20, 24, 79, 89, 90, 97, 104, 131, 151, 192*
Manhattan Project *174ff.*
Mannheim *46, 48, 108*
Marburg *189*
Mark, Herman *7, 74, 80-86, 89-93, 97, 105, 107f., 131, 141, 192, 201*
Martin, Heinz *195f., 198f.*
Max-Planck-Institut für Kohlenforschung *191f., 196f., 203*
Max-Planck-Institut für Polymerforschung, Mainz 206f., 219
Maynard *20*
McAuliffe, Christa *186*
McMillan, Frank *193, 195, 197ff., 201*
Meister Lucius & Co., Hoechst *46f.*
Melamin *96*
Mercedes Benz-Automobile *64f.*
Methacrylsäure *121*
Methylsilicon *180*

Meyer, Carl Heinrich *58f.*
Meyer, Kurt Hans *85, 89ff., 97, 131, 141*
Meyerbeer, Giacomo *21*
Ménard *20*
Micellartheorie *77ff.*
Michels, Anton *138f., 142*
Mikrochirugie *119*
Milchkasein *12f., 50*
Molekular-Destillation *153*
molekulare Elektronik *222*
Molekulargewicht *78f., 89f.*
Monovinylacetylen *152*
Montanindustrie *188*
Montecatini *193, 199, 201*
Mumford, John Kimberly *63*
Muthesius, Hermann *99f.*
Mülheim/R. *187ff., 198f.*
Mülheimer Chemie *192, 197*
Mülheimer Institut *190, 193f., 196, 200, 203*
Mülheimer Normaldruck-Verfahren *196*
München *13, 165*

Nagasaki *125, 175*
Naphtha *25*
Natta, Giulio *192f., 198, 200-204*
Naturgummi *44, 74*
Naturseide *40f., 158*
Neopren *152f., 213*
New Brantham *36*
New Jersey *33, 60*
New York *7, 81, 95, 148, 177*
Newark *34f.*
Nickel-Effekt *194*
Niederdruck-PE
Nieuwland, Arthur *152f.*
Nitroseide *41*
Nitrozellulose *20, 24f., 31f., 34, 37f.*
Nitzsche, Siegfried *182*
Notre Dame Universität, Indiana *152f.*
Nover, Arno *119*
Nürnberg *162*
Nylon (Polyamid 66) *147-150, 152, 154ff., 157f., 161, 165, 217f.*
Nylonstrümpfe *147ff., 155*

Oak Ridge *174f.*
Olefine *197, 199ff.*
Oppenheimer, Robert *176*
Optoelektronik *205*
organisches Glas *122*
organisches Metall *207*
Oxford University *138*
Oyonnax *29f.*

Paracelsus *10, 15*
Paris *20, 28f., 39, 41, 83, 100, 126, 161, 217*
Pariser Weltausstellung *39, 41*
Parkes, Alexander *21-27, 31f., 35, 40f.*
Parkesin *8, 21f., 25-29, 32, 41*
Parkesine Company Ltd. *25*
Passenger Transport Board *135*
Pasteur, Louis *39f.*
Paton, John Greves *142*
Paul, Frank *102*
PC (Polyvinylchlorid Chloriert) *131f.*
PCL (Petrochemicals Ltd.) *192, 195*
Pearl Harbour *112*
PeCe s. PC
Periodensystem *16*
Perluran *160*
Perrin, Michael Willcox *141f.*
Perspex *125f.*
Petroläther *114*
Phelan & Collendar *31f.*
Phenol *54, 56-59, 61, 63, 66, 96*
Phenol-Formaldehyd-Reaktion *56, 58f.*
Phenolharze *65f., 68, 72, 74*
Philadelphia *121, 124, 155*
Philips *68*
Phlogiston *16*
Photochemisches Lochbrennen *205*
Pino, Piero *193, 200*
Plauson *119f.*
Plexiglas *107, 118f., 122-126, 214*
Plumpe, Gottfried *88*
Plunkett, Roy J. *175f.*
PMMA-Fabrik, Mark Brandenburg *125*
Polyacetylen *208*
-acrylnitril (PAN) *171*
-acrylsäureester *120*
Polyaddition *170*
Polyamid *154, 157-160, 165*
Polyamid 6 (Perlon) *161-165*
Polyamid 66 (Nylon) *161, 161*
Polyester *153, 165ff.*
Polyethylen (PE) *137, 140-146, 191, 193-203*
Polykondensation *151ff.*
Polymerchemie *75, 80f., 89-93, 154, 167, 189, 219-222*
Polymere *19, 38, 43, 77, 79, 89, 97, 101, 107, 131, 151, 202, 207, 221*
Polymerforschung *44f., 77-81, 89-93, 113, 154, 204, 210, 220ff.*
Polymerisation *43ff., 77, 79f., 105, 107, 130f., 140, 142f., 151f., 160, 191*
Polymerschmelze, hochviskose *101f.*
Polymethylmetacrylat (PMMA) *121, 124ff., 214*
Polyol *170*

Polypropylen *200f., 203, 213, 217*
Polystyrol *79, 103ff., 107f., 112, 114, 201*
Polytechnic Institute, Brooklyn *93*
Polytetrafluorethylen (PTFE) *175ff., 213*
Polyurethan (PUR) *169, 171f., 192, 215*
Polyvinylchlorid (PVC) *127-135*
Polymer Research Institute, Brooklyn *93*
Pringsheim, Hans *80*
Propylen *43, 199*

Quecksilber *178f.*
Queen Victoria *97*

Radikale *189*
Raschig *160*
Rathenau, Walther *57*
Rebok, Jack *175f.*
Regnault, Henri Victor *128*
Rehn, Karl *201*
Rein, Herbert *171*
Reis, Philip *51*
Reppe, Walter *129*
Reul, Helmut *215*
Reyon-Faden *42*
Rheinische Gummi- und Celluloid-Fabrik *36*
Richter, Adolf *14*
Riesenmoleküle *12, 42, 74-80, 90, 151*
RIM-Technik (Reaction Injection Molding) *172*
Rinderhorn *10, 12*
Ringstrukturen *44, 79*
Rochow Synthese *180*
Rochow, Eugene *179ff.*
Rohbenzin *25*
Rohm & Haas Corporation, Philadelphia *121, 124f.*
Roosevelt, Franklin Delano *112f., 173*
Rossiter, Edmund *96*
Rotfabriker *46, 197*
Röhm, Otto *118-124, 131*
Röntgenanalyse *83ff.*
Running Fence *217*
Rütgerswerke *61*

Saba *68*
Sarajewo *66*
Scaling-up *142, 144*
Schaumstoff *114f.*
Schellack *58ff., 77*
Schießbaumwolle *19f., 24, 32, 40*
Schlack, Paul *157-167*
Schlegel, Hans-Günter *209*
Schmelzspinnen *154*
Schnell, Hermann *211*
Schnitzlein, Georg *12*
Schobinger, Bartholomäus *9-14*
Schönbein, Christian Friedrich *18ff., 23f., 32, 40*
Schroeder, William J. *216*
Schwedische Akademie der Wissenschaften *91*
Schwoerer, Markus *205*
Scobee, Dick *185*
Segal, Konsul *61*
Seidel, Wolfgang *10, 12f., 15*
Seidenraupe *159*
Selbstverstärkung *207, 221*
Shirakawa, Hideki *207*
Sicherheitsglas GmbH *121*
Siemens, Werner *56*
Sigla *121*
Silane *179*
Silbersalze *52f.*
Silicium *179f.*
Silicon *180-185*
Simon, Eduard *104*
Smith, Mike *185f.*
Spill, Daniel *27, 32-35*
Spitteler, Adolf *50*
Spritzgießmaschine *165*
Spritzguß *43, 107, 114*
St. Gallen *10*
St. Georgen *162*
St. Moritz *192*
Stahl, Georg Ernst *16*
Standard Oil *154*
Starkey *31*
Stastny, Fritz *114f., 117*
Staudinger, Hermann *75,77-81, 90f., 97, 104f., 107, 131, 141, 151*
Steiner Optik, Bayreuth *211*
Steinkohlenteer *61, 63, 129*
Stine, Charles *150f., 155*
Stock, Alfred *178ff.*
Stockholm *203*
Story, Henry *58*
Störi, Fritz *114f.*
Styrax *104*
Styrol *79, 103ff., 107f., 111-115*
-moleküle *104f., 107*
-oxyd *104*
Styropor *115ff.*
Sudetengau *125*
Superwerkstoffe *204f., 210, 218*
Surrogatstoffe *75, 99*
Svedberg, The *89*
Swan, Joseph Wilson *40f.*
Swarts, Céline *54*
Szilard *173*
Taylor, John *20, 24*
Technische Hochschule Aachen *215*
Technische Hochschule Karlsruhe *78*
Technische Universität Stuttgart *164*
Teerfarbenchemie *46*
Teflon *173, 175ff., 213, 214*
Telefunken *68*
Tennyson, Alfred *21*
Tetrafluorethylen (TFE) *175f.*
Thermoplaste *34, 43, 105*
Trevira *165*
Troisdorf *107, 131*
Troluloid *131*
Tropsch, Hans *185*

U-235 *174f.*
Uerdingen *89*
Ultrazentrifuge *89*
Union Carbide *63, 145*
Universität Basel *18*
-, Bayreuth *205*
-, Berlin *80*
-, Chicago *174*
-, Freiburg *79*
-, Gent *53f.*
-, Halle *187*
-, Harvard *150*
-, Karlsruhe *164*
-, London *116*
-, Mainz *119*
-, Sorbonne *39*
-, South Dakota *150*
-, Urbana *150*
-, Wien *83, 92*
Uppsala *83*
Upscaling *107*
Uran *173f.*
Uranhexafluorid (Hex) *175*
Urea formaldehyde *94f.*

van't Hoff *78*
Velox *55*
Verbundglas *120f.*
Verdrängungsreaktion *192*
Vereinigte Gummiwaren-Fabriken, Harburg *50*
Vinyl *128, 135*
Vinylchlorid *129-133*
Viskose *42, 75, 84f., 161*
Volksempfänger VE 301 *70f.*
Vulkanisation *22, 24, 77, 97*
VW Golf *74*

Wacker, Alexander *182f.*
Wacker-Chemie *182, 184*
Washington *63*

Washington Rubber Group *113f.*
Watt, Robert Watson *145*
Wegner, Gerhard *206f., 219-222*
Weiler-ter Meer, Uerdingen *89*
Weskott, Johann Friedrich *46*
Westinghouse *66, 70*
Weston Electrical Instrument Company *60*
Wham-O Toy Company *198*
Whinfield, J.R. *165ff.*
Wick, Georg *132*
Wien *81, 83, 92, 93*
Wilke, Günther *196f., 203*
Willbourn, A.H. *141*
Williams, Greville *44*
Wilmington *150, 157f., 206*
Winnington *138f., 146*
Wolfen *88, 159, 161, 171*
Wolff, Arnold *184f.*
Worms *77*
Wöhler, Friedrich *179*
Wulff, Carl *107*

Xylonite Company *32*

Yonkers *55, 59, 68*
Ypern *88*

Zehntausend-Dollar-Idee *28f., 31ff.*
Zellglas *42f.*
Zellstoff-Chemie *77*
Zelluloid *8, 24, 28-38, 43f., 77, 99-102, 105, 130f.*
Zelluloidfilm *28, 55*
Zellulose *19f., 24, 40, 42ff., 74, 77, 158*
Zellulose-Kunststoff *24, 0*
Zelluloseacetat *43, 75, 105*
Zellulosetriacetat *43*
Zenith de luxe *73*
Ziegler, Karl *8, 187-204*
Ziegler-PE *198*
Zölzer, Heinz *212f.*
Zürich *77ff.*
Zwickau *58*

Danksagung

Nur der Mithilfe vieler Forscher und Archivare ist es zu verdanken, daß die Recherchen für dieses Buch erfolgreich verliefen. Mein besonderer Dank gilt folgenden Personen:

Dr. Hermann Aichholz
Prof. Wilhelm Albrecht
Robert G. Arnold
Dr. Ludwig Bottenbruch
Dr. Franz Brandstetter
Prof. Harald Cherdron
Dipl.-Ing. Hans Domininghaus
Ruth Fromm
Walter Geschwill
Dr. Wolfgang Glenz
Prof. Dietrich Haarer
Dr. Peter Heidel
Dr. Dietrich O. Hummel
Dr. Peter Ittemann
Sylvia Katz
Walter Kloos
Hans Ulrich Kölsch
Dr. Otto Krätz
Prof. Dr. Herman Francis Mark
Hans-Dietrich Martin
Dr. Bert Meier
Dr. Lothar Meinzer
Prof. Hans Georg Ludwig Menges
Dr. Herbert Naarmann
Prof. Arno Nover
Prof. Hans Conrad Peyer
Dr. Gottfried Plumpe
Dr. Claus Priesner
Manfred Rasch
John Ratcliffe
Percy Reboul
Esther Roche
Dr. Saechtling
Hans-Georg Schadebrodt
Werner Scharfenberger
Lily Schlack
Prof. Markus Schwörer
Janet E. Smith
Willy Thielen
Dr. Hermann Vierrath
Prof. Dr. Gerhard Wegner
Prof. Dr. Jost Weyer
Colin Williamson
Prof. Dr. Arnold Wolff
Heinz Zölzer
Peter Zwijnenberg

Bildnachweis

Archiv für Kunst und Geschichte, Berlin 11, 12, 18, 19, 39, 41, 51
Bayer AG, Leverkusen 42, 48, 86, 87, 103, 105, 110, 111, 166, 168, 170, 171, 211
BASF, Ludwigshafen 36, 49, 61, 84, 89, 106, 108, 109, 114, 115, 116, 117, 128, 133, 136, 165, 189, 199, 204, 210
Bildarchiv Preußischer Kulturbesitz, Berlin 45, 127, 174
Bilderberg, Hamburg 218
BIP Publicity Department, Oldbury, West Midlands, Großbritannien 94
David Brownell, Hamburg Umschlag 71
Daimler Benz, Stuttgart 64
Deutsche Goodyear, Köln 23
Deutsches Museum, München 75, 78, 81, 90
dpa, Frankfurt 178, 185, 198
Du Pont Company, Wilmington, Delaware, USA 147, 149, 151, 152, 153, 155, 173, 206
DVA, Stuttgart 54
W.L. Gore, Putzbrunn 213
Norbert Guthier, Frankfurt Umschlag 71
Prof. Dr. D. Haarer, Bayreuth 205
Hagley Museum and Library, Wilmington, Delaware, USA 176
Carl Hanser Verlag, München 76
Historia-Photo, Hamburg 13, 66
Hoechst AG, Frankfurt 177, 209, 208
ICI – Chemicals and Polymers, Runcorn Cheshire, Großbritannien 137, 138, 139, 140, 141, 143, 144, 146
Manfred Kage, Lauterstein 20, 159, 148
Kodak Stuttgart 55
Max-Planck-Institut für Kohlenforschung, Mülheim a. d. Ruhr 187, 190, 194, 201
Max-Planck-Institut für Polymerforschung, Mainz 207
Arno Nover 38
Van Pelt Library, University of Pennsylvania, Philadelphia, USA 33
Röhm GmbH, Darmstadt 120, 121, 122, 123, 124
Sammlung Katz, London (Fotograf: Henning Christoph) 31, 35, 95, 97, 98, 99, 100, 102
Sammlung Kölsch, Essen (Fotograf: Henning Christoph) 68, 69, 71, 72, 73
Willy Schlack 157
Science Museum, London 21, 47
Siemens, München Umschlag (oben/rechts)
Städtische Kunstsammlungen Augsburg 9
Stiftung Deutsche Kinemathek, Berlin 28
Süddeutscher Verlag, München 160
Suffolk Country Council, Ipswich, Großbritannien 36
Privatarchiv Udo Tschimmel, Fußhollen 58, 82, 128, 163, 164, 196, 200, 215
Union Carbide Corporation, Danbury, Connecticut, USA 52, 53, 56, 57, 62
Wacker-Chemie, Burghausen 118, 181, 183
Zölzer GmbH, Essen 212
Peter A. Zwijnenberg, Alphen a/d Rijn, Holland 15